浙江省省控地表水环境质量监测网断面图鉴

浙江省生态环境监测中心 / 编著

中国环境出版集团 · 北京

图书在版编目（CIP）数据

浙江省省控地表水环境质量监测网断面图鉴 / 浙江省生态环境监测中心编著. -- 北京：中国环境出版集团, 2024.4
ISBN 978-7-5111-5823-9

Ⅰ. ①浙… Ⅱ. ①浙… Ⅲ. ①地面水—水环境—水质监测—浙江—图集 Ⅳ. ①X832-64

中国国家版本馆CIP数据核字(2024)第048371号

审图号：浙S（2023）18号

出 版 人　武德凯
责任编辑　孙　莉
装帧设计　岳　帅

出版发行　中国环境出版集团
（100062　北京市东城区广渠门内大街 16 号）
网　　址：http://www.cesp.com.cn
电子邮箱：bjgl@cesp.com.cn
联系电话：010-67112765（编辑管理部）
010-67112736（第五分社）
发行热线：010-67125803，010-67113405（传真）
印　　刷　北京中献拓方科技发展有限公司
经　　销　各地新华书店
版　　次　2024 年 4 月第 1 版
印　　次　2024 年 4 月第 1 次印刷
开　　本　787×1092　1/16
印　　张　24.75
字　　数　550 千字
定　　价　150.00 元

编写指导委员会

主　任：竺恒峰

副主任：林泉军　高　祥

委　员：王小兵　潘齐学　周　宁　董丽娴　王　静

罗　瑜　潘　蕾　张子煜　沈俏会　胡凌霄

编写委员会

主　编：蔡文祥

副主编：俞　洁　田旭东

编　委：（排名不分先后）

俞　洁　胡笑妍　林　广　孙　忠　李华明

王稚真　戴　昕　张　全　骆煜昊　何宇慧

张　兰　王　倩　李震宇　蒋彩萍　王江飞

何晓云　陈　微

设区市校核负责人：

杭州：张海洋　何纪平
宁波：胡建林　赵宾峰
温州：包建军　傅向晖
湖州：张海燕　张昂亮
嘉兴：杨晓霞　王海勇
绍兴：徐　锋　王韬懿
金华：钱益跃　郎红东
衢州：詹旭刚　姜小丽
舟山：潘静芬　叶荣民
台州：张雯煜　张晶梦
丽水：江伟军　周春何

前言 Preface

为了与国家“十四五”地表水环境质量监测网相衔接，更科学、全面地反映浙江省地表水环境质量状况，有力支撑全省地表水生态环境质量考核排名，满足水环境管理需要，切实推动水生态环境改善，2020年，浙江省生态环境厅组织完成了“十四五”地表水省控断面优化调整工作，进一步提高了全省地表水环境质量监测网设置的科学性、代表性和全面性。

经优化调整，与“十三五”相比，浙江省“十四五”省控断面保留215个，移动6个断面，新增75个断面，断面数量由221个增加至296个。优化调整后的断面基本覆盖了全省八大水系和京杭运河所有干流及重要支流中年径流量超过城市来水总径流量90%的河流、列入全国重要江河水功能区的水体、太湖出湖与入湖和环湖河流、重要的独流入海河流和海岛河流、库容在1亿立方米以上的大型水库和列入全国重要湖泊水功能区的水体。其中，河流监测断面262个，湖库监测点位34个。

本书整理汇总了浙江省296个省控断面的基本情况，包含断面（点位）编码、控制级别、所在市县、责任市县、断面属性、断面类型、流域水系水体和断面位置等基础信息，以及断面上游污染源状况和对应自动站的建设情况等内容，并按责任城市杭州市、宁波市、温州市、湖州市、嘉兴市、绍兴市、金华市、衢州市、舟山市、台州市和丽水市顺序分类整理。本书对浙江省省控断面监测网络进行了系统梳理，通过图文并茂的介绍，充分展示了浙江省地表水环境质量监测网全貌，可为浙江省各级生态环境部门和社会各界人士提供系统、准确、便捷的参考信息。

其中，断面汇水区污染源情况由各设区市生态环境监测部门提供，以及从各断面“一点一策”治理方案中获取。

对提供数据、建议和帮助的领导、专家及有关单位（部门）在此一并感谢！由于编写时间仓促和作者水平有限，书中不足之处在所难免，恳请批评指正。

编写组

2023年12月

目录 Contents

■ 宁波市断面图鉴 /87

■ 温州市断面图鉴 /117

湖州市断面图鉴 /153

嘉兴市断面图鉴 /183

■ 绍兴市断面图鉴 /217

■ 金华市断面图鉴 /245

■ 衢州市断面图鉴 /271

■ 舟山市断面图鉴 /291

■ 台州市断面图鉴 /299

■ 丽水市断面图鉴 /333

浙江省

水系及
监测断面分布图

SHUIXI JI
JIANCE DUANMIAN FENBUTU

水系概况

SHUIXI GAIKUANG

钱塘江水系位于浙江省西北部，发源于安徽省休宁县，河源区高程为857.5米，干流长度为609千米，跨浙、皖、闽、赣四省，地势西南高、东北低。流域面积为55491平方千米，其中在浙江省内面积为44466.9平方千米，分布于杭州、绍兴、金华、衢州、丽水5个设区市。主要支流有江山港、乌溪江、灵山港、金华江、新安江、分水江、渌渚江、壶源江、武强溪、浦阳江等。

钱塘江水系共设置省控以上河流监测断面60个（含国控断面38个），湖库点位7个（含国控点位5个）。

钱塘江水系

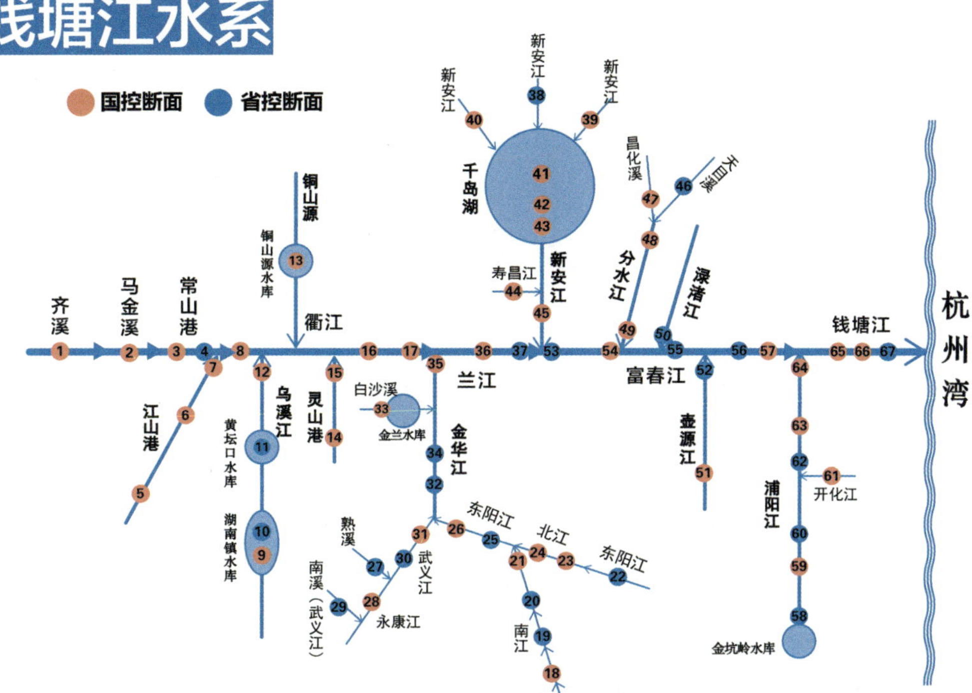

编号	断面名称	责任县（市、区）
1	霞山	衢州市开化县
2	下界首	衢州市开化县
3	富足山	衢州市常山县
4	老鹰潭	衢州市柯城区
5	峡口大桥	衢州市江山市
6	双塔底	衢州市江山市
7	双港口	衢州市柯城区
8	浮石渡	衢州市柯城区
9	龙鼻头	丽水市遂昌县
10	湖南镇水库大坝	衢州市衢江区
11	黄坛口水库	衢州市衢江区
12	东迹渡	衢州市柯城区
13	铜山源水库	衢州市衢江区
14	马戍口	丽水市遂昌县
15	郑家	衢州市龙游县
16	下童	衢州市龙游县
17	横山	金华市兰溪市
18	台口	金华市磐安县
19	三景头	金华市东阳市
20	岩下	金华市东阳市
21	南江桥	金华市义乌市
22	横锦大桥	金华市东阳市
23	义东桥	金华市东阳市
24	塔下洲	金华市义乌市
25	候芹渡	金华市义乌市
26	东关桥	金华市金东区
27	长安坝	金华市武义县
28	章店	金华市永康市
29	光瑶	丽水市缙云县
30	范村	金华市武义县
31	洪坞桥	金华市金东区
32	河盘桥	金华市婺城区
33	沙金兰库中	金华市婺城区
34	婺城大桥	金华市婺城区

编号	断面名称	责任县（市、区）
35	费垅	金华市兰溪市
36	将军岩	金华市兰溪市
37	兰江口	杭州市建德市
38	街口	安徽省
39	航头岛	杭州市淳安县
40	茅头尖	杭州市淳安县
41	小金山	杭州市淳安县
42	三潭岛	杭州市淳安县
43	千岛湖大坝前	杭州市淳安县
44	汪家桥	杭州市建德市
45	洋溪渡	杭州市建德市
46	扶西桥	杭州市临安区
47	青山殿	杭州市临安区
48	贺洲渡	杭州市临安区
49	桐君山	杭州市桐庐县
50	窄溪上港	杭州市富阳区
51	大石堰坝	金华市浦江县
52	青江口	杭州市富阳区
53	三都大桥	杭州市建德市
54	桐庐	杭州市桐庐县
55	窄溪	杭州市桐庐县
56	富阳	杭州市富阳区
57	渔山	杭州市富阳区
58	金坑岭水库一级电站出口	金华市浦江县
59	上仙屋	金华市浦江县
60	安华	绍兴市诸暨市
61	街亭	绍兴市诸暨市
62	浣纱大桥	绍兴市诸暨市
63	湄池	绍兴市诸暨市
64	浦阳江出口	杭州市萧山区
65	闸口	杭州市上城区、西湖区、滨江区
66	七堡	杭州市上城区
67	猪头角	杭州市钱塘区

钱塘江水系地表水国控、省控监测断面分布图

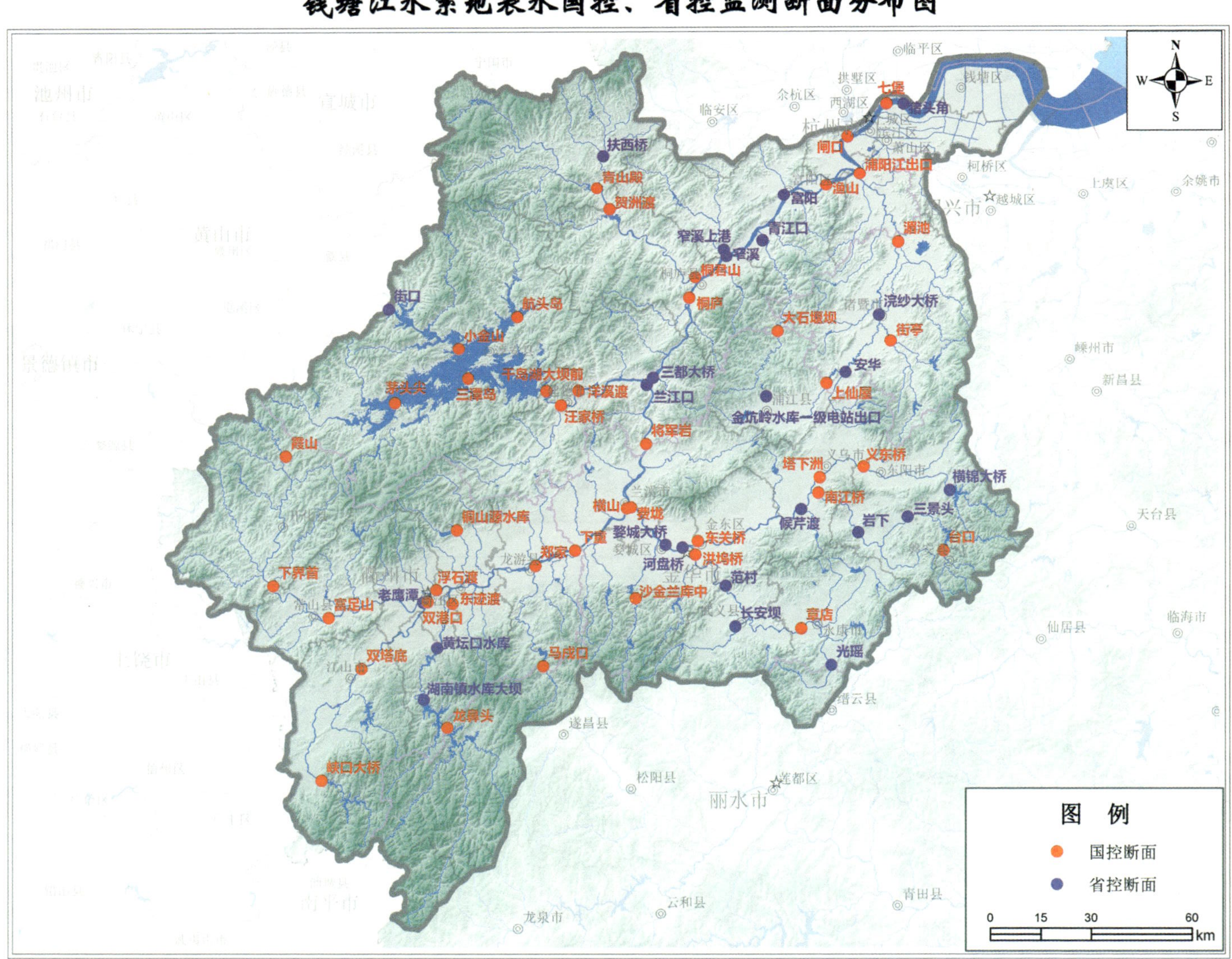

水系概况

SHUIXI GAIKUANG

曹娥江水系发源于金华市磐安县尚湖镇大王村，经新昌、嵊州、上虞至绍兴市镜湖新区曹娥江口门大闸从右岸汇入钱塘江。干流全长为 198 千米，流域面积为 4481 平方千米，包括新昌县和嵊州市的全部区域，上虞区、越城区、柯桥区、东阳市和磐安县的部分区域，天台县和余姚市的小部分区域。主要支流有新昌江、长乐江、黄泽江、小舜江、下管溪、隐潭溪等。

曹娥江水系共设置省控以上河流监测断面 13 个（含国控断面 8 个），湖库点位 2 个（不含国控点位）。

曹娥江水系

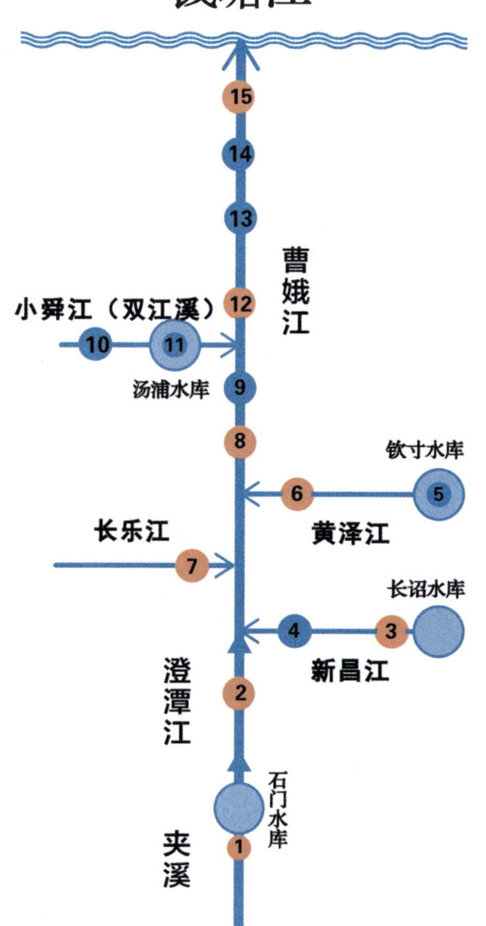

编号	断面名称	责任县（市、区）
1	石门水库	金华市磐安县
2	新市	绍兴市嵊州市
3	长诏水库出口	绍兴市新昌县
4	黄泥桥	绍兴市新昌县
5	钦寸水库	绍兴市新昌县
6	全化大桥	绍兴市嵊州市
7	环城公路桥	绍兴市嵊州市
8	屠家埠	绍兴市嵊州市
9	章镇上游	绍兴市嵊州市
10	双江溪大桥	绍兴市柯桥区
11	汤浦水库	绍兴市 上虞区、柯桥区
12	汤曹汇合口	绍兴市上虞区
13	百官镇下游	绍兴市上虞区
14	桑盆殿	绍兴市越城区
15	曹娥江大闸闸前	绍兴市柯桥区

曹娥江水系地表水国控、省控监测断面分布图

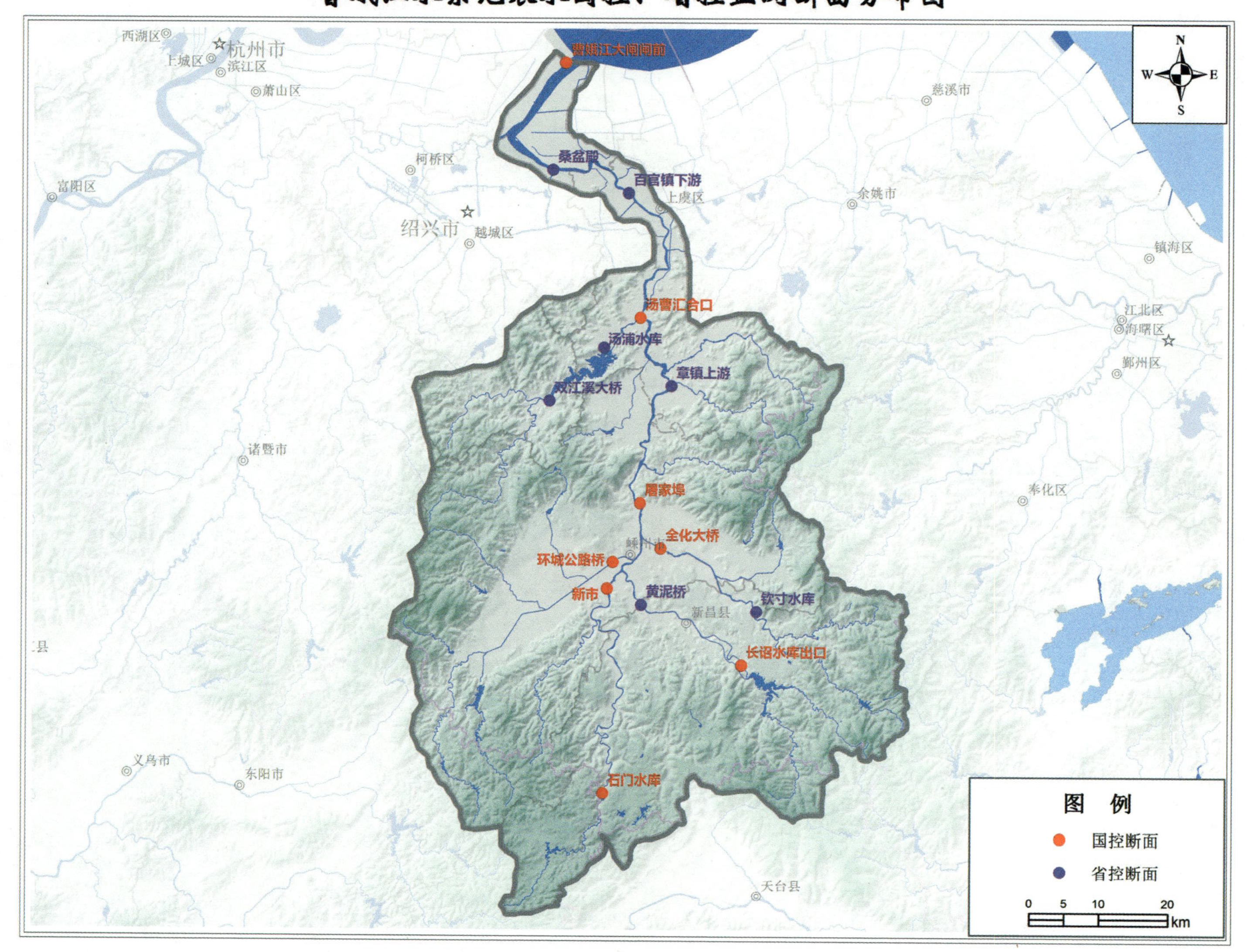

水系概况

SHUIXI GAIKUANG

甬江水系位于浙江省东部沿海，杭州湾之南，发源于奉化、余姚、嵊州三市交界的大湾岗东坡。干流全长为119千米，流域面积为4522平方千米，涉及绍兴市上虞区、嵊州市，宁波市余姚市、奉化区、鄞州区、海曙区、镇海区、北仑区、江北区。主要支流有县江、鄞江、姚江等。

甬江水系共设置省控以上河流监测断面15个（含国控断面6个），湖库点位3个（含国控点位1个）。

甬江水系

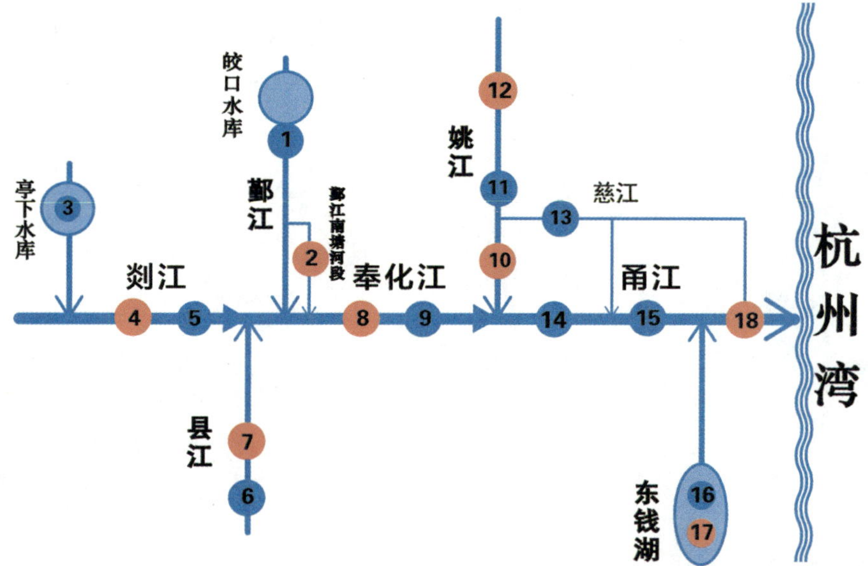

编号	断面名称	责任县（市、区）
1	皎口水库出口	宁波市海曙区
2	梁桥	宁波市海曙区
3	亭下水库	宁波市奉化区
4	溪口	宁波市奉化区
5	江口	宁波市奉化区
6	县江龙潭	宁波市奉化区
7	长汀	宁波市奉化区
8	翻石渡	宁波市鄞州区
9	澄浪堰	宁波市海曙区

编号	断面名称	责任县（市、区）
10	清林渡	宁波市江北区
11	浦口闸	宁波市余姚市
12	菁江渡（浦口闸）	宁波市余姚市
13	慈城	宁波市江北区
14	三江口	宁波市鄞州区
15	张鉴碶	宁波市镇海区、北仑区
16	南湖中心	宁波市鄞州区
17	北湖中心	宁波市鄞州区
18	游山	宁波市镇海区、北仑区

甬江水系地表水国控、省控监测断面分布图

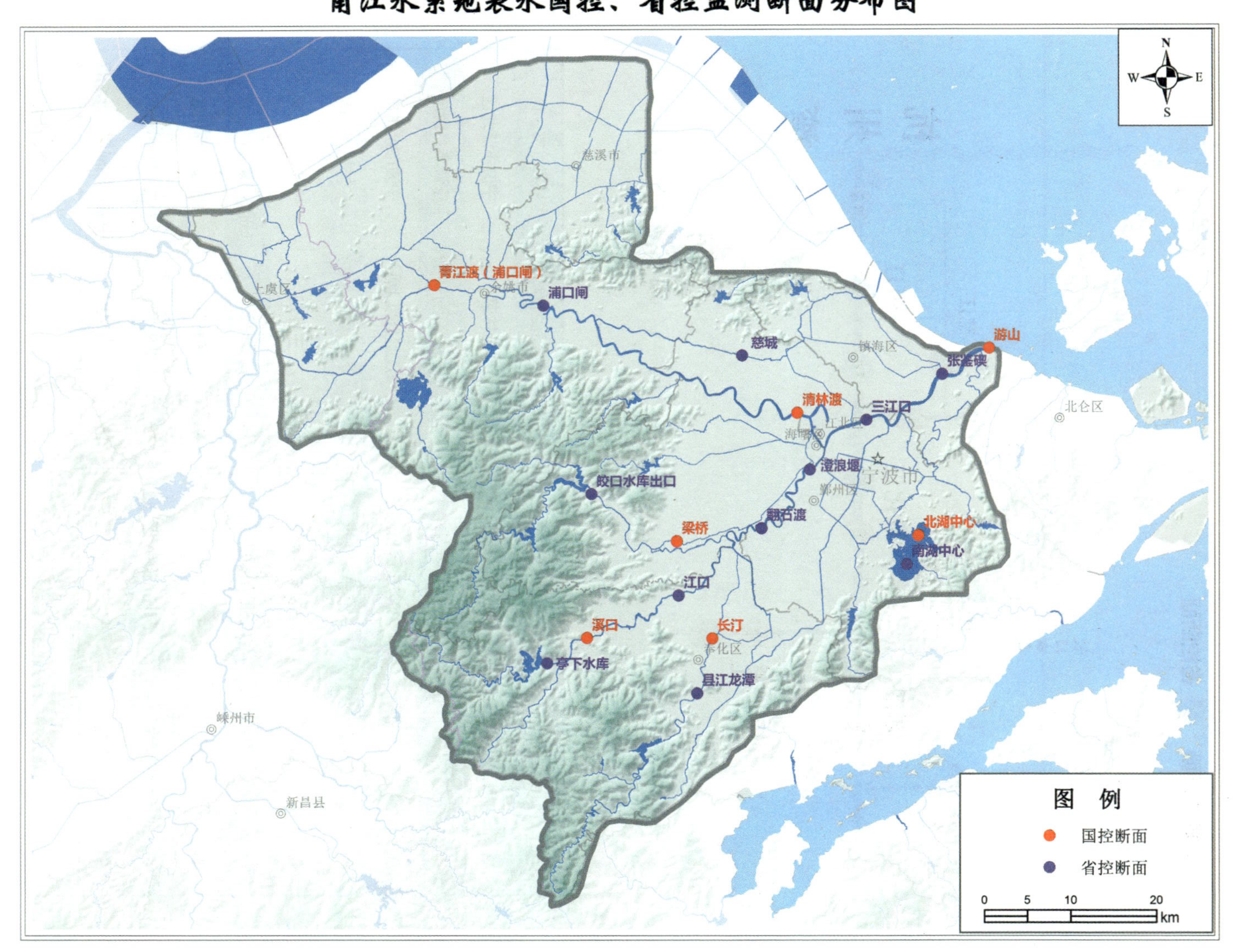

椒江水系位于浙江省中部沿海，主源是永安溪，发源于仙居县安岭乡石长坑公有山。干流经台州仙居、丽水缙云、台州临海、台州椒江由琅矶山龙拖头入台州湾，河长为220千米，流域面积为6672平方千米。主要支流有十三都溪、朱溪、始丰溪、大田港、义城港、永宁江等。

椒江水系共设置省控以上河流监测断面13个（含国控断面7个），湖库点位4个（含国控点位2个）。

椒江水系

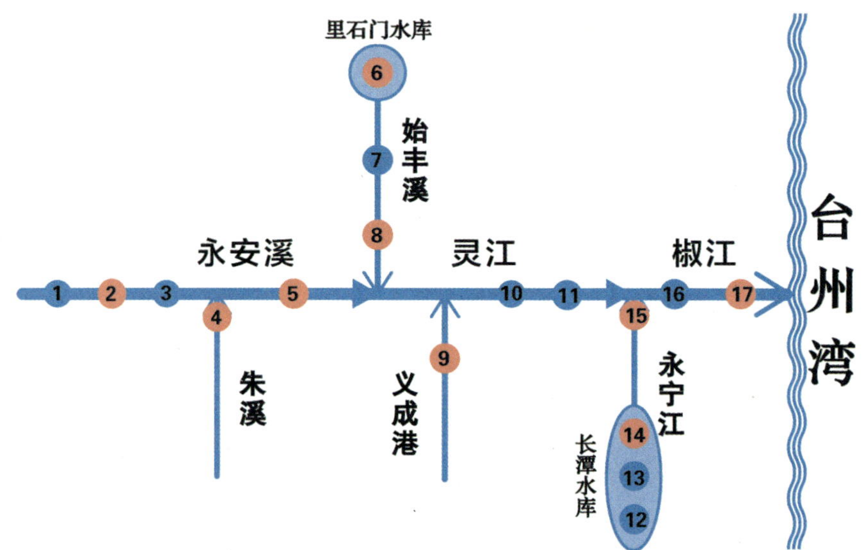

编号	断面名称	责任县（市、区）
1	曹店	台州市仙居县
2	茶溪	台州市仙居县
3	柴岭下	台州市仙居县
4	下张	台州市仙居县
5	柏枝岙	台州市临海市
6	里石门水库	台州市天台县
7	响岩	台州市天台县
8	沙段	台州市临海市

编号	断面名称	责任县（市、区）
9	金岭桥	台州市临海市
10	渡头范	台州市临海市
11	西岑	台州市临海市
12	大众旺	台州市黄岩区
13	温潭	台州市黄岩区
14	长潭水库坝口	台州市黄岩区
15	永宁江口	台州市黄岩区
16	栅浦	台州市椒江区
17	老鼠屿	台州市椒江区

椒江水系地表水国控、省控监测断面分布图

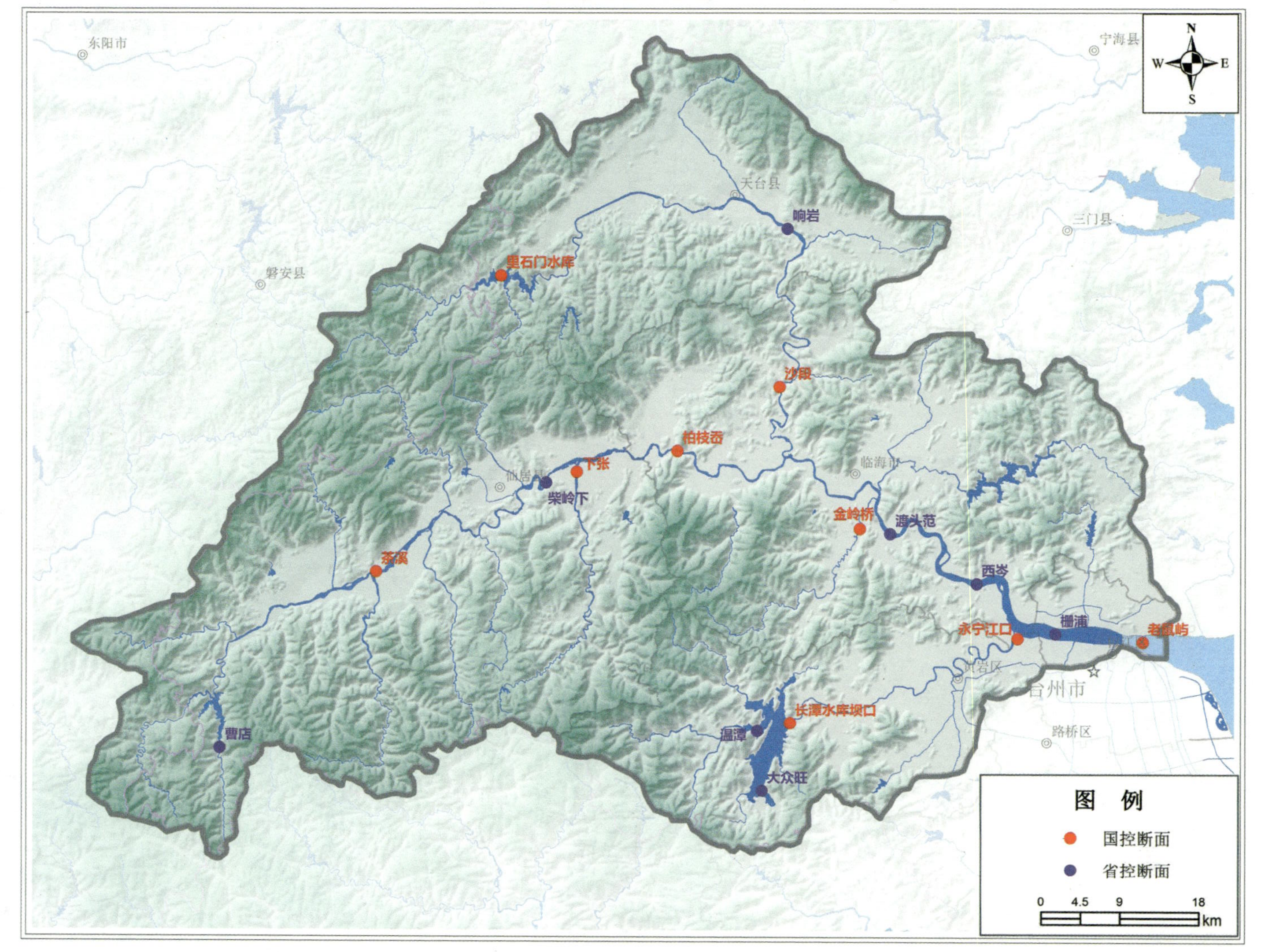

瓯江水系位于浙江省南部，是浙江省第二大江。瓯江发源于龙泉市屏南镇南溪村的百山祖，境跨福建省宁德市和浙江省丽水、金华、温州、台州 4 市，是典型的山溪性河流。干流河长为 377 千米，流域面积为 18165 平方千米。主要支流有松阴溪、宣平溪、小安溪、好溪、小溪和楠溪江等。

瓯江水系共设置省控以上河流监测断面 34 个（含国控断面 18 个），湖库点位 4 个（含国控点位 1 个）。

瓯江水系

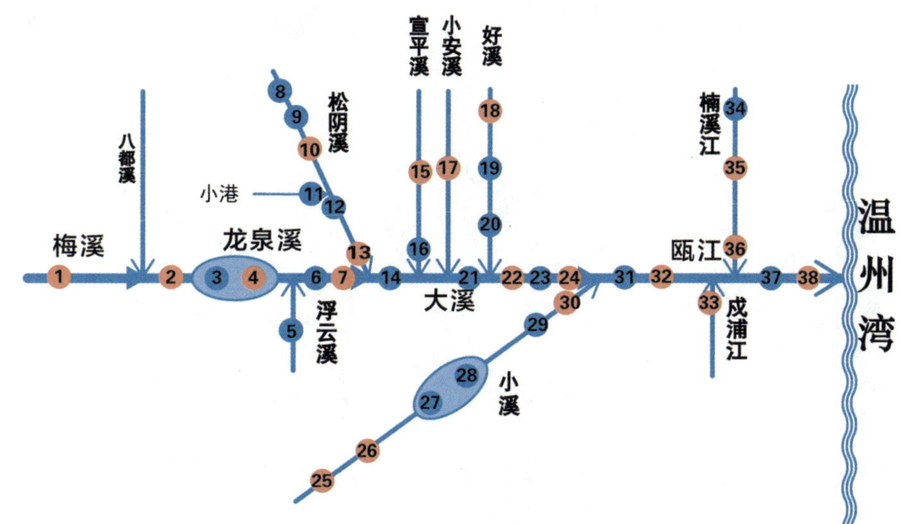

编号	断面名称	责任县（市、区）
1	小梅桥上	丽水市龙泉市
2	临江	丽水市龙泉市
3	紧水滩水库中心	丽水市云和县
4	紧水滩水库近坝	丽水市云和县
5	浮云溪口	丽水市云和县
6	石塘电站坝下	丽水市云和县
7	均溪	丽水市云和县
8	遂昌水厂取水点	丽水市遂昌县
9	渡船头	丽水市遂昌县
10	松阳二中	丽水市松阳县
11	大东坝溪口	丽水市松阳县
12	黄田铺	丽水市松阳县
13	堰后	丽水市松阳县
14	碧湖渡口	丽水市莲都区
15	赤圩	金华市武义县
16	宣平溪口	丽水市莲都区
17	溪下	金华市武义县
18	上东岸（左库水库上）	金华市磐安县
19	兰口	丽水市缙云县

编号	断面名称	责任县（市、区）
20	灵山（水东桥下）	丽水市莲都区
21	桃山大桥	丽水市莲都区
22	风化	丽水市莲都区
23	石门洞	丽水市青田县
24	小溪口	丽水市青田县
25	沙湾上	丽水市景宁畲族自治县
26	外舍	丽水市景宁畲族自治县
27	岭根	丽水市景宁畲族自治县
28	滩坑水库坝前	丽水市青田县
29	巨浦	丽水市青田县
30	石溪（石门洞）	丽水市青田县
31	圩仁	丽水市青田县
32	小旦	丽水市青田县
33	外垟	温州市鹿城区
34	碧莲	温州市永嘉县
35	沙头	温州市永嘉县
36	清水埠	温州市永嘉县
37	杨府山	温州市鹿城区
38	龙湾	温州市龙湾区

瓯江水系地表水国控、省控监测断面分布图

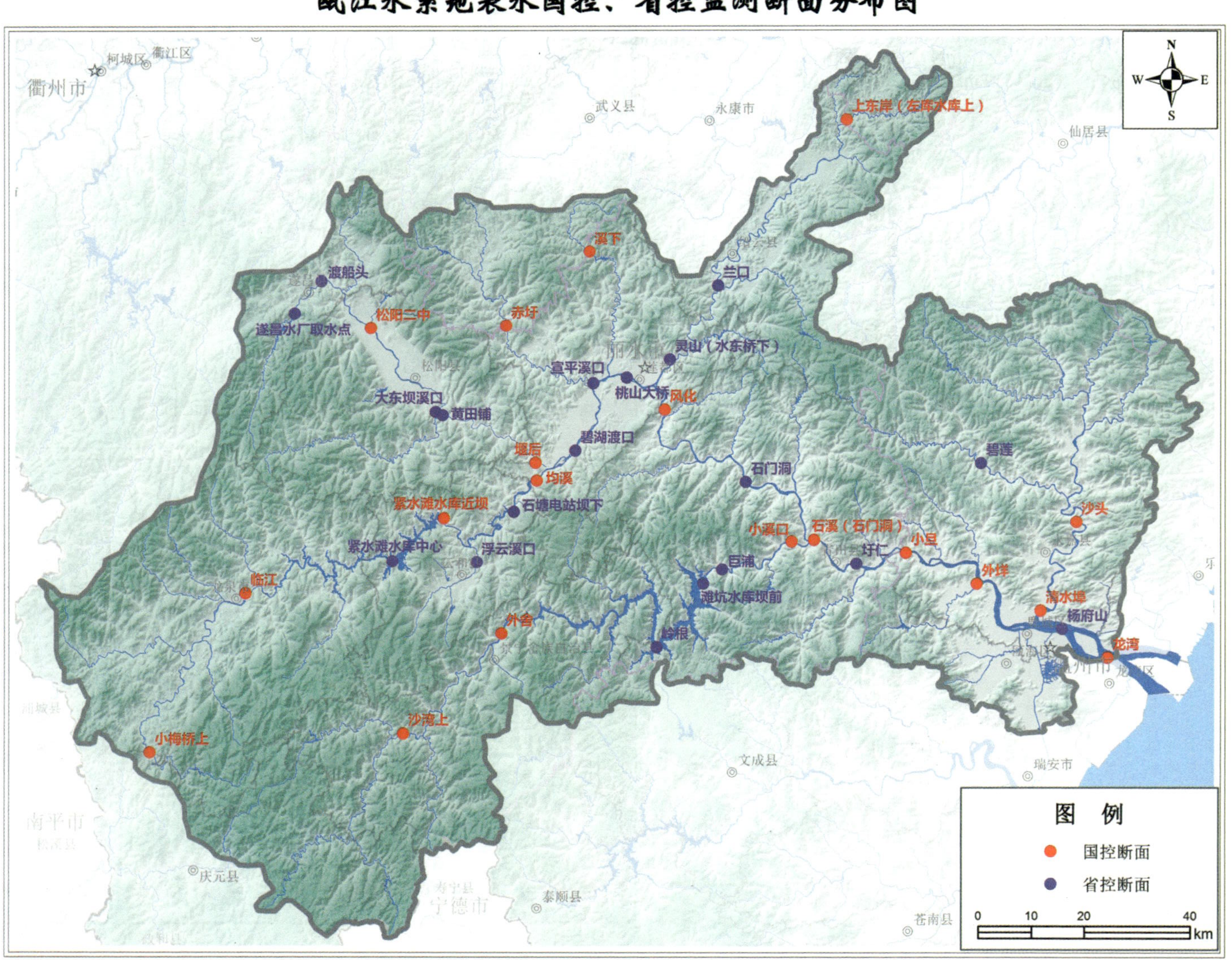

水系概况

SHUIXI GAIKUANG

飞云江水系位于浙江省南部，主流发源于景宁畲族自治县景南乡忠溪村，自西向东流经泰顺、文成两县，在瑞安市南滨街道阁二村流入东海，干流全长为 191 千米，流域面积为 3712 平方千米。主要支流有洪口溪、峃作口溪、泗溪、玉泉溪、金潮港等。

飞云江水系共设置省控以上河流监测断面 7 个（含国控断面 4 个），湖库点位 2 个（含国控点位 1 个）。

飞云江水系

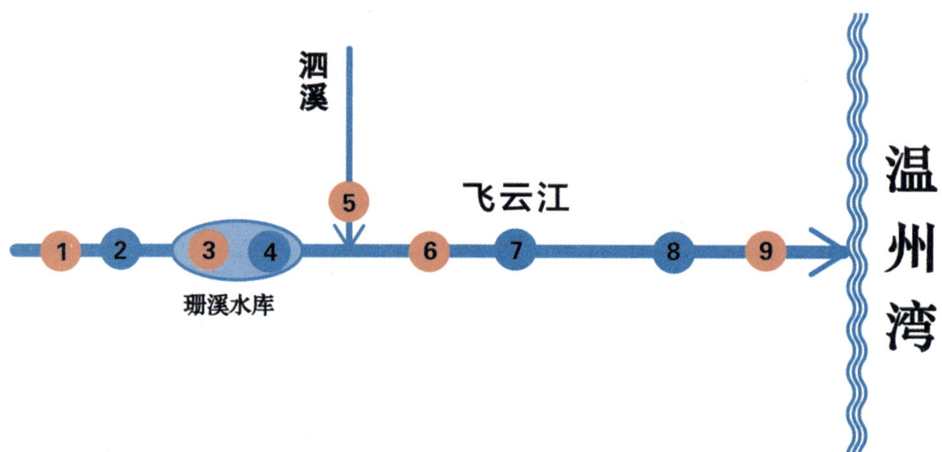

编号	断面名称	责任县（市、区）
1	章坑	丽水市景宁畲族自治县
2	百丈口	温州市泰顺县
3	珊溪水库中	温州市文成县
4	珊溪水库坝前	温州市文成县
5	泗溪	温州市文成县
6	赵山渡	温州市文成县、瑞安县
7	潘山	温州市瑞安市
8	飞云渡口	温州市瑞安市
9	第三农业站	温州市瑞安市

飞云江水系地表水国控、省控监测断面分布图

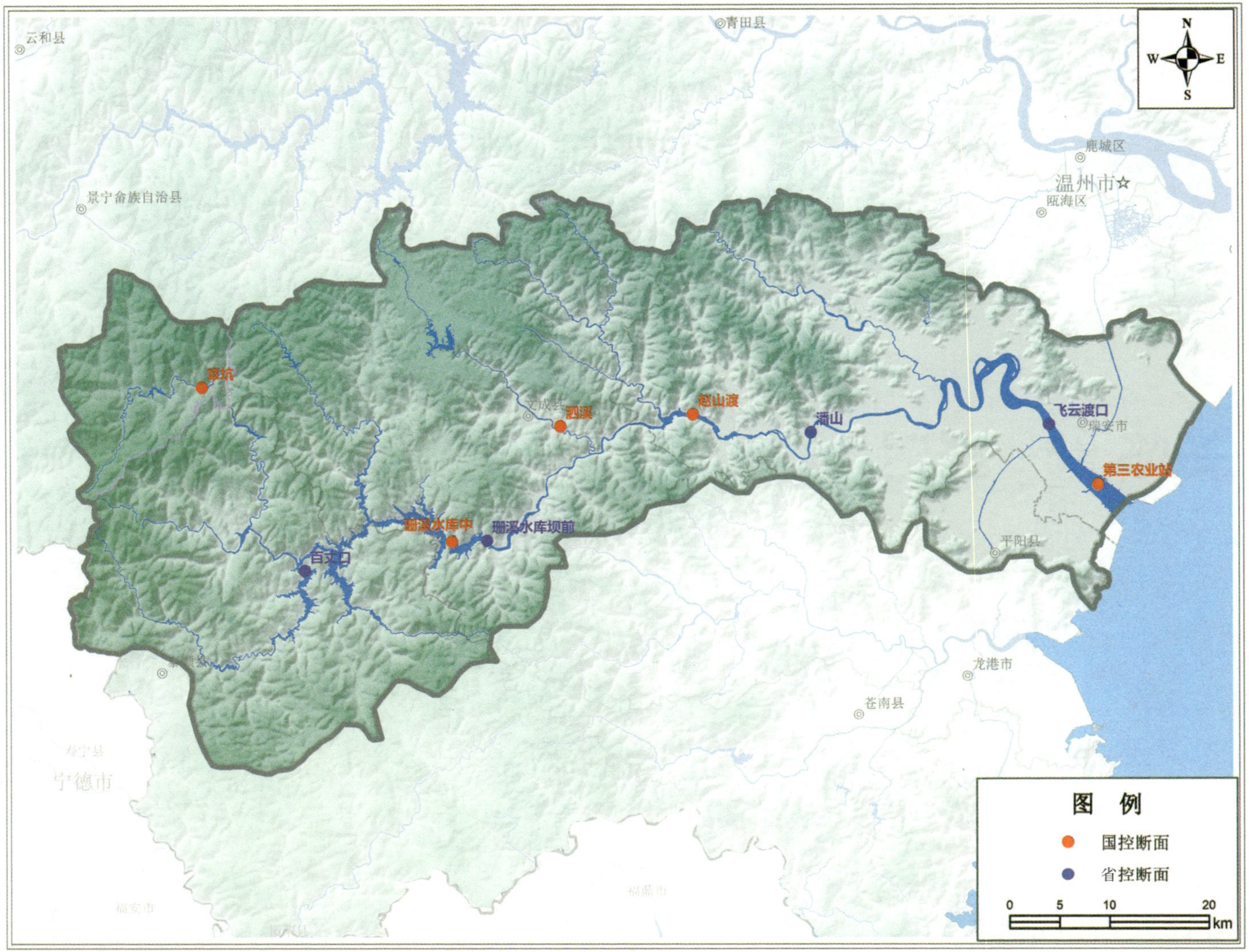

N
W
E
S
云和县
青田县
景宁畲族自治县
鹿城区
温州市☆
瓯海区
文成县
章坑
泗溪
赵山渡
潘山
飞云渡口
瑞安市
第三农业站
珊溪水库中
珊溪水库坝前
百丈口
平阳县
龙港市
苍南县
寿宁县
宁德市
图 例
国控断面
省控断面
0
5
10
20
km

水系概况

SHUIXI GAIKUANG

鳌江水系位于浙江省最南部，发源于苍南县桥墩镇天井村，干流全长为 81 千米，流域面积为 1426 平方千米。流域地势西部高、东部低，河流总趋势是自西向东流。主要支流有怀溪、带溪、横阳支江等。

鳌江水系共设置省控以上河流监测断面 5 个（含国控断面 1 个），无湖库点位。

鳌江水系

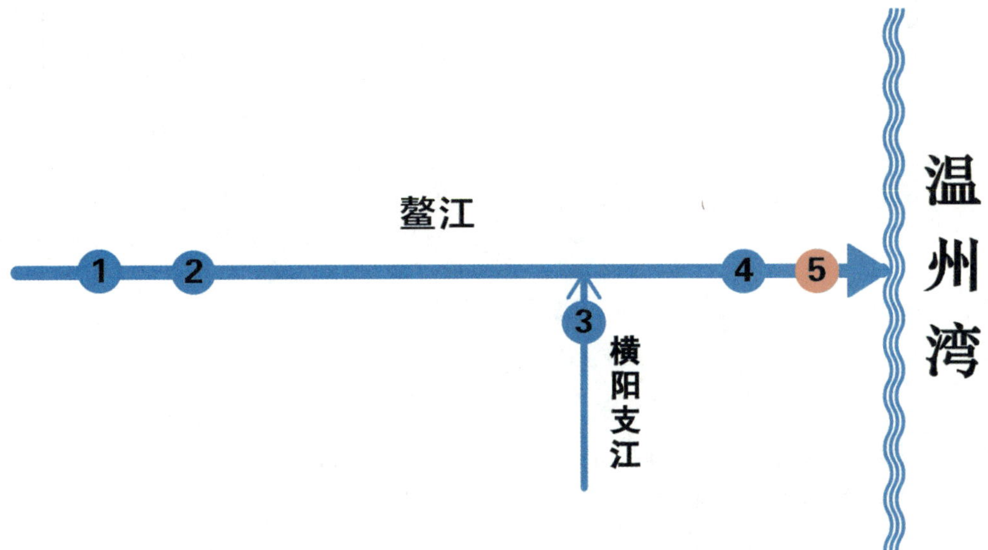

编号	断面名称	责任县（市、区）
1	埭头	温州市平阳县
2	江屿	温州市平阳县
3	朱家闸	温州市苍南县、龙港市
4	方岩渡	温州市平阳县、龙港市
5	江口渡	温州市平阳县、龙港市

鳌江水系地表水国控、省控监测断面分布图

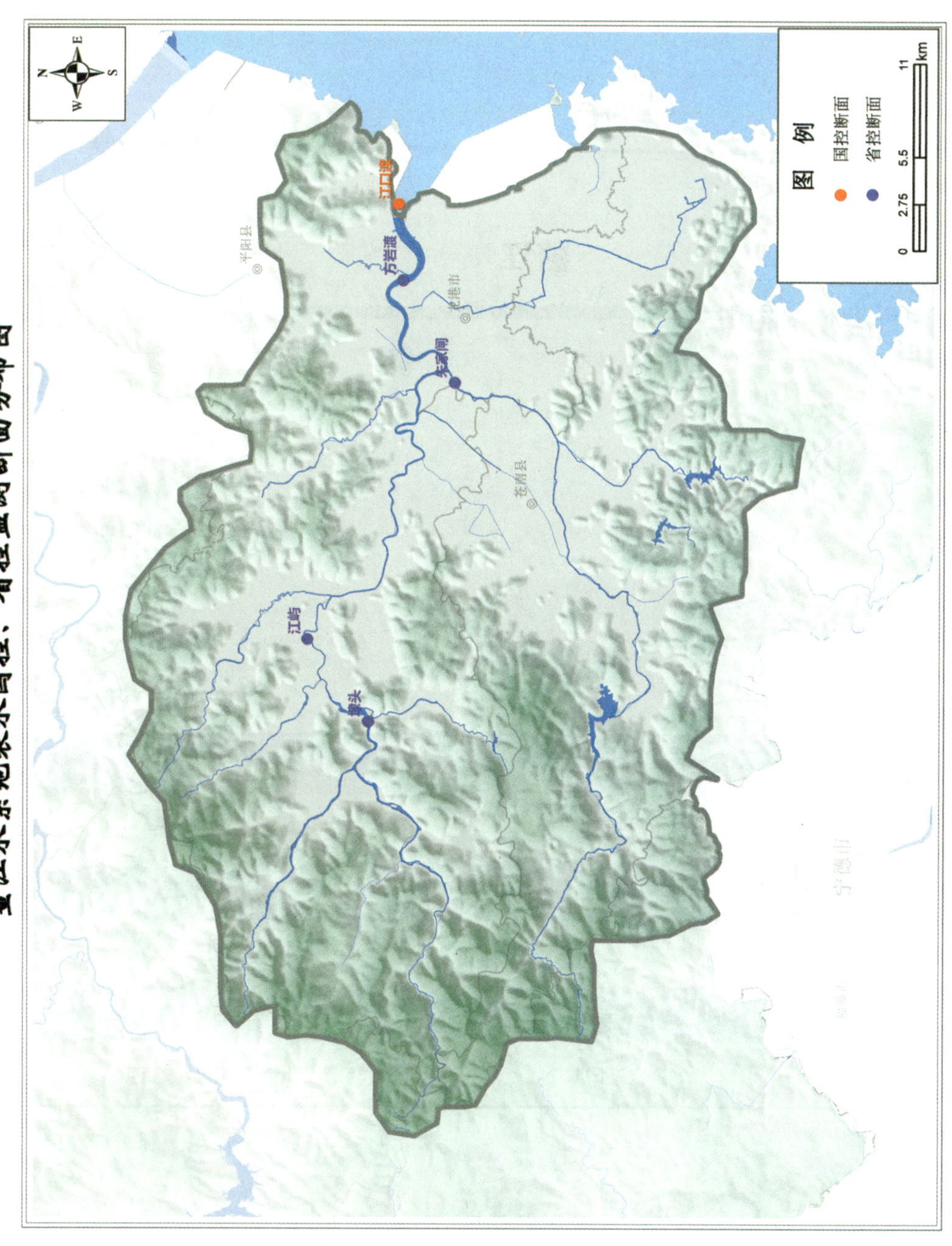

水系概况

SHUIXI GAIKUANG

苕溪水系位于浙江省西北部，流域地势自西南向东北倾斜，主要山脉有天目山。流域面积为 4679 平方千米（不包括长兴平原），分属杭州、湖州两市的 7 个县（市、区），干流河长为 158 千米。苕溪分东苕溪、西苕溪两大源流，东苕溪发源于天目山马尖岗南麓，西苕溪发源于天目山脉狮子山的北麓。主要支流有中苕溪、北苕溪、余英溪、埭溪、西苕溪等。

苕溪水系共设置省控以上河流监测断面 17 个（含国控断面 13 个），湖库点位 2 个（不含国控点位）。

苕溪水系

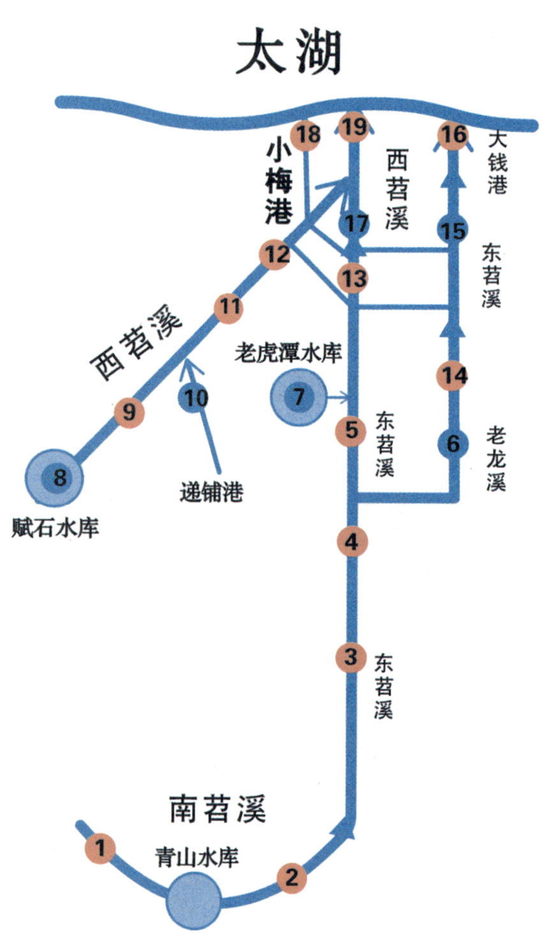

编号	断面名称	责任县（市、区）
1	里畈	杭州市临安区
2	汪家埠	杭州市临安区
3	奉口	杭州市余杭区
4	城南翻水站	湖州市德清县
5	东升	湖州市德清县
6	山水渡	湖州市德清县
7	老虎潭水库坝前	湖州市吴兴区
8	赋石水库	湖州市安吉县
9	塘浦	湖州市安吉县
10	递铺	湖州市安吉县
11	荆湾	湖州市安吉县
12	铁路桥	湖州市吴兴区
13	城西大桥	湖州市吴兴区
14	沈家墩	湖州市德清县
15	毗山	湖州市吴兴区
16	大钱	湖州市吴兴区
17	港湖大桥	湖州市吴兴区
18	小梅口	湖州市吴兴区
19	新港口	湖州市吴兴区

苕溪水系地表水国控、省控监测断面分布图

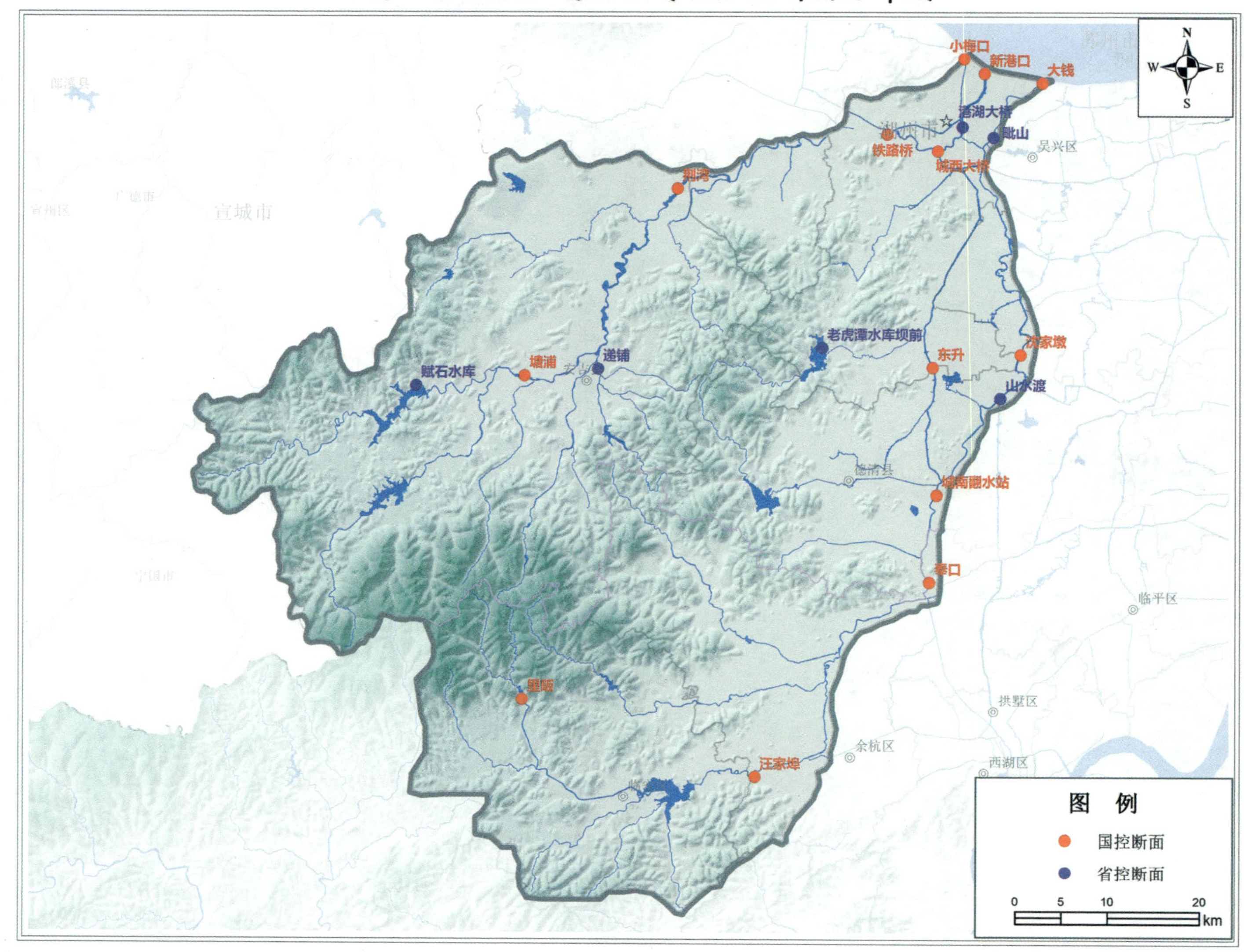

水系概况

SHUIXI GAIKUANG

京杭运河（浙江段）是指京杭运河浙江省杭嘉湖区域段，南起始端在杭州市三堡船闸，与钱塘江相通，河流总趋势为南北向，干流长度为83千米，是水运主干航道。此外，“京杭古运河航道”经余杭塘栖、杭州塘、苏州塘进入江苏。

京杭运河水系共设置省控以上河流监测断面11个（含国控断面5个），无湖库点位。

京杭运河（浙江段）

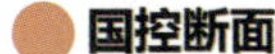

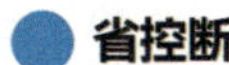

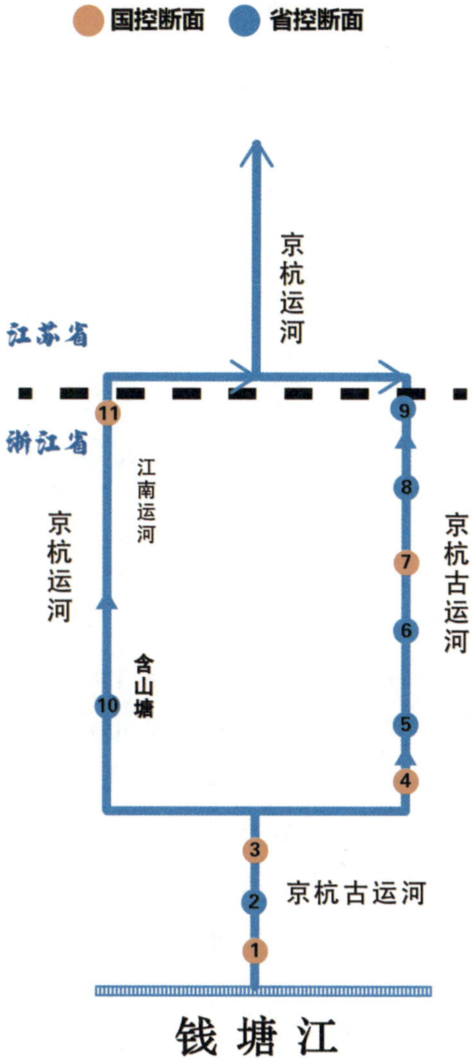
国控断面
省控断面
江苏省
浙江省
京杭运河
江南运河
京杭运河
含山塘
京杭古运河
京杭古运河
钱塘江
1
2
3
4
5
6
7
8
9
10
11

编号	断面名称	责任县（市、区）
1	顾家桥	杭州市上城区
2	义桥	杭州市拱墅区、余杭区
3	塘栖大桥	杭州市余杭区、临平区
4	五杭运河大桥	杭州市临平区
5	大麻渡口	杭州市临平区
6	西双桥	嘉兴市桐乡市
7	新生新运桥	嘉兴市桐乡市
8	秀园大桥（龙凤大桥）	嘉兴市秀洲区
9	王江泾	江苏省
10	含山	湖州市德清县
11	乌镇北	嘉兴市桐乡市

水系概况

SHUIXI GAIKUANG

杭嘉湖平原河网属长江流域太湖水系。流域内水流总趋势为向北流入太湖，向东汇入黄浦江。“南排工程”兴建后，有部分水量可经由南排工程各排水闸进入钱塘江。东北向的河流主要包括运河、澜溪塘、北横塘、南横塘、双林塘、练市塘等，东接黄浦江的河流主要有俞汇塘、红旗塘、三店塘、平湖塘、上海塘、广陈塘等，南排入钱塘江的河流主要有上塘河、长山河、盐官下河、海盐塘、独山干河等，北接太湖的河流主要有大钱港、罗溇港等。

杭嘉湖平原河网水系共设置省控以上河流监测断面 34 个（含国控断面 25 个），湖库点位 4 个（含国控点位 1 个）。

杭嘉湖平原河网

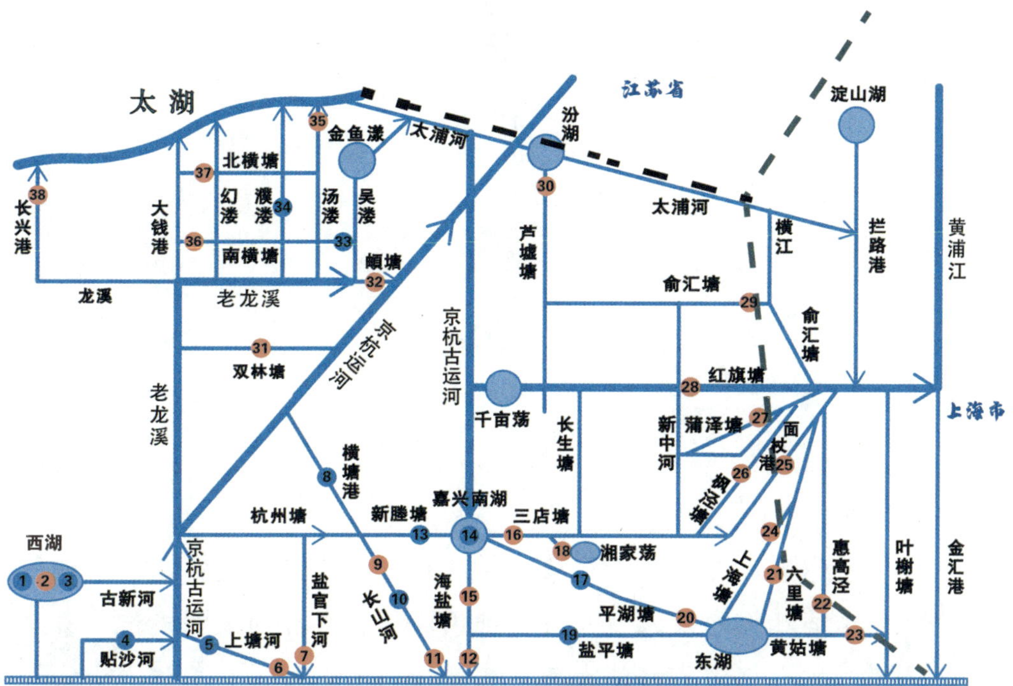

编号	断面名称	责任县（市、区）
1	西里湖北	杭州市西湖区
2	西湖湖心	杭州市西湖区
3	少年宫	杭州市西湖区
4	清泰门	杭州市上城区
5	半山桥	杭州市拱墅区
6	上塘河排涝闸	嘉兴市海宁市
7	盐官排涝枢纽	嘉兴市海宁市
8	晚村	湖州市德清县
9	联合桥	嘉兴市桐乡市
10	松木漾桥	嘉兴市海宁市
11	长山闸一号桥	嘉兴市海盐县
12	南台头闸一号桥	嘉兴市海盐县
13	石臼漾水厂	嘉兴市秀洲区
14	嘉兴南湖中心	嘉兴市南湖区
15	尤甪村	嘉兴市海盐县
16	塘汇	嘉兴市秀洲区
17	焦山门桥	嘉兴市南湖区
18	湘家荡	嘉兴市南湖区
19	东塘桥	嘉兴市海盐县

编号	断面名称	责任县（市、区）
20	荒田浜（万盛桥）	嘉兴市平湖市
21	小新村	嘉兴市平湖市
22	漕廊公路桥	嘉兴市平湖市
23	卫八路桥（嘉兴金桥）	嘉兴市平湖市
24	青阳汇	嘉兴市平湖市
25	明星路桥	嘉兴市嘉善县
26	枫南大桥	嘉兴市嘉善县
27	朱枫公路桥	嘉兴市嘉善县
28	红旗塘大坝	嘉兴市嘉善县
29	池家浜水文站	嘉兴市嘉善县
30	民主水文站	嘉兴市嘉善县
31	双林	湖州市南浔区
32	南浔	湖州市南浔区
33	古溇港	湖州市南浔区
34	振兴大桥	湖州市吴兴区
35	汤溇	湖州市吴兴区
36	西山漾	湖州市吴兴区
37	元通桥	湖州市吴兴区
38	杨家浦	湖州市长兴县

水系概况

SHUIXI GAIKUANG

宁绍平原河网位于钱塘江和杭州湾南岸的宁绍平原。流域内河流自西向东流入杭州湾和舟山海域，部分河流向南流入象山港。主要河流有蟹浦大河、东横河、浒山江、大嵩江、小浃江等。

宁绍平原河网水系共涉及省控以上河流断面 6 个（含国控断面 2 个），无湖库点位。

宁绍平原河网

国控断面 省控断面

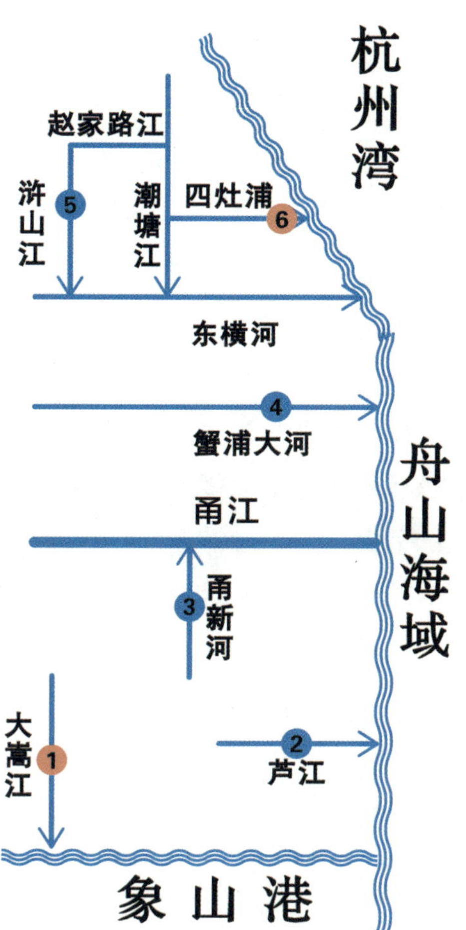

编号	断面名称	责任县（市、区）
1	大嵩	宁波市鄞州区
2	山门	宁波市北仑区
3	会展中心	宁波市鄞州区
4	马家桥	宁波市镇海区
5	浒山东	宁波市慈溪市
6	四灶浦闸	宁波市慈溪市

水系概况

SHUIXI GAIKUANG

台州平原河网位于台州市境的东南与东部沿海，流域水流部分向东流入台州湾，部分向南流入乐清湾。主要河流有东官河、三条河、南官河、永宁河、金清港、江厦大港等。

台州平原河网水系共设置省控以上河流监测断面10个（含国控断面2个），无湖库点位。

台州平原河网

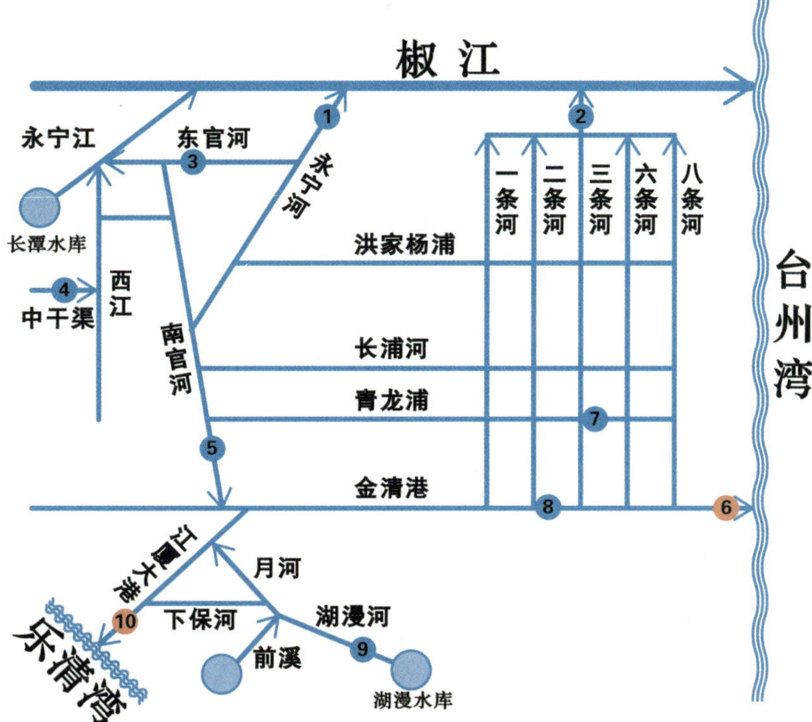

编号	断面名称	责任县（市、区）
1	栅浦闸	台州市椒江区
2	岩头闸	台州市椒江区
3	朱砂堆	台州市黄岩区
4	下埭头	台州市黄岩区
5	峰江（下里桥）	台州市路桥区
6	金清新闸	台州市路桥区
7	三条埠头	台州市路桥区
8	滨海	台州市温岭市
9	太平	台州市温岭市
10	温峤	台州市温岭市

水系概况

SHUIXI GAIKUANG

温州平原河网位于瓯江下游温州平原地区。流域内水流总趋势为自西向东流入温州湾海域。流域内主要河流有虹桥塘河、温瑞塘河、永强塘河、瑞平塘河等。

温州平原河网水系共涉及省控以上河流断面 7 个（含国控断面 1 个），无湖库点位。

温州平原河网

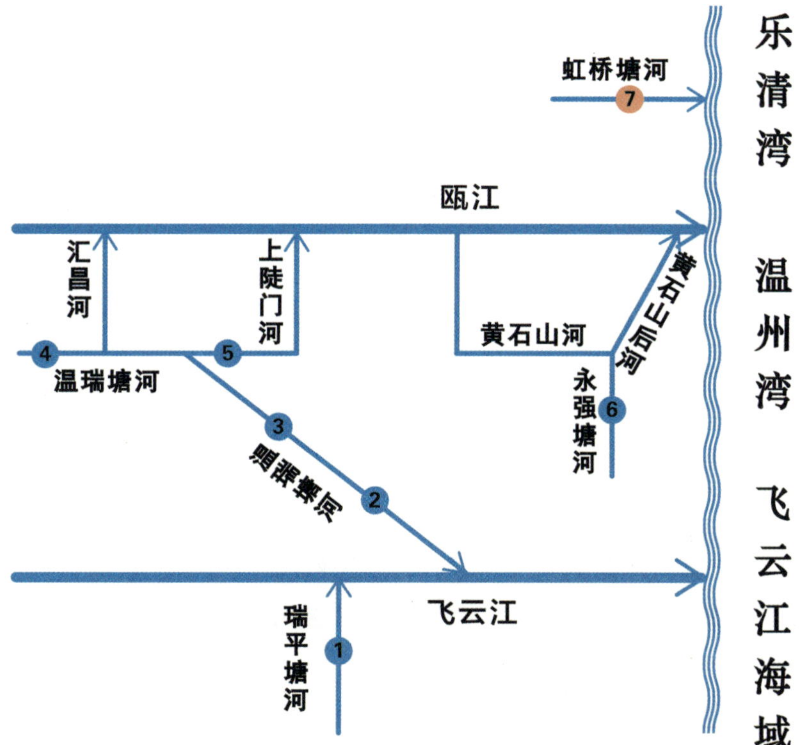

编号	断面名称	责任县（市、区）
1	小姜垟	温州市平阳县
2	塘下	温州市瑞安市
3	白象	温州市瓯海区
4	仙门	温州市瓯海区
5	东水厂	温州市鹿城区
6	永中	温州市龙湾区
7	蒲岐	温州市乐清市

长兴平原河网位于湖州长兴县。流域内水流主要自西向东流入太湖。主要河流有合溪新港、长兴港等。

长兴平原河网水系共设置省控以上河流监测断面 3 个（含国控断面 2 个），无湖库点位。

长兴平原河网

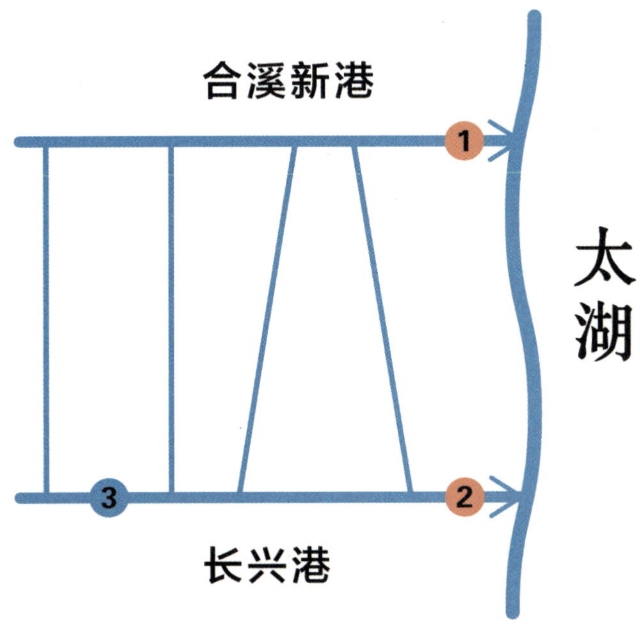

编号	断面名称	责任县（市、区）
1	合溪	湖州市长兴县
2	新塘	湖州市长兴县
3	杨湾大桥（下莘桥）	湖州市长兴县

水系概况

SHUIXI GAIKUANG

萧绍平原河网位于杭州市萧山区、滨江区和绍兴市所处的平原。流域内水流总趋势为自南向北流入钱塘江，部分河流向东流入曹娥江。流域内主要河流有萧曹运河、浙东运河、杭甬运河、平水江、北塘河、新闸江、西小江、鉴湖等。

萧绍平原河网水系共设置省控以上河流监测断面 10 个（含国控断面 2 个），无湖库点位。

萧绍平原河网

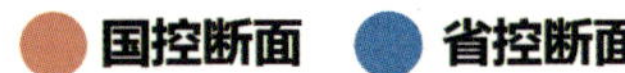

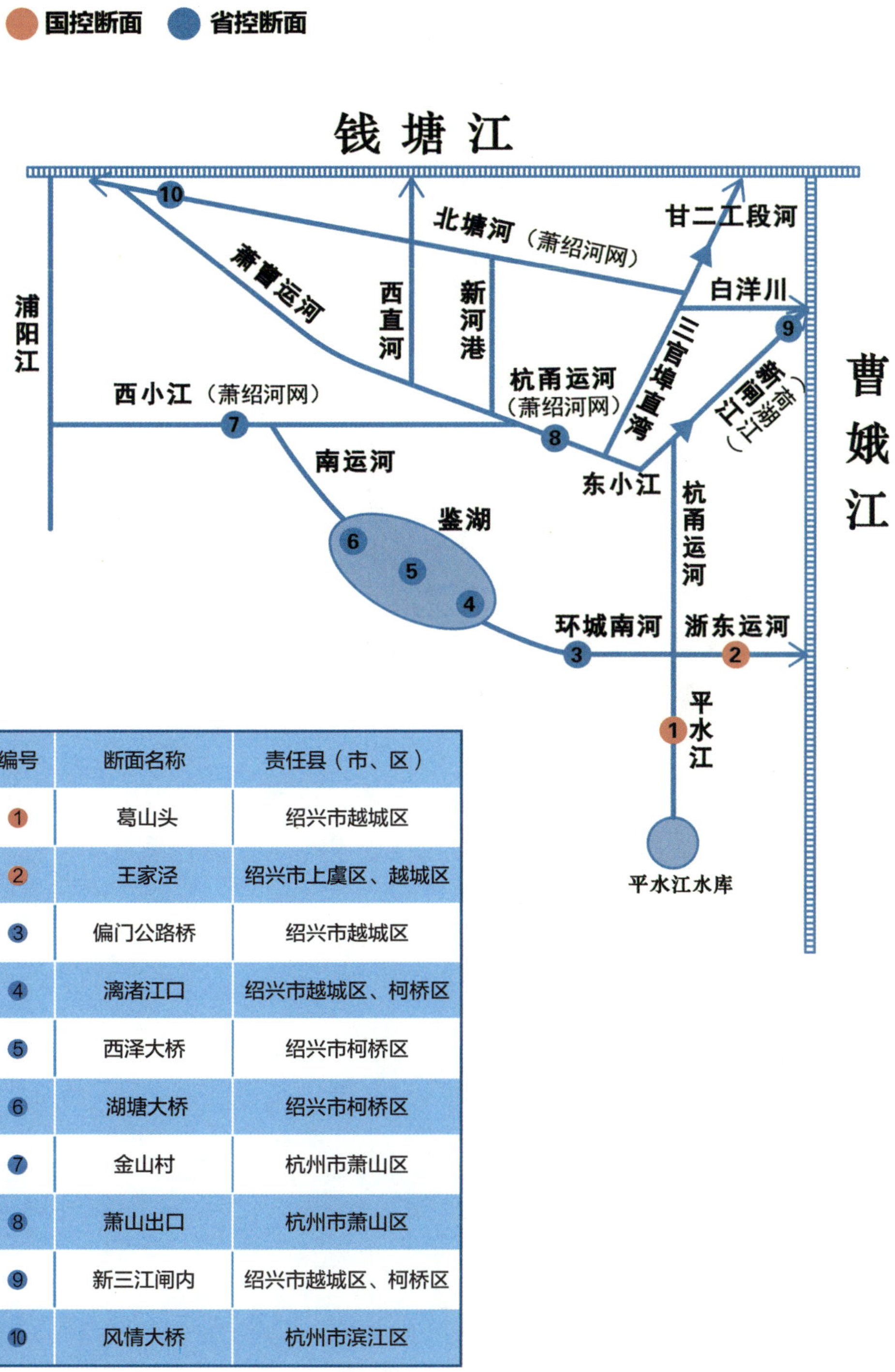
国控断面
省控断面
钱塘江
10
北塘河（萧绍河网）
甘二工段河
白洋川
9
萧曹运河
西直河
新河港
浦阳江
曹娥江
杭甬运河（萧绍河网）
三官埠直湾
新闸江（荷湖江）
西小江（萧绍河网）
7
8
南运河
东小江
杭甬运河
鉴湖
6
5
4
环城南河
浙东运河
3
2
平水江
1
平水江水库

编号	断面名称	责任县（市、区）
1	葛山头	绍兴市越城区
2	王家泾	绍兴市上虞区、越城区
3	偏门公路桥	绍兴市越城区
4	漓渚江口	绍兴市越城区、柯桥区
5	西泽大桥	绍兴市柯桥区
6	湖塘大桥	绍兴市柯桥区
7	金山村	杭州市萧山区
8	萧山出口	杭州市萧山区
9	新三江闸内	绍兴市越城区、柯桥区
10	风情大桥	杭州市滨江区

水系概况

SHUIXI GAIKUANG

独流入海与海岛河流主要涉及沿海其余小河流、舟山群岛相关河流及沿海其余岛屿、半岛河流等。主要河流有临城河、大荆溪、玉环湖、珠游溪、大塘港、城坎河、城关河道、白溪、庆澜河、亭旁溪等。

独流入海与海岛河流水系共设置省控以上河流监测断面 10 个（含国控断面 7 个），湖库点位 6 个（不含国控点位）。

独流入海与海岛河流

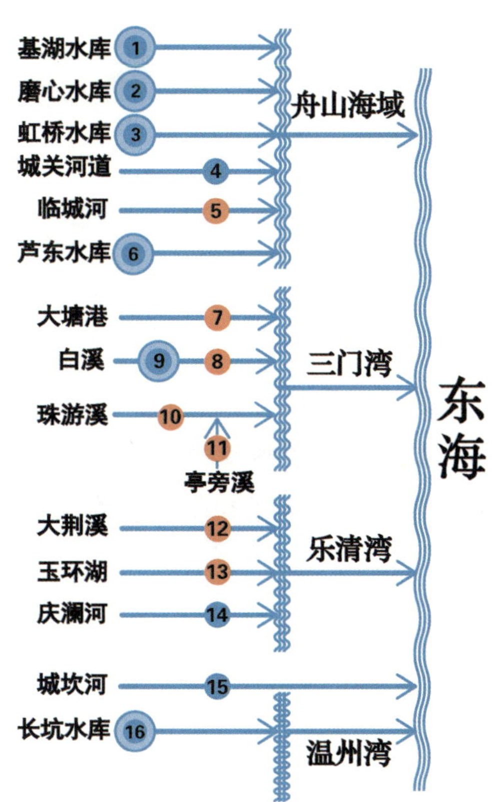

编号	断面名称	责任县（市、区）
1	基湖水库	舟山市嵊泗县
2	磨心水库	舟山市岱山县
3	虹桥水库	舟山市定海区
4	德行桥（城关海滨桥）	舟山市定海区
5	临城	舟山市定海区
6	芦东水库	舟山市普陀区
7	浮礁渡	宁波市宁海县
8	水车	宁波市宁海县
9	白溪水库坝前	宁波市宁海县
10	三小断面	台州市三门县
11	石岩水厂	台州市三门县
12	大荆	温州市乐清市
13	分水山闸	台州市玉环市
14	长屿闸	台州市玉环市
15	礁头闸	台州市玉环市
16	长坑水库	温州市洞头区

水系概况

SHUIXI GAIKUANG

浙闽浙赣交界水系主要为入福建、江西的省境河流，主要分布于衢州市的开化县、常山县、江山市，丽水市的龙泉市、庆元县和温州市的泰顺县、苍南县。主要河流有松源溪、苏庄溪、会甲溪、东溪、八炉溪、甘宋溪、交溪、水北溪、松溪、大桥溪等。

浙闽浙赣交界水系共设置省控以上河流监测断面 7 个（含国控断面 6 个），无湖库点位。

浙闽浙赣交界水系

国控断面 省控断面

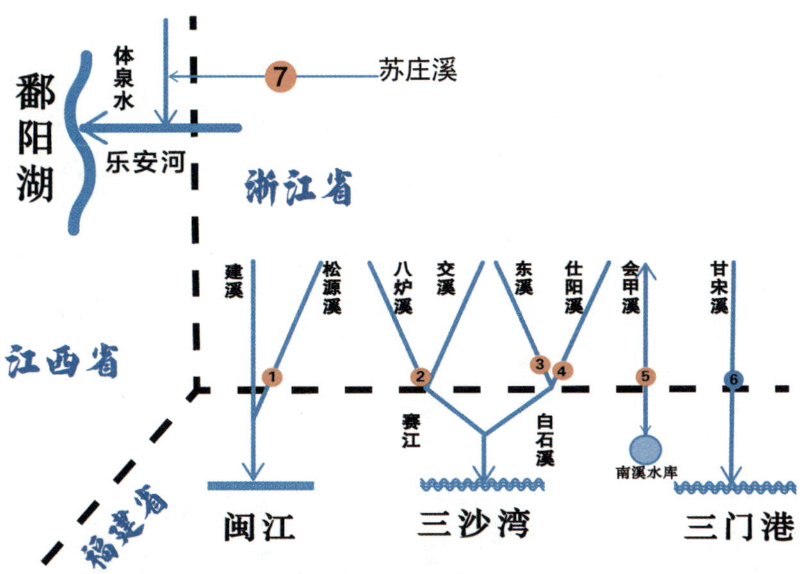

编号	断面名称	责任县（市、区）
1	松溪岩下	丽水市庆元县
2	鱼条潦	丽水市庆元县
3	柘泰大桥	温州市泰顺县
4	交溪	温州市泰顺县
5	氡泉	温州市泰顺县
6	三叉口	温州市苍南县
7	苏庄	衢州市开化县

浙江省

杭州市断面图鉴

HANGZHOU SHI DUANMIAN TUJIAN

杭州市地表水国控、省控监测断面分布图

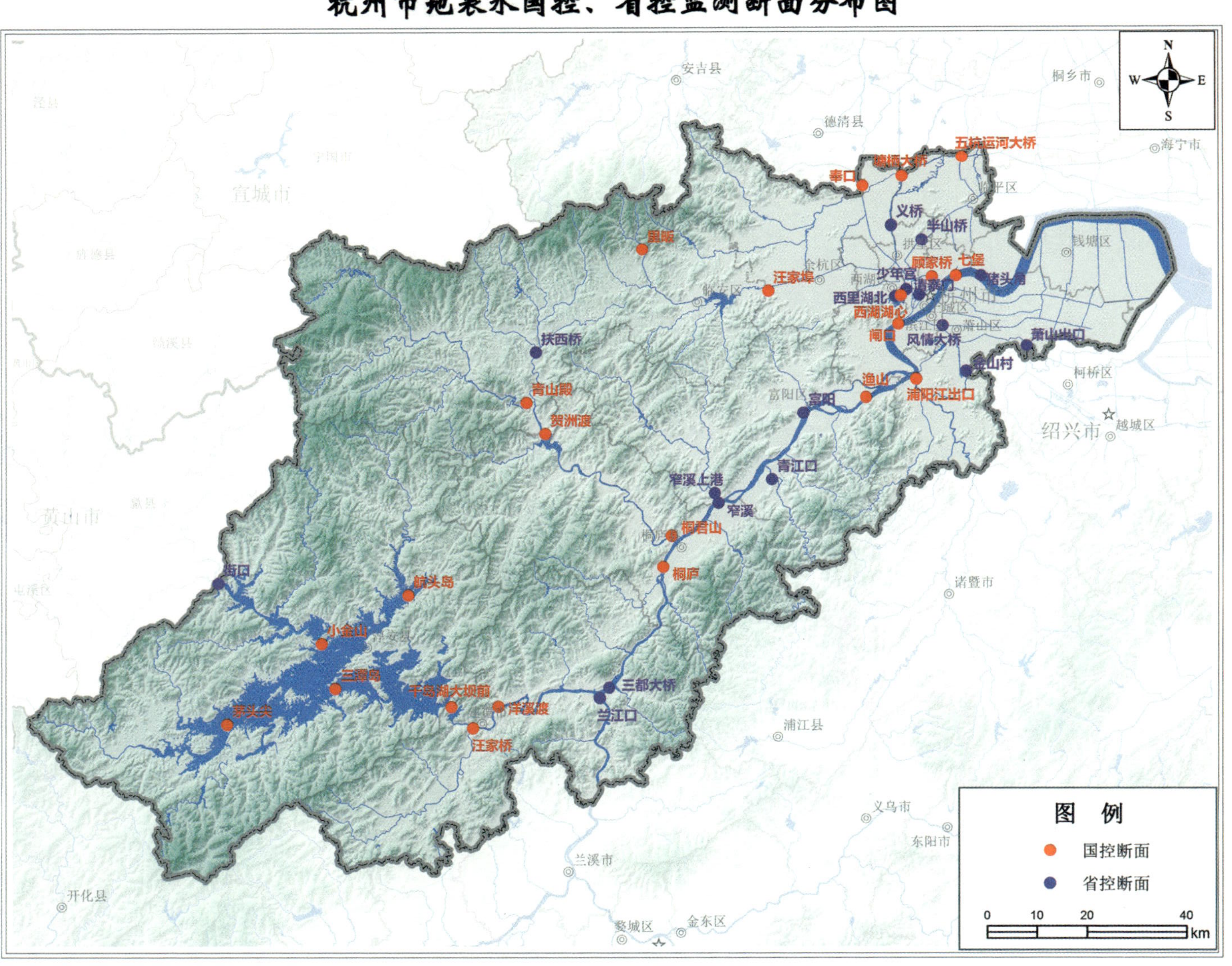

顾家桥

断面编码： FJ00S330100_2010A

控制级别： 国控　　**断面属性：** 控制断面

水体类型： 河流　　**功能类别：** Ⅲ类

水系水体： 京杭运河——京杭运河

所在市县： 杭州市上城区

责任市县： 杭州市上城区

断面位置： 艮山西路与京杭运河交叉口，坐标：E120.2084°，N30.2819°

断面二维码

水质状况	2016 年	2017 年	2018 年	2019 年	2020 年	2021 年	2022 年	2023 年
	Ⅲ类	Ⅲ类	Ⅱ类	Ⅲ类	Ⅲ类	Ⅱ类	Ⅱ类	Ⅱ类
	历史主要污染指标：—							

自动站	
	站点名称：顾家桥
	管理级别：国控
	站点位置：与手工断面重合

汇水区污染源	
	工业：无直排废水企业，工业企业废水均纳入污水处理厂，处理达标后排入钱塘江
	生活：涉及约 132 万人，社区污水均已纳管处理
	农业：涉及区域无农业污染源
	其他：污水处理厂：无；上游支流：横河港

断面位置

自动站

断面上游

断面下游

七堡

断面编码： GG13S330100_0003A

控制级别： 国控　　**断面属性：** 入海口

水体类型： 河流　　**功能类别：** Ⅲ类

水系水体： 钱塘江——钱塘江干流

所在市县： 杭州市上城区

责任市县： 杭州市上城区

断面位置： 钱塘江与杭甬高速交叉口下游 2400 米处，坐标：E120.2585°，N30.2843°

断面二维码

	2016 年	2017 年	2018 年	2019 年	2020 年	2021 年	2022 年	2023 年
水质状况	Ⅱ类	Ⅱ类	Ⅱ类	Ⅱ类	Ⅱ类	Ⅱ类	Ⅱ类	Ⅱ类
	历史主要污染指标：—							
自动站	站点名称：不具备建站条件							
	管理级别：—							
	站点位置：—							
汇水区污染源	工业：无直排废水企业，工业企业废水均纳入污水处理厂，处理达标后排入钱塘江							
	生活：涉及约 135 万人，社区污水均已纳管处理							
	农业：各乡镇街道耕地总面积约为 15 万亩①，存在集中式畜禽养殖和水产养殖							
	其他：污水处理厂：七格污水处理厂、钱江污水处理厂和临江污水处理厂；上游支流：上游 1 千米内无支流汇入							

断面位置

周边情况

断面上游

断面下游

① 1 亩≈0.067 公顷。

清泰门

断面编码： 2FN330102A0073

控制级别： 省控　　**断面属性：** 控制断面

水体类型： 河流　　**功能类别：** Ⅱ类

水系水体： 杭嘉湖平原河网——贴沙河

所在市县： 杭州市上城区

责任市县： 杭州市上城区

断面位置： 贴沙河与清江路交叉口，坐标：E120.1814°，N30.2487°

断面二维码

	2016 年	2017 年	2018 年	2019 年	2020 年	2021 年	2022 年	2023 年
水质状况	Ⅱ类	Ⅱ类	Ⅱ类	Ⅱ类	Ⅱ类	Ⅱ类	Ⅱ类	Ⅱ类
	历史主要污染指标：—							
自动站	站点名称：清泰门							
	管理级别：省控							
	站点位置：与手工断面重合							
汇水区污染源	工业：无工业企业污染源排放							
	生活：涉及区域居民生活污水全部纳管至七格污水处理厂，处理达标后排放							
	农业：涉及区域无农业污染源							
	其他：污水处理厂：无；上游支流：上游 1 千米内无支流汇入							

断面位置

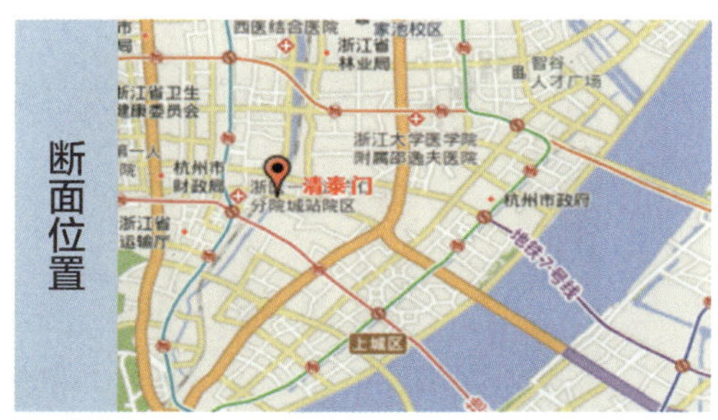

自动站

断面上游

断面下游

半山桥

断面编码： 2FN330105A0072

控制级别： 省控　　**断面属性：** 控制断面

水体类型： 河流　　**功能类别：** Ⅳ类

水系水体： 杭嘉湖平原河网——上塘河

所在市县： 杭州市拱墅区

责任市县： 杭州市拱墅区

断面位置： 上塘河秋石与高架路交叉口东侧，坐标：E120.1875° ，N30.3508°

断面二维码

	2016 年	2017 年	2018 年	2019 年	2020 年	2021 年	2022 年	2023 年
水质状况	劣Ⅴ类	Ⅳ类	Ⅲ类	Ⅳ类	Ⅲ类	Ⅲ类	Ⅲ类	Ⅲ类
	历史主要污染指标： 2016 年氨氮、溶解氧；2017 年溶解氧、氨氮；2019 年氨氮							
自动站	**站点名称：** 半山桥							
	管理级别： 省控							
	站点位置： 与手工断面重合							
汇水区污染源	**工业：** 无工业企业污染源排放							
	生活： 涉及 9 个街道 34 个社区，社区均已纳管处理							
	农业： 涉及区域无农业污染源							
	其他： 污水处理厂：无；上游支流：上游 1 千米内无支流汇入							

断面位置

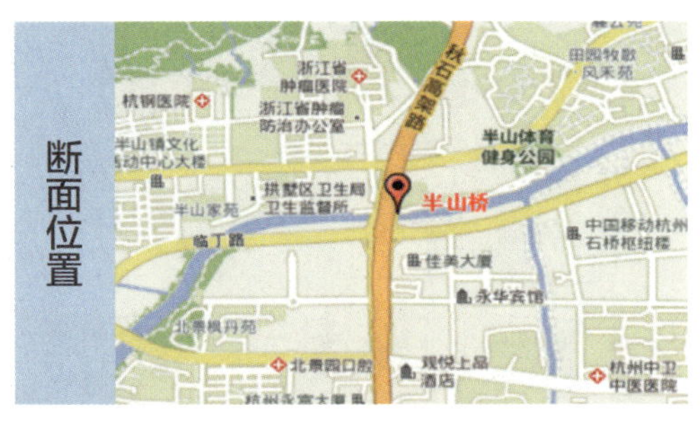

自动站

断面上游

断面下游

义桥

断面编码：2FN330106A0064

控制级别：省控　　**断面属性：**控制断面

水体类型：河流　　**功能类别：**Ⅲ类

水系水体：京杭运河——京杭运河杭州段

所在市县：杭州市拱墅区

责任市县：杭州市拱墅区、余杭区

断面位置：京杭运河与宣杭线北侧 90 米处，坐标：E120.1236° ，N30.3769°

断面二维码

	2016 年	2017 年	2018 年	2019 年	2020 年	2021 年	2022 年	2023 年
水质状况	Ⅳ类	Ⅳ类	Ⅲ类	Ⅲ类	Ⅲ类	Ⅲ类	Ⅲ类	Ⅲ类
	历史主要污染指标：2016 年氨氮、溶解氧；2017 年溶解氧							
自动站	**站点名称：**义桥							
	管理级别：省控							
	站点位置：手工断面下游 150 米							
汇水区污染源	**工业：**无直排废水企业，工业企业废水均纳入污水处理厂，处理达标后排入钱塘江或京杭运河							
	生活：涉及 7 个乡镇，合计约 7 万人。居民生活污水已纳管处理，农村均建成生活污水终端处理设施							
	农业：存在农田种植面积约为 1000 亩							
	其他：污水处理厂：无；上游支流：油车桥港，吴家厍港，谢村港，南阳港							

断面位置

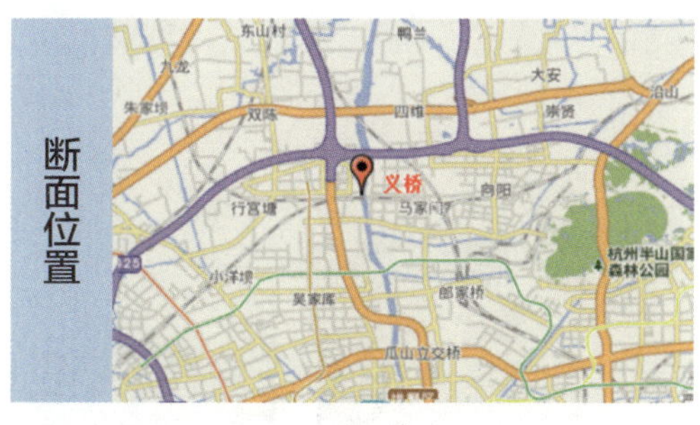

自动站

断面上游

断面下游

闸口

断面二维码

断面编码： GG00S330100_0002A

控制级别： 国控　　**断面属性：** 控制断面

水体类型： 河流　　**功能类别：** Ⅱ类

水系水体： 钱塘江——钱塘江干流

所在市县： 杭州市西湖区

责任市县： 杭州市上城区、西湖区、滨江区

断面位置： 钱塘江与钱塘江大桥交叉口东侧中垂线 420 米处。

坐标：E120.1383°，N30.1972°

	2016 年	2017 年	2018 年	2019 年	2020 年	2021 年	2022 年	2023 年
水质状况	Ⅱ类	Ⅱ类	Ⅱ类	Ⅱ类	Ⅱ类	Ⅱ类	Ⅱ类	Ⅱ类
	历史主要污染指标：—							
自动站	站点名称：闸口							
	管理级别：国控							
	站点位置：手工断面上游约 4.5 千米							
汇水区污染源	工业：企业污水均已纳管处理后排入钱塘江下游							
	生活：涉及西湖区 2 个镇街，75 个行政村（社区），总人口约为 30 万人。建成区居民生活污水纳管排入断面下游，农村均建成生活污水处理终端设施，经暗管入河							
	农业：无集中式畜禽养殖企业及大量散养鸡、鸭情况。西湖区范围内耕地面积约为 2600 公顷，水田面积约为 300 公顷							
	其他：污水处理厂：无；上游支流：上游 1 千米内无支流汇入							

断面位置

自动站

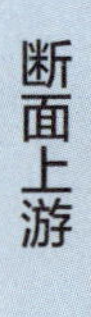
断面上游

断面下游

西湖湖心

点位编码： FJ00L330100_2011A

控制级别： 国控　　**点位属性：** —

水体类型： 湖泊　　**功能类别：** Ⅳ类

水系水体： 杭嘉湖平原河网——西湖

所在市县： 杭州市西湖区

责任市县： 杭州市西湖区

点位位置： 孤山路浙江省博物馆东南方向约 750 米，坐标：E120.1440° ，N30.2486°

断面二维码

	2016 年	2017 年	2018 年	2019 年	2020 年	2021 年	2022 年	2023 年
水质状况	Ⅲ类	Ⅲ类	Ⅲ类	Ⅲ类	Ⅲ类	Ⅲ类	Ⅲ类	Ⅲ类
	历史主要污染指标：—							
自动站	站点名称：不具备建站条件							
	管理级别：—							
	站点位置：—							
汇水区污染源	工业：无工业企业污染源排放							
	生活：涉及西湖街道共计 3 万余人，周边“污水零直排区”建设完成度较高，但存在老旧小区雨污合流与区域管网老旧破损等现象							
	农业：涉及区域无农业污染源							
	其他：污水处理厂：无；上游支流：无							

点位位置

周边情况

点位周边

点位周边

西里湖北

点位编码： 2FN330106G0116

控制级别： 省控 **点位属性：** —

水体类型： 湖泊 **功能类别：** Ⅳ类

水系水体： 杭嘉湖平原河网——西湖

所在市县： 杭州市西湖区

责任市县： 杭州市西湖区

点位位置： 西里湖北面苏堤西侧 100 米，坐标：E120.1319° ，N30.2467°

断面二维码

	2016 年	2017 年	2018 年	2019 年	2020 年	2021 年	2022 年	2023 年
水质状况	Ⅲ类	Ⅲ类	Ⅲ类	Ⅲ类	Ⅱ类	Ⅲ类	Ⅲ类	Ⅲ类
	历史主要污染指标：—							
自动站	站点名称：不具备建站条件							
	管理级别：—							
	站点位置：—							
汇水区污染源	工业：无工业企业污染源排放							
	生活：涉及西湖街道共计 3 万余人，周边“污水零直排区”建设完成度较高，但存在老旧小区雨污合流与区域管网老旧破损等现象							
	农业：涉及区域无农业污染源							
	其他：污水处理厂：无							

点位位置

周边情况

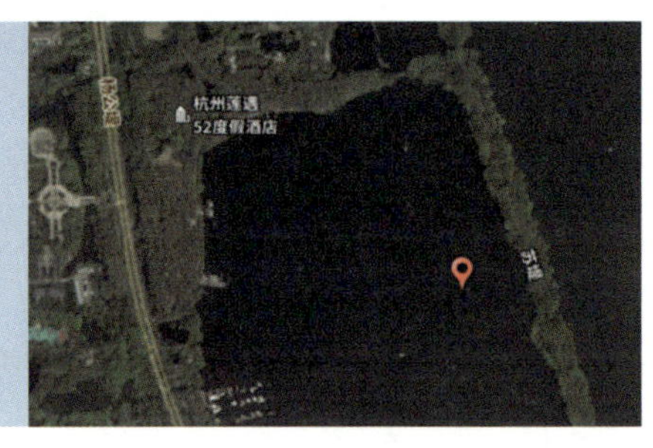

点位周边

点位周边

少年宫

点位编码： 2FN330106G0117

控制级别： 省控　　**点位属性：** —

水体类型： 湖泊　　**功能类别：** Ⅳ类

水系水体： 杭嘉湖平原河网——西湖

所在市县： 杭州市西湖区

责任市县： 杭州市西湖区

点位位置： 西湖东北部白堤东侧约 500 米，坐标：E120.1508° ，N30.2592°

断面二维码

	2016 年	2017 年	2018 年	2019 年	2020 年	2021 年	2022 年	2023 年
水质状况	Ⅲ类	Ⅲ类	Ⅲ类	Ⅲ类	Ⅲ类	Ⅲ类	Ⅲ类	Ⅲ类
	历史主要污染指标：—							
自动站	站点名称：不具备建站条件							
	管理级别：—							
	站点位置：—							
汇水区污染源	工业：无工业企业污染源排放							
	生活：涉及西湖街道共计 3 万余人，周边“污水零直排区”建设完成度较高，但存在老旧小区雨污合流与区域管网老旧破损等现象							
	农业：涉及区域无农业污染源							
	其他：污水处理厂：无							

点位位置

周边情况

点位周边

点位周边

风情大桥

断面二维码

断面编码： 2GA330108A0094

控制级别： 省控　　**断面属性：** 县界

水体类型： 河流　　**功能类别：** Ⅲ类

水系水体： 萧绍平原河网——萧绍河网

所在市县： 杭州市萧山区

责任市县： 杭州市滨江区

断面位置： 北塘河与风情大道交叉口，坐标：E120.2303°，N30.1943°

	2016 年	2017 年	2018 年	2019 年	2020 年	2021 年	2022 年	2023 年
水质状况	—	—	—	—	—	Ⅲ类	Ⅲ类	Ⅲ类
	历史主要污染指标：—							
自动站	站点名称：风情大桥							
	管理级别：省控							
	站点位置：与手工断面重合							
汇水区污染源	工业：无直排废水企业，工业企业废水均纳入污水处理厂，处理达标后排入钱塘江							
	生活：涉及区域均已完成农村生活污水全覆盖和“污水零直排区”建设，污水均已收集纳管处理							
	农业：涉及区域无农业污染源							
	其他：污水处理厂：无；上游支流：闸站河，花园徐直河							

断面位置

自动站

断面上游

断面下游

浦阳江出口

断面编码： GG14S330100_0029A

控制级别： 国控　　**断面属性：** 入河口

水体类型： 河流　　**功能类别：** Ⅱ类

水系水体： 钱塘江——浦阳江

所在市县： 杭州市萧山区

责任市县： 杭州市萧山区

断面位置： 桥戴线义桥码头南 200 米，坐标：E120.1752° ，N30.0973°

断面二维码

水质状况	2016 年	2017 年	2018 年	2019 年	2020 年	2021 年	2022 年	2023 年
	Ⅱ类	Ⅱ类	Ⅱ类	Ⅲ类	Ⅱ类	Ⅱ类	Ⅱ类	Ⅱ类
	历史主要污染指标：—							
自动站	站点名称：浦阳江出口							
	管理级别：国控							
	站点位置：与手工断面重合							
汇水区污染源	工业：无直排废水企业，工业企业废水均纳入污水处理厂，处理达标后排入钱塘江							
	生活：涉及 7 个镇，156 个行政村（社区、居委会），常住人口约为 29 万人，城镇纳管率约为 80%，农村纳管率约为 25%							
	农业：各乡镇共有耕地面积约 1.1 万公顷，园地面积约为 0.1 万公顷。存在集中式畜禽养殖和水产养殖							
	其他：污水处理厂：无；上游支流：上游有永兴江汇入							

断面位置

自动站

断面上游

断面下游

萧山出口

断面二维码

断面编码： 2GA330109A0090

控制级别： 省控　　**断面属性：** 市界

水体类型： 河流　　**功能类别：** Ⅲ类

水系水体： 萧绍平原河网——萧绍运河

所在市县： 杭州市萧山区

责任市县： 杭州市萧山区

断面位置： 杭甬运河与萧曹运河交叉口东侧，坐标：E120.4071° ，N30.1495°

	2016 年	2017 年	2018 年	2019 年	2020 年	2021 年	2022 年	2023 年
水质状况	劣Ⅴ类	Ⅳ类	Ⅳ类	Ⅲ类	Ⅲ类	Ⅲ类	Ⅲ类	Ⅲ类
	历史主要污染指标：2016 年氨氮、五日生化需氧量、总磷；2017 年氨氮、五日生化需氧量；2018 年氨氮							

自动站	站点名称：顾家荡
	管理级别：省控
	站点位置：与手工断面重合

汇水区污染源	工业：无直排废水企业，工业企业废水均纳入污水处理厂，处理达标后排入钱塘江
	生活：涉及衙前 1 个镇街，13 个行政村（社区），总人口约为 6.5 万人。所有村均已建设农村生活污水管道，纳管率在 80% 以上
	农业：各乡镇共有耕地 4000 余亩，无大规模畜禽养殖、水产养殖
	其他：污水处理厂：无；上游支流：上游 1 千米内无支流汇入

断面位置

自动站

断面上游

断面下游

金山村

断面编码：2GA330109A0095

控制级别：省控　　**断面属性：**市界

水体类型：河流　　**功能类别：**Ⅲ类

水系水体：萧绍平原河网——萧绍河网

所在市县：杭州市萧山区

责任市县：杭州市萧山区

断面位置：西小江距所前镇卫生院 1200 米，坐标：E120.2825°，N30.1076°

断面二维码

	2016 年	2017 年	2018 年	2019 年	2020 年	2021 年	2022 年	2023 年
水质状况	Ⅲ类	Ⅱ类	Ⅱ类	Ⅲ类	Ⅱ类	Ⅱ类	Ⅲ类	Ⅲ类
	历史主要污染指标：—							
自动站	站点名称：金山村							
	管理级别：省控							
	站点位置：手工断面上游 380 米							
汇水区污染源	工业：无直排废水企业，工业企业废水均纳入污水处理厂处理，处理达标后排入钱塘江							
	生活：涉及所前镇 4 个村均已完成污水截污纳管工作，接户率 90% 以上，均已接入污水终端处理池处理							
	农业：各乡镇共有耕地面积约为 4.9 万公顷，无大规模畜禽养殖、水产养殖							
	其他：污水处理厂：无；上游支流：上游 300 米有老西小江汇入							

断面位置

自动站

断面上游

断面下游

奉口

断面编码： FJ09S330100_2009A

控制级别： 国控　　**断面属性：** 市界

水体类型： 河流　　**功能类别：** Ⅱ类

水系水体： 苕溪——东苕溪

所在市县： 杭州市余杭区

责任市县： 杭州市余杭区

断面位置： 余杭港航管理处良渚所，坐标：E120.0641°，N30.4473°

断面二维码

	2016 年	2017 年	2018 年	2019 年	2020 年	2021 年	2022 年	2023 年
水质状况	Ⅱ类	Ⅱ类	Ⅱ类	Ⅱ类	Ⅱ类	Ⅱ类	Ⅱ类	Ⅱ类
	历史主要污染指标：—							
自动站	站点名称：奉口							
	管理级别：国控							
	站点位置：手工断面上游 460 米							
汇水区污染源	工业：无直排废水企业，工业企业废水均纳入污水处理厂，处理达标后排入余杭塘河和京杭运河							
	生活：涉及 9 个街道约 45 万人，农村人口约为 21 万人，城镇生活污水均经污水管网收集后由城镇污水处理厂处理。农村生活污水设施普及率、受益率逐年提升							
	农业：汇水区范围水田面积约为 44 万亩，存在大规模畜禽养殖和水产养殖							
	其他：污水处理厂：无；上游支流：上游 1 千米内无支流汇入							

断面位置

自动站

断面上游

断面下游

塘栖大桥

断面编码： FJ00S330100_2019A

控制级别： 国控　　**断面属性：** 控制断面

水体类型： 河流　　**功能类别：** Ⅳ类

水系水体： 京杭运河——京杭运河

所在市县： 杭州市余杭区

责任市县： 杭州市余杭区、临平区

断面位置： 塘栖镇良塘公路桥，坐标：E120.1459° ，N30.4651°

断面二维码

水质状况	2016 年	2017 年	2018 年	2019 年	2020 年	2021 年	2022 年	2023 年
	—	—	—	—	Ⅲ类	Ⅲ类	Ⅲ类	Ⅲ类
	历史主要污染指标：—							
自动站	站点名称：塘栖大桥							
	管理级别：省控							
	站点位置：手工监测断面上游约 180 米							
汇水区污染源	工业：无直排废水企业，工业企业废水均纳入污水处理厂，处理达标后排放							
	生活：涉及城镇人口约为 10 万人，农村人口约为 13 万人，污水管网收集处理能力不足							
	农业：汇水区范围耕地面积超过 7 万亩，存在少量规模化养殖及较多水产养殖							
	其他：污水处理厂：无；上游支流：上游 1 千米内无支流汇入							

断面位置

自动站

断面上游

断面下游

富阳

断面编码：2GA330111A0003

断面二维码

控制级别：省控　　断面属性：控制断面

水体类型：河流　　功能类别：Ⅱ类

水系水体：钱塘江——富春江

所在市县：杭州市富阳区

责任市县：杭州市富阳区

断面位置：天河路与江滨西大道交叉口富春江西畔，坐标：E119.9406°，N30.0369°

	2016年	2017年	2018年	2019年	2020年	2021年	2022年	2023年
水质状况	Ⅱ类	Ⅱ类	Ⅱ类	Ⅱ类	Ⅱ类	Ⅱ类	Ⅱ类	Ⅱ类
	历史主要污染指标：—							
自动站	站点名称：富阳水厂							
	管理级别：省控							
	站点位置：手工断面上游4.6千米							
汇水区污染源	工业：涉及19个乡镇（街道），共包括16个工业园区（工业集聚区），园区内全部企业排水已完成纳管处理							
	生活：涉及17乡镇，人口约为55万人，生活污水经污水管网收集后，经3座城镇污水处理厂处理达标后排放							
	农业：汇水区范围耕地总面积约为9万亩，存在大规模畜禽养殖和水产养殖							
	其他：污水处理厂：无；上游支流：上游1千米内无支流汇入							

断面位置

自动站

断面上游

断面下游

渔山

断面编码： GG00S330100_2024A

控制级别： 国控　　**断面属性：** 控制断面

水体类型： 河流　　**功能类别：** Ⅱ类

水系水体： 钱塘江——富春江

所在市县： 杭州市富阳区

责任市县： 杭州市富阳区

断面位置： 渔山乡东桥路尽头，坐标：E120.0708°，N30.0651°

断面二维码

水质状况	2016年	2017年	2018年	2019年	2020年	2021年	2022年	2023年
	Ⅱ类	Ⅱ类	Ⅱ类	Ⅱ类	Ⅱ类	Ⅱ类	Ⅱ类	Ⅱ类
	历史主要污染指标：—							
自动站	站点名称：渔山							
	管理级别：省控							
	站点位置：手工断面下游1.7千米							
汇水区污染源	工业：绝大部分企业污水已纳管处理，少量直排							
	生活：涉及29个乡镇约89万人，城镇生活污水纳管后进入城镇污水处理厂处理，农村生活污水基本进入农村生活污水处理终端处理，行政村覆盖率超99%							
	农业：汇水区各乡镇街道耕地总面积约为27万亩，存在大规模畜禽养殖和水产养殖							
	其他：污水处理厂：杭州富阳水务有限公司富阳排水分公司，距离断面12千米，日排水量为13万吨；上游支流：上游1千米内无支流汇入							

断面位置

自动站

断面上游

断面下游

窄溪上港

断面编码： 2GA330111A0074

控制级别： 省控　**断面属性：** 入河口

水体类型： 河流　**功能类别：** Ⅲ类

水系水体： 钱塘江——渌渚江

所在市县： 杭州市富阳区

责任市县： 杭州市富阳区

断面位置： 渌渚江与新浦大桥交叉口，坐标：E119.7562°，N29.8918°

断面二维码

	2016 年	2017 年	2018 年	2019 年	2020 年	2021 年	2022 年	2023 年
水质状况	Ⅲ类	Ⅱ类	Ⅱ类	Ⅱ类	Ⅱ类	Ⅱ类	Ⅱ类	Ⅱ类
	历史主要污染指标：—							
自动站	站点名称：渌渚江							
	管理级别：省控							
	站点位置：手工断面下游 2.5 千米							
汇水区污染源	工业：涉及 6 个工业园区企业污水均已纳管处理							
	生活：涉及 6 个乡镇约 15 万人，均完成“污水零直排”工作。农村生活污水经农村生活污水处理终端设施处理后排放							
	农业：汇水区各乡镇街道耕地总面积约为 8700 亩，存在大规模畜禽养殖和水产养殖							
	其他：污水处理厂：杭州富阳水务有限公司新登排水分公司，距离断面 10 千米，排水量为 3 万吨 / 日；上游支流：无							

断面位置

自动站

断面上游

断面下游

青江口

断面二维码

断面编码： 2GA330111A0010

控制级别： 省控　　**断面属性：** 控制断面

水体类型： 河流　　**功能类别：** Ⅲ类

水系水体： 钱塘江——壶源江

所在市县： 杭州市富阳区

责任市县： 杭州市富阳区

断面位置： 壶源江与场口大桥交叉口西侧 80 米，坐标：E119.8753° ，N29.9167°

	2016 年	2017 年	2018 年	2019 年	2020 年	2021 年	2022 年	2023 年
水质状况	Ⅱ类	Ⅱ类	Ⅱ类	Ⅱ类	Ⅱ类	Ⅱ类	Ⅱ类	Ⅱ类
	历史主要污染指标：一							
自动站	站点名称：壶源溪							
	管理级别：省控							
	站点位置：手工断面下游 3 千米							
汇水区污染源	工业：涉及 3 个乡镇企业及工业园区污水均已纳管处理							
	生活：涉及 3 个乡镇约 8.3 万人，大部分农村生活污水经农村生活污水处理终端设施处理后排放							
	农业：汇水区各乡镇街道耕地总面积约为 2700 亩，存在大规模畜禽养殖和水产养殖							
	其他：污水处理厂：杭州富阳水务有限公司场口排水分公司，距离断面 1 千米，排水量为 0.3 万吨 / 日；上游支流：上游 1 千米内无支流汇入							

断面位置

自动站

断面上游

断面下游

贺洲渡

断面编码： GG00S330100_2021A

控制级别： 国控　　**断面属性：** 控制断面

水体类型： 河流　　**功能类别：** Ⅱ类

水系水体： 钱塘江——分水江

所在市县： 杭州市临安区

责任市县： 杭州市临安区

断面二维码

断面位置： 分水江水利枢纽分水江汇入口，坐标：E119.4036°，N29.9974°

	2016 年	2017 年	2018 年	2019 年	2020 年	2021 年	2022 年	2023 年
水质状况	Ⅱ类	Ⅱ类	Ⅱ类	Ⅱ类	Ⅱ类	Ⅱ类	Ⅱ类	Ⅱ类
	历史主要污染指标：—							

自动站	站点名称：印渚
	管理级别：省控
	站点位置：与手工断面重合

汇水区污染源	工业：部分企业污水纳管处理，部分直排
	生活：涉及 4 个镇街，城镇污水纳入城镇污水处理厂，农村生活污水平均收集率在 70% 以上
	农业：主要农作物播种面积约为 40 万亩（含水稻、瓜果、蔬菜、茶叶等）。规模化畜禽养殖场粪污处理设施装备配套率达到 100%，畜禽粪污综合利用率达 98% 以上
	其他：污水处理厂：上游 20 千米内有 3 家污水处理厂，排放量分别为 600 吨 / 日、730 吨 / 日、9322 吨 / 日；上游支流：1 千米内无支流汇入

断面位置

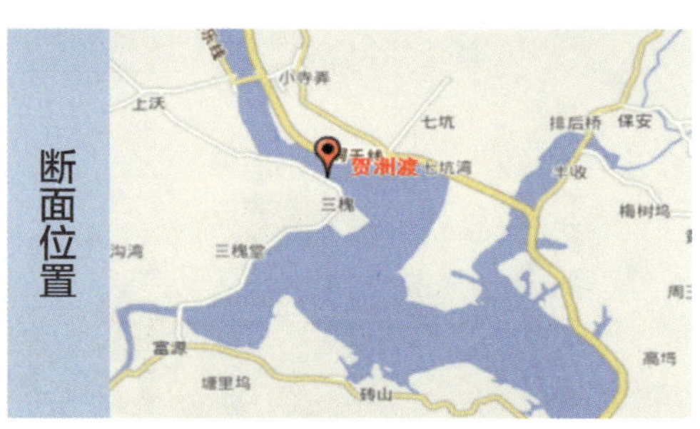

自动站

断面上游

断面下游

里畈

断面编码： FJ00S330100_2020A

控制级别： 国控　　**断面属性：** 控制断面

水体类型： 河流　　**功能类别：** Ⅱ类

水系水体： 苕溪——南苕溪

所在市县： 杭州市临安区

责任市县： 杭州市临安区

断面位置： 溪里村里畈水库，坐标：E119.6044°，N30.3325°

断面二维码

水质状况	2016 年	2017 年	2018 年	2019 年	2020 年	2021 年	2022 年	2023 年
	Ⅰ类	Ⅰ类	Ⅰ类	Ⅰ类	Ⅰ类	Ⅰ类	Ⅰ类	Ⅱ类
	历史主要污染指标：—							

自动站	
	站点名称：里畈
	管理级别：省控
	站点位置：与手工断面重合

汇水区污染源	
	工业：绝大部分企业污水纳管处理，少量直排
	生活：涉及城镇人口约为 1 万人，污水纳入城镇污水处理厂，农村人口约为 2.3 万人，生活污水平均收集率在 75% 以上
	农业：主要农作物播种面积约为 39 万亩（含水稻、瓜果、蔬菜、茶叶等），存在规模化畜禽养殖和水产养殖
	其他：污水处理厂：1 座，设计处理量为 0.5 万吨 / 日；上游支流：1 千米内有 2 条支流汇入，5 千米内有 1 条支流汇入

断面位置

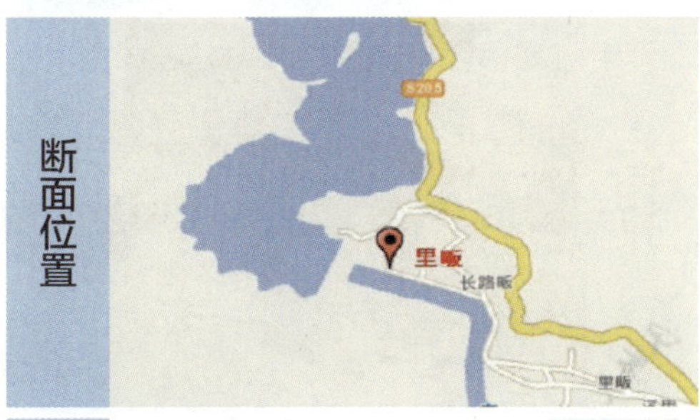

自动站

断面上游

断面下游

青山殿

断面编码： GG14S330100_2025A

控制级别： 国控　**断面属性：** 入河口

水体类型： 河流　**功能类别：** Ⅱ类

水系水体： 钱塘江——昌化溪

所在市县： 杭州市临安区

责任市县： 杭州市临安区

断面位置： 分水镇青山殿村沿 306 省道前进 2 千米桥处，
坐标：E119.3644°，N30.0539°

断面二维码

	2016 年	2017 年	2018 年	2019 年	2020 年	2021 年	2022 年	2023 年
水质状况	Ⅱ类	Ⅰ类	Ⅰ类	Ⅱ类	Ⅱ类	Ⅰ类	Ⅰ类	Ⅰ类
	历史主要污染指标：—							
自动站	站点名称：青山殿							
	管理级别：省控							
	站点位置：与手工断面重合							
汇水区污染源	工业：大部分企业污水纳管处理，少量直排							
	生活：涉及城镇人口约为 1 万人，污水纳入城镇污水处理厂，农村人口约为 11 万人，生活污水平均收集率在 70% 以上							
	农业：主要农作物播种面积约为 12.5 万亩，存在规模化畜禽养殖和水产养殖							
	其他：污水处理厂：城镇污水处理厂 4 座，设计处理量为 10000 吨 / 日；上游支流：上游 1 千米内无支流汇入							

断面位置

自动站

断面上游

断面下游

汪家埠

断面编码： FJ00S330100_2008A

控制级别： 国控　　**断面属性：** 控制断面

水体类型： 河流　　**功能类别：** Ⅲ类

水系水体： 苕溪——南苕溪

所在市县： 杭州市临安区

责任市县： 杭州市临安区

断面位置： 舟山线丁桥村东南方向 160 米，坐标：E119.8675°，N30.2572°

断面二维码

水质状况	2016 年	2017 年	2018 年	2019 年	2020 年	2021 年	2022 年	2023 年
	Ⅱ类	Ⅱ类	Ⅱ类	Ⅱ类	Ⅱ类	Ⅱ类	Ⅱ类	Ⅱ类
	历史主要污染指标：—							

自动站	
	站点名称：汪家埠
	管理级别：国控
	站点位置：与手工断面重合

汇水区污染源	
	工业：部分企业污水纳管处理，部分直排
	生活：涉及青山湖街道人口约为 9.8 万人，涉 12 个村（社区）约 7 万人，12 个村（社区）均已建设纳污管道，纳管率在 80% 以上，污水由各村自建的农村生活污水处理终端设施处理后排放
	农业：主要农作物播种面积约为 39 万亩（含水稻、瓜果、蔬菜、茶叶等），存在规模化畜禽养殖和水产养殖
	其他：污水处理厂：共有城镇污水处理厂 4 家，设计处理量为 14.2 万吨 / 日；上游支流：上游有 6 条支流汇入

断面位置

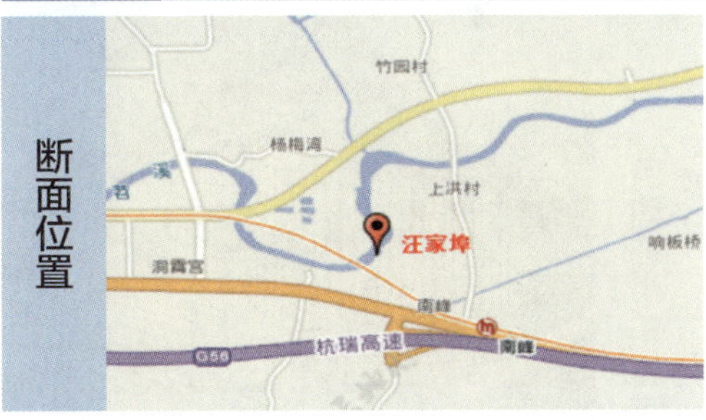

自动站

断面上游

断面下游

扶西桥

断面编码： 2GA330112A0076

控制级别： 省控　　**断面属性：** 控制断面

水体类型： 河流　　**功能类别：** Ⅲ类

水系水体： 钱塘江——天目溪

所在市县： 杭州市临安区

责任市县： 杭州市临安区

断面二维码

断面位置： 扶西村扶西大道与天目溪交叉口大桥，坐标：E119.3837°，N30.1443°

	2016 年	2017 年	2018 年	2019 年	2020 年	2021 年	2022 年	2023 年
水质状况	Ⅱ类	Ⅱ类	Ⅱ类	Ⅱ类	Ⅱ类	Ⅱ类	Ⅱ类	Ⅱ类
	历史主要污染指标：—							
自动站	站点名称：扶西桥							
	管理级别：省控							
	站点位置：与手工断面重合							
汇水区污染源	工业：涉及排污企业 800 余家，大部分企业污水纳管处理，少量直排							
	生活：涉及 3 个镇约 1.7 万人，均已完成“污水零直排区”建设，生活污水纳管率大于 90%							
	农业：主要农作物播种面积约为 1 万公顷，存在规模化畜禽养殖和水产养殖							
	其他：污水处理厂：上游有於潜城镇建设开发有限公司污水处理厂 1 家，距离断面约 1 千米，排放量约为 9322 吨 / 日；上游支流：上游 1 千米内无支流汇入							

断面位置

自动站

断面上游

断面下游

五杭运河大桥

断面编码： FJ00S330100_0027A

控制级别： 国控　　**断面属性：** 控制断面

水体类型： 河流　　**功能类别：** Ⅲ类

水系水体： 京杭运河——京杭运河

所在市县： 杭州市临平区

责任市县： 杭州市临平区

断面位置： 东明路五杭社区东北方向 80 米，坐标：E120.2711°，N30.5009°

断面二维码

	2016 年	2017 年	2018 年	2019 年	2020 年	2021 年	2022 年	2023 年
水质状况	Ⅳ类	Ⅲ类	Ⅳ类	Ⅲ类	Ⅲ类	Ⅲ类	Ⅲ类	Ⅲ类
	历史主要污染指标：2016 年氨氮、溶解氧；2018 年氨氮							
自动站	站点名称：五杭运河大桥							
	管理级别：国控							
	站点位置：与手工断面重合							
汇水区污染源	工业：大部分企业污水纳管处理，少量直排							
	生活：涉及 2 个街道（镇），城镇人口约为 5.8 万人，污水纳入城镇污水处理厂；农村人口约为 9.5 万人，农村生活污水处理设施基本实现全覆盖，但污水处理效率低							
	农业：实际种植水稻面积为 3600 亩，水产养殖面积为 350 亩（外塘甲鱼）							
	其他：污水处理厂：2 家，设计处理量为 5 万吨 / 日；上游支流：上游沿线有 9 条支流汇入							

断面位置

自动站

断面上游

断面下游

猪头角

断面编码： 2GA330104A0007

控制级别： 省控　　**断面属性：** 控制断面

水体类型： 河流　　**功能类别：** Ⅲ类

水系水体： 钱塘江——钱塘江干流

所在市县： 杭州市钱塘区

责任市县： 杭州市钱塘区

断面位置： 钱塘江与东湖高架路交叉口东侧 1400 米处江心，

坐标：E120.3003°，N30.2878°

断面二维码

	2016 年	2017 年	2018 年	2019 年	2020 年	2021 年	2022 年	2023 年
水质状况	Ⅱ类	Ⅱ类	Ⅱ类	Ⅱ类	Ⅱ类	Ⅱ类	Ⅱ类	Ⅱ类
	历史主要污染指标：—							
自动站	站点名称：不具备建站条件							
	管理级别：—							
	站点位置：—							
汇水区污染源	工业：汇水区涉水企业均已全部纳管处理，内河无工业企业入河排污口							
	生活：涉及人口约为 31 万人，城镇生活污水通过下沙污水管道集中到七格污水处理厂处理，管网存在破损情况							
	农业：涉及区域无农业污染源							
	其他：污水处理厂：无；上游支流：上游 1 千米内无支流汇入							

断面位置

周边情况

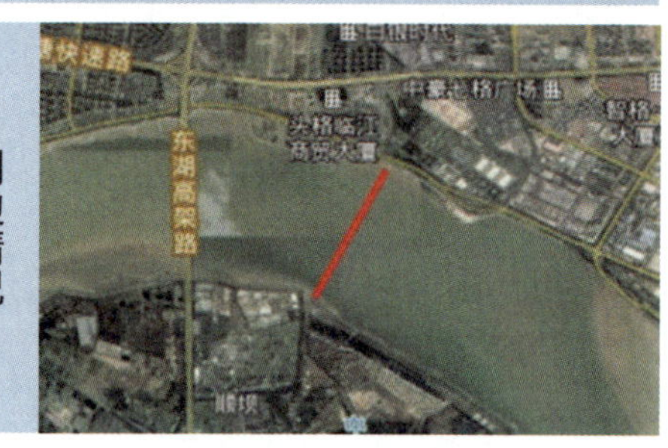

断面上游

断面下游

桐君山

断面编码： GG14S330100_2012A

控制级别： 国控　　**断面属性：** 入河口

水体类型： 河流　　**功能类别：** Ⅲ类

水系水体： 钱塘江——分水江

所在市县： 杭州市桐庐县

责任市县： 杭州市桐庐县

断面位置： 天目西路边上 305 省道桥，坐标：E119.6671°，N29.8153°

断面二维码

	2016 年	2017 年	2018 年	2019 年	2020 年	2021 年	2022 年	2023 年
水质状况	Ⅱ类	Ⅱ类	Ⅱ类	Ⅱ类	Ⅱ类	Ⅱ类	Ⅱ类	Ⅱ类
	历史主要污染指标：—							
自动站	站点名称：桐君山							
	管理级别：国控							
	站点位置：与手工断面重合							
汇水区污染源	工业：大部分企业污水纳管处理后汇入分水江，少量直排							
	生活：涉及 7 个乡镇，合计约 17.6 万人。农村生活污水经城镇污水处理站或收集池处理后排放。城镇化粪池覆盖率约为 100%，农村化粪池覆盖率约为 100%。城镇污水处理率为 100%，农村生活污水接户率为 100%							
	农业：耕地面积约为 13 万亩，存在规模化畜禽养殖和水产养殖							
	其他：污水处理厂：分水紫光水务有限公司，物产中大（横村）水处理有限公司；上游支流：上游 1 千米内无支流汇入							

断面位置

自动站

断面上游

断面下游

桐庐

断面编码： GG00S330100_0028A

控制级别： 国控　　**断面属性：** 控制断面

水体类型： 河流　　**功能类别：** Ⅲ类

水系水体： 钱塘江——富春江

所在市县： 杭州市桐庐县

责任市县： 杭州市桐庐县

断面位置： 金联村边上 G320 桥处，坐标：E119.6492° ，N29.7602°

断面二维码

	2016 年	2017 年	2018 年	2019 年	2020 年	2021 年	2022 年	2023 年
水质状况	Ⅱ类	Ⅱ类	Ⅱ类	Ⅱ类	Ⅱ类	Ⅱ类	Ⅱ类	Ⅱ类
	历史主要污染指标： 一							
自动站	**站点名称：** 桐庐							
	管理级别： 国控							
	站点位置： 手工断面上游 300 米							
汇水区污染源	**工业：** 无直排废水企业，工业企业废水均纳入污水处理厂，处理达标后排入富春江、兰江、新安江							
	生活： 涉及 11 个乡镇（街道）总人口约为 27 万人，城镇污水纳入城镇污水处理厂，农村生活污水处理设施基本实现全覆盖							
	农业： 耕地面积约为 28 万亩，存在规模化畜禽养殖和水产养殖							
	其他： 污水处理厂：8 家，设计处理量为 27.75 万吨 / 日；上游支流：沿线有 5 条支流汇入							

断面位置

自动站

断面上游

断面下游

窄溪

断面二维码

断面编码： 2GA330122A0004

控制级别： 省控　　**断面属性：** 县界

水体类型： 河流　　**功能类别：** Ⅱ类

水系水体： 钱塘江——富春江

所在市县： 杭州市桐庐县

责任市县： 杭州市桐庐县

断面位置： 富春江与窄溪大桥交叉口，坐标：E119.7637°，N29.8745°

水质状况	2016 年	2017 年	2018 年	2019 年	2020 年	2021 年	2022 年	2023 年
	Ⅱ类	Ⅱ类	Ⅱ类	Ⅱ类	Ⅱ类	Ⅱ类	Ⅱ类	Ⅱ类
	历史主要污染指标：—							
自动站	站点名称：东梓							
	管理级别：省控							
	站点位置：手工断面下游 6 千米处							
汇水区污染源	工业：大部分企业污水纳管处理后汇入分水江，少量直排							
	生活：涉及 9 个乡镇总人口约为 22 万人，城镇污水均纳入城镇污水处理厂，农村污水设施普及率相对较高							
	农业：耕地面积约为 21 万亩，存在规模化畜禽养殖和水产养殖							
	其他：污水处理厂：分水紫光水务有限公司，物产中大（横村）水处理有限公司，桐庐沙湾畈维尔利污水处理有限公司；上游支流：上游 1 千米内无支流汇入							

断面位置

自动站

断面上游

断面下游

茅头尖

断面编码： GG00S330100_2022A

控制级别： 国控　　**断面属性：** 控制断面

水体类型： 河流　　**功能类别：** Ⅱ类

水系水体： 钱塘江——新安江

所在市县： 杭州市淳安县

责任市县： 杭州市淳安县

断面位置： 千岛湖水库西南角茅头尖林场西北方向 1000 米，坐标：E118.7480°，N29.4722°

断面二维码

	2016 年	2017 年	2018 年	2019 年	2020 年	2021 年	2022 年	2023 年
水质状况	Ⅰ类	Ⅰ类	Ⅰ类	Ⅰ类	Ⅰ类	Ⅰ类	Ⅰ类	Ⅰ类
	历史主要污染指标：—							
自动站	站点名称：茅头尖							
	管理级别：省控							
	站点位置：与手工断面重合							
汇水区污染源	工业：涉及区域无工业污染源							
	生活：涉及区域无生活污染源							
	农业：无							
	其他：污水处理厂：无；上游支流：无							

断面位置

自动站

断面上游

断面下游

千岛湖大坝前

断面二维码

点位编码： GG00R330100_0007A

控制级别： 国控　　**点位属性：** —

水体类型： 水库　　**功能类别：** Ⅱ类

水系水体： 钱塘江——千岛湖

所在市县： 杭州市淳安县

责任市县： 杭州市淳安县

点位位置： 千岛湖大坝北面 2500 米，坐标：E119.2120°，N29.5071°

	2016 年	2017 年	2018 年	2019 年	2020 年	2021 年	2022 年	2023 年
水质状况	Ⅰ类	Ⅰ类	Ⅰ类	Ⅱ类	Ⅰ类	Ⅰ类	Ⅰ类	Ⅰ类
	历史主要污染指标： —							
自动站	**站点名称：** 千岛湖大坝前							
	管理级别： 国控							
	站点位置： 手工点位上游 2 千米							
汇水区污染源	**工业：** 涉及区域无工业污染源							
	生活： 涉及区域无生活污染源							
	农业： 无							
	其他： 污水处理厂：无；上游支流：无							

点位位置

自动站

点位周边

点位周边

航头岛

断面编码： GG00S330100_2023A

控制级别： 国控　　**断面属性：** 控制断面

水体类型： 河流　　**功能类别：** Ⅱ类

水系水体： 钱塘江——新安江

所在市县： 杭州市淳安县

责任市县： 杭州市淳安县

断面位置： 千岛湖水库东北角中岭坞西面 3 千米，坐标：E119.1214° ，N29.7067°

断面二维码

	2016 年	2017 年	2018 年	2019 年	2020 年	2021 年	2022 年	2023 年
水质状况	Ⅰ类	Ⅰ类	Ⅰ类	Ⅰ类	Ⅰ类	Ⅰ类	Ⅰ类	Ⅰ类
	历史主要污染指标：—							
自动站	站点名称：航头岛							
	管理级别：省控							
	站点位置：手工监测断面下游约 3400 米							
汇水区污染源	工业：涉及区域无工业污染源							
	生活：涉及区域无生活污染源							
	农业：无							
	其他：污水处理厂：无；上游支流：无							

断面位置

自动站

断面上游

断面下游

小金山

点位编码： GG00R330100_0026A

控制级别： 国控　　**点位属性：** —

水体类型： 水库　　**功能类别：** Ⅱ类

水系水体： 钱塘江——千岛湖

所在市县： 杭州市淳安县

责任市县： 杭州市淳安县

点位位置： 千岛湖内部淳开线南侧 990 米，坐标：E118.9423° ，N29.6185°

断面二维码

	2016 年	2017 年	2018 年	2019 年	2020 年	2021 年	2022 年	2023 年
水质状况	Ⅰ类	Ⅰ类	Ⅱ类	Ⅱ类	Ⅱ类	Ⅱ类	Ⅱ类	Ⅱ类
	历史主要污染指标： —							
自动站	**站点名称：** 小金山							
	管理级别： 国控							
	站点位置： 自动站与手工采样点在同一水平线上，相距 600 米							
汇水区污染源	**工业：** 涉及区域无工业污染源							
	生活： 涉及区域无生活污染源							
	农业： 无							
	其他： 污水处理厂：无；上游支流：无							

点位位置

自动站

点位周边

点位周边

三潭岛

点位编码： GG00R330100_0006A

控制级别： 国控　　**点位属性：** —

水体类型： 水库　　**功能类别：** Ⅱ类

水系水体： 钱塘江——千岛湖

所在市县： 杭州市淳安县

责任市县： 杭州市淳安县

点位位置： 千岛湖内部淳杨线东侧 470 米，坐标：E118.9716° ，N29.5383°

断面二维码

	2016 年	2017 年	2018 年	2019 年	2020 年	2021 年	2022 年	2023 年
水质状况	Ⅰ类	Ⅰ类	Ⅰ类	Ⅱ类	Ⅰ类	Ⅰ类	Ⅰ类	Ⅰ类
	历史主要污染指标：—							
自动站	站点名称：三潭岛							
	管理级别：国控							
	站点位置：自动站与手工采样点在同一水平线上，相距 800 米							
汇水区污染源	工业：涉及区域无工业污染源							
	生活：涉及区域无生活污染源							
	农业：无							
	其他：污水处理厂：无；上游支流：无							

点位位置

自动站

点位周边

点位周边

兰江口

断面二维码

断面编码： 2GA330182A0002

控制级别： 省控　　**断面属性：** 入河口

水体类型： 河流　　**功能类别：** Ⅲ类

水系水体： 钱塘江——兰江

所在市县： 杭州市建德市

责任市县： 杭州市建德市

断面位置： 兰江与新安江交汇口，坐标：E119.5192°，N29.5250°

	2016 年	2017 年	2018 年	2019 年	2020 年	2021 年	2022 年	2023 年
水质状况	Ⅲ类	Ⅱ类	Ⅱ类	Ⅱ类	Ⅱ类	Ⅱ类	Ⅱ类	Ⅱ类
	历史主要污染指标：一							

自动站	**站点名称：** 兰江口
	管理级别： 省控
	站点位置： 手工断面上游约 2.5 千米

汇水区污染源	**工业：** 无直排废水企业，工业企业废水均纳入污水处理厂，处理达标后排放
	生活： 涉及 2 个乡镇，总人口约为 7.4 万人。城镇污水纳入城镇污水处理厂处理，农村污水收集率大于 50%
	农业： 汇水区耕地、林地、园地面积约为 2.4 万公顷，存在规模化畜禽养殖和水产养殖
	其他： 污水处理厂：上游有城镇污水处理厂 1 家，距离断面约 7 千米，排放量为 0.019 万吨 / 日；上游支流：上游 10 千米内有大洋溪、大溪和洋尾溪等主要入河支流汇入

断面位置

自动站

断面上游

断面下游

洋溪渡

断面编码： GG00S330100_2013A

控制级别： 国控　　**断面属性：** 控制断面

水体类型： 河流　　**功能类别：** Ⅲ类

水系水体： 钱塘江——新安江

所在市县： 杭州市建德市

责任市县： 杭州市建德市

断面二维码

断面位置： 洋溪社区复兴街和 303 省道交接处，坐标：E119.3098°，N29.5085°

	2016 年	2017 年	2018 年	2019 年	2020 年	2021 年	2022 年	2023 年
水质状况	Ⅱ类	Ⅰ类	Ⅱ类	Ⅰ类	Ⅰ类	Ⅱ类	Ⅰ类	Ⅱ类
	历史主要污染指标：—							
自动站	站点名称：洋溪渡							
	管理级别：国控							
	站点位置：与手工断面重合							
汇水区污染源	工业：21 家重点涉水企业，企业废水均已纳管处理							
	生活：涉及 1 个乡镇，总人口约为 10.7 万人							
	农业：上游存在小面积农业区和小规模畜禽养殖							
	其他：污水处理厂：无；上游支流：上游 4 千米内有寿昌江入河支流汇入							

断面位置

自动站

断面上游

断面下游

三都大桥

断面编码： 2GA330182A0005

控制级别： 省控　　　**断面属性：** 入河口

水体类型： 河流　　　**功能类别：** Ⅲ类

水系水体： 钱塘江——富春江

所在市县： 杭州市建德市

责任市县： 杭州市建德市

断面位置： 三都大桥，坐标：E119.5383° ，N29.5436°

断面二维码

<table>
<tr><td rowspan="3">水质状况</td><td>2016 年</td><td>2017 年</td><td>2018 年</td><td>2019 年</td><td>2020 年</td><td>2021 年</td><td>2022 年</td><td>2023 年</td></tr>
<tr><td>Ⅱ类</td><td>Ⅱ类</td><td>Ⅱ类</td><td>Ⅱ类</td><td>Ⅱ类</td><td>Ⅱ类</td><td>Ⅱ类</td><td>Ⅱ类</td></tr>
<tr><td colspan="8">历史主要污染指标：—</td></tr>
<tr><td rowspan="3">自动站</td><td colspan="8">站点名称：三都大桥</td></tr>
<tr><td colspan="8">管理级别：省控</td></tr>
<tr><td colspan="8">站点位置：手工断面下游约 500 米</td></tr>
<tr><td rowspan="4">汇水区污染源</td><td colspan="8">工业：涉及工业园区 2 个，企业废水均已纳管处理</td></tr>
<tr><td colspan="8">生活：涉及 2 个乡镇，总人口约为 6.2 万人。城镇污水纳入城镇污水处理厂处理，农村污水处理设施运行效率不高</td></tr>
<tr><td colspan="8">农业：上游存在小面积农业区和规模化畜禽养殖、水产养殖</td></tr>
<tr><td colspan="8">其他：污水处理厂：上游有城镇污水处理厂 2 家，距离断面分别为 2 千米、5 千米，排放量分别为 0.6 万吨 / 日、0.08 万吨 / 日；上游支流：上游 3 千米内有兰江、新安江汇入</td></tr>
</table>

断面位置

自动站

断面上游

断面下游

汪家桥

断面编码： GG00S330100_2014A

控制级别： 国控　　**断面属性：** 控制断面

水体类型： 河流　　**功能类别：** Ⅲ类

水系水体： 钱塘江——寿昌江

所在市县： 杭州市建德市

责任市县： 杭州市建德市

断面位置： 寿昌江与朱家埠路交叉口，坐标：E119.2569° ，N29.4693°

断面二维码

	2016 年	2017 年	2018 年	2019 年	2020 年	2021 年	2022 年	2023 年
水质状况	Ⅱ类	Ⅱ类	Ⅱ类	Ⅱ类	Ⅱ类	Ⅱ类	Ⅱ类	Ⅱ类
	历史主要污染指标：—							

自动站	**站点名称：** 汪家桥
	管理级别： 省控
	站点位置： 手工断面上游约 2.5 千米

汇水区污染源	**工业：** 汇水区重点涉水企业污水均已纳管处理
	生活： 涉及航头镇、寿昌镇和更楼街道 3 个乡镇（街道），总人口约为 10 万人。污水纳入城镇污水处理厂处理
	农业： 上游存在小面积农业区和规模化畜禽养殖、水产养殖
	其他： 污水处理厂：上游有城镇污水处理厂 3 家，距离断面分别为 10 千米、24 千米、31 千米，排放量分别为 0.43 万吨 / 日、0.1 万吨 / 日、0.03 万吨 / 日；上游支流：有黄泥墩溪等 8 条支流汇入

断面位置

自动站

断面上游

断面下游

街口

断面编码： GG05S330100_0001A

控制级别： 省控　　**断面属性：** 省界、入湖口

水体类型： 河流　　**功能类别：** Ⅱ类

水系水体： 钱塘江——新安江

所在市县： 杭州市淳安县

责任市县： —

断面位置： 街口镇刘家村沿威前线路前行 2 千米，坐标：E118.7269°，N29.7252°

断面二维码

<table>
<tr><td rowspan="3">水质状况</td><td>2016 年</td><td>2017 年</td><td>2018 年</td><td>2019 年</td><td>2020 年</td><td>2021 年</td><td>2022 年</td><td>2023 年</td></tr>
<tr><td>Ⅱ类</td><td>Ⅱ类</td><td>Ⅱ类</td><td>Ⅱ类</td><td>Ⅱ类</td><td>Ⅱ类</td><td>Ⅱ类</td><td>Ⅱ类</td></tr>
<tr><td colspan="8">历史主要污染指标：—</td></tr>
<tr><td rowspan="3">自动站</td><td colspan="8">站点名称：街口（鸠坑口）</td></tr>
<tr><td colspan="8">管理级别：国控</td></tr>
<tr><td colspan="8">站点位置：与手工断面右岸重合</td></tr>
<tr><td rowspan="4">汇水区污染源</td><td colspan="8">工业：上游黄山市共有规模以上工业企业 500 多家，涉及化学原料制造业、造纸业、矿采选业等多个领域，城市污水处理厂集中处理率大于 96%</td></tr>
<tr><td colspan="8">生活：涉及黄山市全市人口约为 150 万人，所有乡镇政府驻地和省级美丽乡村中心村生活污水处理终端设施实现全覆盖</td></tr>
<tr><td colspan="8">农业：上游黄山市存在大量规模化畜禽养殖和水产养殖</td></tr>
<tr><td colspan="8">其他：污水处理厂：上游歙县处理量 5000 吨 / 日以上的污水处理厂有 2 家；上游支流：上游 1 千米处有街源河等支流汇入</td></tr>
</table>

断面位置

自动站

断面上游

断面下游

浙江省

宁波市
断面图鉴

NINGBO SHI
DUANMIAN TUJIAN

宁波市地表水国控、省控监测断面分布图

皎口水库出口

断面编码： 2GB330203A0030

控制级别： 省控　　**断面属性：** 控制断面

水体类型： 河流　　**功能类别：** Ⅱ类

水系水体： 甬江——鄞江

所在市县： 宁波市海曙区

责任市县： 宁波市海曙区

断面位置： 皎口水库出口河流鄞江处距大坝约 1050 米，
坐标：E121.2758° ，N29.8300°

断面二维码

水质状况	2016 年	2017 年	2018 年	2019 年	2020 年	2021 年	2022 年	2023 年
	Ⅱ类	Ⅰ类	Ⅰ类	Ⅰ类	Ⅰ类	Ⅰ类	Ⅱ类	Ⅱ类
	历史主要污染指标：—							

自动站	
	站点名称：皎口水库出口
	管理级别：省控
	站点位置：与手工断面重合

汇水区污染源	
	工业：无工业污染源
	生活：涉及章水镇密岩村，总人口 1375 人，已自建农村生活污水处理终端设施
	农业：无规模化畜禽养殖和水产养殖，有少量旱地
	其他：污水处理厂：无；上游支流：上游 1 千米内有周公宅—皎口水库汇入

断面位置

自动站

断面上游

断面下游

梁桥

断面二维码

断面编码： GG00S330200_2013A

控制级别： 国控　　**断面属性：** 控制断面

水体类型： 河流　　**功能类别：** Ⅲ类

水系水体： 甬江——鄞江

所在市县： 宁波市海曙区

责任市县： 宁波市海曙区

断面位置： 洞桥镇洞桥村边上 200 米，坐标：E121.3776° ，N29.7801°

	2016 年	2017 年	2018 年	2019 年	2020 年	2021 年	2022 年	2023 年
水质状况	Ⅲ类	Ⅱ类	Ⅱ类	Ⅱ类	Ⅱ类	Ⅱ类	Ⅱ类	Ⅱ类
	历史主要污染指标：—							

自动站	
	站点名称：梁桥
	管理级别：国控
	站点位置：手工断面上游约 160 米

汇水区污染源	
	工业：涉水重点企业共有 3 家，废水均经厂区内污水处理终端设施处理
	生活：涉及 5 个乡镇，29 个行政村，总人口约 3.5 万人，均已自建农村生活污水处理终端设施
	农业：农作物种植面积约 51 万公顷，存在规模化畜禽养殖和水产养殖
	其他：污水处理厂：无；上游支流：以山溪性河流为主

断面位置

自动站

断面上游

断面下游

澄浪堰

断面二维码

断面编码： 2GB330203A0078

控制级别： 省控　　**断面属性：** 控制断面

水体类型： 河流　　**功能类别：** Ⅳ类

水系水体： 甬江——奉化江

所在市县： 宁波市海曙区

责任市县： 宁波市海曙区

断面位置： 奉化江与长丰桥交叉口东侧 180 米，坐标：E121.5383° ，N29.8528°

	2016 年	2017 年	2018 年	2019 年	2020 年	2021 年	2022 年	2023 年
水质状况	Ⅳ类	Ⅳ类	Ⅲ类	Ⅲ类	Ⅲ类	Ⅲ类	Ⅲ类	Ⅲ类
	历史主要污染指标： 2016 年石油类、五日生化需氧量；2017 年五日生化需氧量							
自动站	**站点名称：** 澄浪堰							
	管理级别： 省控							
	站点位置： 与手工断面重合							
汇水区污染源	**工业：** 涉水企业 2 家，均纳入污水处理厂							
	生活： 涉及 5 个街道，19 个行政村和社区，总人口 9.6 万人，其中 3 个村有自建农村生活污水处理终端设施，其他村和社区均已纳管处理							
	农业： 农作物种植面积约 550 万平方米，无规模化畜禽养殖和水产养殖							
	其他： 污水处理厂：城镇污水处理厂 1 家，距离断面约为 7 千米，污水处理量为 17 万吨 / 日；上游支流：上游 1 千米内有澄浪河汇入							

断面位置

自动站

断面上游

断面下游

清林渡

断面编码：GG14S330200_0002A

断面二维码

控制级别：国控　　**断面属性：**入河口

水体类型：河流　　**功能类别：**Ⅲ类

水系水体：甬江——姚江

所在市县：宁波市江北区

责任市县：宁波市江北区

断面位置：清林渡路桥，坐标：E121.5242°，N29.9120°

	2016 年	2017 年	2018 年	2019 年	2020 年	2021 年	2022 年	2023 年
水质状况	Ⅲ类	Ⅲ类	Ⅲ类	Ⅲ类	Ⅲ类	Ⅱ类	Ⅲ类	Ⅲ类
	历史主要污染指标：—							

自动站	**站点名称：**清林渡
	管理级别：国控
	站点位置：手动断面上游 14.8 千米

汇水区污染源	**工业：**共有一般工业企业 130 家（均为村级企业），其中涉水企业 2 家（回用），其他企业排放的废水主要为生活污水
	生活：涉及 4 个乡镇（街道），21 个行政村（社区、管委会），居民人数约 2 万人。100% 的自然村已建设纳污管道且建有农村污水处理终端设施
	农业：农作物种植面积约 1.3 万亩，无规模化畜禽养殖
	其他：污水处理厂：无；上游支流：上游共有 16 条支流汇入

断面位置

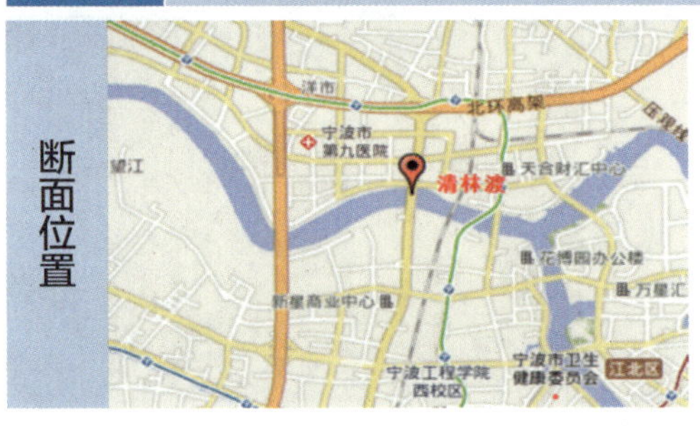

自动站

断面上游

断面下游

慈城

断面编码： 2GB330205A0080

断面二维码

控制级别： 省控　　**断面属性：** 控制断面

水体类型： 河流　　**功能类别：** Ⅲ类

水系水体： 甬江——慈江

所在市县： 宁波市江北区

责任市县： 宁波市江北区

断面位置： 慈城县慈江与慈城连接线交叉口，坐标：E121.4589° ，N29.9717°

<table>
<tr><td rowspan="3">水质状况</td><td>2016 年</td><td>2017 年</td><td>2018 年</td><td>2019 年</td><td>2020 年</td><td>2021 年</td><td>2022 年</td><td>2023 年</td></tr>
<tr><td>Ⅳ类</td><td>Ⅳ类</td><td>Ⅳ类</td><td>Ⅲ类</td><td>Ⅲ类</td><td>Ⅲ类</td><td>Ⅲ类</td><td>Ⅲ类</td></tr>
<tr><td colspan="8">历史主要污染指标：2016 年石油类、五日生化需氧量、化学需氧量；2017 年五日生化需氧量；2018 年氨氮、化学需氧量</td></tr>
<tr><td rowspan="3">自动站</td><td colspan="8">站点名称：慈城</td></tr>
<tr><td colspan="8">管理级别：省控</td></tr>
<tr><td colspan="8">站点位置：与手工断面重合</td></tr>
<tr><td rowspan="4">汇水区污染源</td><td colspan="8">工业：共有一般工业企业 180 家，其中涉水企业 5 家，其他企业排放的废水主要为生活污水，涉工业园区 2 家</td></tr>
<tr><td colspan="8">生活：涉及 1 个乡镇，27 个行政村，涉及人口约 4.6 万人，100% 的自然村已建设纳污管道且建有农村生活污水处理终端设施</td></tr>
<tr><td colspan="8">农业：农作物种植面积约 3.3 万亩，涉及养殖场 2 个，生猪 2 万头</td></tr>
<tr><td colspan="8">其他：污水处理厂：无；上游支流：1 千米内有 2 条支流汇入</td></tr>
</table>

断面位置

自动站

断面上游

断面下游

山门

断面编码： 2GB330206A0097

控制级别： 省控　　**断面属性：** 控制断面

水体类型： 河流　　**功能类别：** Ⅲ类

水系水体： 宁绍平原河网——芦江

所在市县： 宁波市北仑区

责任市县： 宁波市北仑区

断面位置： 芦江与第二通道交叉口，坐标：E121.9248°，N29.8841°

断面二维码

	2016 年	2017 年	2018 年	2019 年	2020 年	2021 年	2022 年	2023 年
水质状况	Ⅲ类	Ⅲ类	Ⅲ类	Ⅲ类	Ⅲ类	Ⅲ类	Ⅲ类	Ⅲ类
	历史主要污染指标：—							
自动站	站点名称：山门							
	管理级别：省控							
	站点位置：与手工断面重合							
汇水区污染源	工业：工业污染较少，主要流经柴楼工业园，且已开展“污水零直排”工程							
	生活：涉及户籍人口 4 万人，流动人口 2.4 万人，下设 34 个行政村，9 个社区和 1 个渔业队							
	农业：34 个行政村有 33 个以种植花木为主；种植面积占柴桥耕地面积的 95% 以上							
	其他：污水处理厂：无；上游支流：上游有 3 条支流汇入							

断面位置

自动站

断面上游

断面下游

游山

断面编码：GG13S330200_0005A

控制级别：国控　　**断面属性：**入海口

水体类型：河流　　**功能类别：**Ⅳ类

水系水体：甬江——甬江干流

所在市县：宁波市北仑区

责任市县：宁波市镇海区、北仑区

断面位置：镇海区码头甬江入海口，坐标：E121.7560° ，N29.9759°

断面二维码

	2016 年	2017 年	2018 年	2019 年	2020 年	2021 年	2022 年	2023 年
水质状况	Ⅲ类	Ⅲ类	Ⅱ类	Ⅲ类	Ⅲ类	Ⅲ类	Ⅲ类	Ⅲ类
	历史主要污染指标：—							
自动站	站点名称：不具备建站条件							
	管理级别：—							
	站点位置：—							
汇水区污染源	工业：1 家重点涉水企业，企业污水经厂区内污水处理设施处理后直排甬江							
	生活：涉及招宝山街道 4 个社区，总人口约 2.5 万人。所有社区生活污水均纳管后排入城镇污水处理厂处理							
	农业：水田种植面积为 3440 公顷，林地、园地面积约为 3200 公顷，存在规模化畜禽养殖和水产养殖							
	其他：污水处理厂：无；上游支流：上游 1 千米内无支流汇入							

断面位置

周边情况

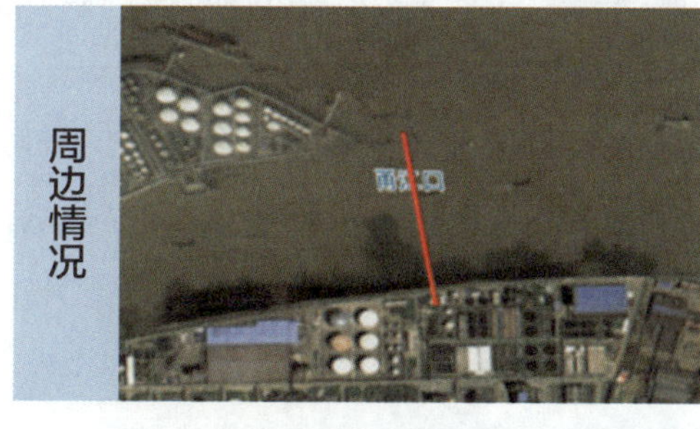

断面上游

断面下游

张鉴碶

断面二维码

断面编码： 2GB330211A0026

控制级别： 省控　　**断面属性：** 控制断面

水体类型： 河流　　**功能类别：** Ⅳ类

水系水体： 甬江——甬江干流

所在市县： 宁波市北仑区

责任市县： 宁波市镇海区、北仑区

断面位置： 甬江与隧道北路交叉口东侧 150 米甬江北侧，坐标：E121.6989°，N29.9494°

水质状况	2016 年	2017 年	2018 年	2019 年	2020 年	2021 年	2022 年	2023 年
	Ⅳ类	Ⅲ类	Ⅲ类	Ⅲ类	Ⅲ类	Ⅲ类	Ⅲ类	Ⅲ类
	历史主要污染指标：2016 年石油类							

自动站	
	站点名称：张鉴碶
	管理级别：省控
	站点位置：与手工断面重合

汇水区污染源	
	工业：周边主要存在 4 个工业园区，工业园区内主要涉及造纸、化工、纺织印染、电镀、酸洗等行业，主要涉河排水企业共 150 余家
	生活：涉及蛟川街道镇电社区，总人口约 5000 人。社区生活污水均纳管后排入城镇污水处理厂处理
	农业：涉及区域无农业污染源
	其他：污水处理厂：无；上游支流：上游有 5 条支流汇入

断面位置

自动站

断面上游

断面下游

马家桥

断面编码：2GB330211A0098

控制级别：省控　　**断面属性：**控制断面

水体类型：河流　　**功能类别：**Ⅲ类

水系水体：宁绍平原河网——蟹浦大河

所在市县：宁波市镇海区

责任市县：宁波市镇海区

断面位置：沿山大河与九龙大道交叉口，坐标：E121.5495° ，N30.0274°

断面二维码

	2016 年	2017 年	2018 年	2019 年	2020 年	2021 年	2022 年	2023 年
水质状况	Ⅳ类	Ⅳ类	Ⅲ类	Ⅲ类	Ⅲ类	Ⅲ类	Ⅲ类	Ⅲ类
	历史主要污染指标：2016 年石油类；2017 年石油类							
自动站	站点名称：马家桥							
	管理级别：省控							
	站点位置：与手工断面重合							
汇水区污染源	工业：汇水区的主要工业聚集区有西河工业区、田顾工业区、长石工业区和三星工业区，园区内雨污分流改造已基本完成，园区配套管网基本完善，工业废水均已纳管处理，排入宁波北区污水处理厂，汇水区无工业直排口							
	生活：涉及 8 个行政村，总人口约 1.8 万人。所有行政村的生活污水均纳管后排入城镇污水处理厂处理，纳管率为 97% 以上							
	农业：农田、林地、园地种植面积为 1100 公顷，存在规模化畜禽养殖和水产养殖							
	其他：污水处理厂：无；上游支流：1 千米内有长胜门前河支流汇入							

断面位置

自动站

断面上游

断面下游

南湖中心

断面编码： 2GB330212G0118

控制级别： 省控　　**点位属性：** —

水体类型： 湖泊　　**功能类别：** Ⅲ类

水系水体： 甬江——东钱湖

所在市县： 宁波市鄞州区

责任市县： 宁波市鄞州区

断面位置： 东钱湖南湖中心点，坐标：E121.6532°，N29.7531°

断面二维码

水质状况	2016年	2017年	2018年	2019年	2020年	2021年	2022年	2023年
	Ⅳ类	Ⅲ类	Ⅲ类	Ⅲ类	Ⅲ类	Ⅲ类	Ⅲ类	Ⅲ类
	历史主要污染指标： 2016年石油类							

自动站	
	站点名称： 南湖中心
	管理级别： 省控
	站点位置： 与手工采样位置重合

汇水区污染源	
	工业： 汇水区内工业企业以制造业为主，无大型工业污染企业、危险废物集中处理厂等重点点源污染源
	生活： 涉及东钱湖镇6个行政村（社区、居委会），总户数约6000户。多数村庄生活污水纳管处理，受益率在75%以上
	农业： 农作物种植面积约为56万平方米，无规模化畜禽养殖和散养畜禽
	其他： 污水处理厂：无；上游支流：无

点位位置

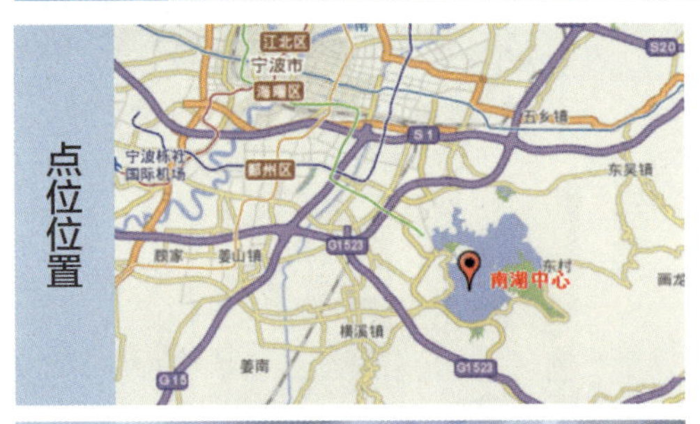

自动站

点位周边

点位周边

大嵩

断面二维码

断面编码： GG00S330200_2008A

控制级别： 国控　　**断面属性：** 控制断面

水体类型： 河流　　**功能类别：** Ⅲ类

水系水体： 宁绍平原河网——大嵩江

所在市县： 宁波市鄞州区

责任市县： 宁波市鄞州区

断面位置： 西城村大嵩江与大嵩路交叉口，坐标：E121.7746°，N29.7085°

	2016 年	2017 年	2018 年	2019 年	2020 年	2021 年	2022 年	2023 年
水质状况	Ⅲ类	Ⅲ类	Ⅱ类	Ⅱ类	Ⅱ类	Ⅱ类	Ⅱ类	Ⅱ类
	历史主要污染指标：—							

自动站	站点名称：大嵩
	管理级别：国控
	站点位置：手工断面上游 0.4 千米

汇水区污染源	工业：4 个工业集聚区，企业以机加工、注塑等制造业为主，无生产废水排放
	生活：涉及 4 个镇，26 个行政村，约 4 万人。90% 的行政村已建设纳污管道，纳管率在 80% 以上，污水经各个村自建的农村污水处理终端设施处理后排放
	农业：农作物种植面积为 1160 万平方米。存在 2 家规模化畜禽养殖场和大规模水产养殖场
	其他：污水处理厂：无；上游支流：上游 6 千米内有 6 条支流汇入

断面位置

自动站

断面上游

断面下游

翻石渡

断面编码： 2GB330212A0079

断面二维码

控制级别： 省控　**断面属性：** 控制断面

水体类型： 河流　**功能类别：** Ⅳ类

水系水体： 甬江——奉化江

所在市县： 宁波市鄞州区

责任市县： 宁波市鄞州区

断面位置： 奉化江与江心机场南路交叉口，坐标：E121.4783°，N29.7932°

	2016 年	2017 年	2018 年	2019 年	2020 年	2021 年	2022 年	2023 年
水质状况	Ⅳ类	Ⅲ类	Ⅲ类	Ⅲ类	Ⅲ类	Ⅲ类	Ⅲ类	Ⅲ类
	历史主要污染指标：2016 年石油类							
自动站	站点名称：翻石渡							
	管理级别：省控							
	站点位置：与手工断面重合							
汇水区污染源	工业：无工业污染源							
	生活：涉及 1 个乡镇，54 个行政村，总户数约 2.7 万户。多数村庄生活废水纳管处理，纳管率大于 80%							
	农业：农作物种植面积约为 700 公顷，有 1 家规模化畜禽养殖场							
	其他：污水处理厂：无；上游支流：上游 3 千米内有月亮湾河、千丈镜河 2 条支流汇入							

断面位置

自动站

断面上游

断面下游

会展中心

断面二维码

断面编码：2GB330212A0099

控制级别：省控　**断面属性：**控制断面

水体类型：河流　**功能类别：**Ⅳ类

水系水体：宁绍平原河网——甬新河

所在市县：宁波市鄞州区

责任市县：宁波市鄞州区

断面位置：甬新河与民安东路交叉口，坐标：E121.6039°，N29.8733°

	2016 年	2017 年	2018 年	2019 年	2020 年	2021 年	2022 年	2023 年
水质状况	Ⅳ类	Ⅴ类	Ⅴ类	Ⅳ类	Ⅳ类	Ⅳ类	Ⅳ类	Ⅴ类
	历史主要污染指标：2016 年石油类、氨氮、总磷；2017 年氨氮、总磷、化学需氧量；2018 年氨氮、化学需氧量、总磷；2019 年氨氮；2020 年氨氮；2021 年氨氮；2022 年氨氮；2023 年氨氮							

自动站	**站点名称：**会展中心
	管理级别：省控
	站点位置：与手工断面重合

汇水区污染源	**工业：**汇水区范围存在 2 个工业集聚区，大部分企业废水排入南区污水处理厂，小部分企业废水直排入河、湖
	生活：涉及 19 个乡镇 107 万人，17 个乡镇纳管率大于 80%，2 个乡镇纳管率大于 60%
	农业：农作物种植面积约为 10000 万平方米，存在规模化畜禽养殖和水产养殖
	其他：污水处理厂：1 家城镇污水处理厂，距离断面 8.8 千米，排处理量为 32 万吨 / 日；上游支流：3 千米内有 3 条支流汇入

断面位置

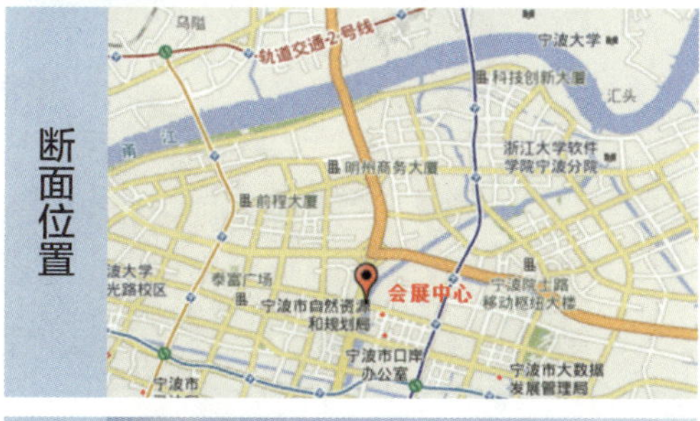

自动站

断面上游

断面下游

北湖中心

断面编码： GG00L330200_2010A

控制级别： 国控　　**点位属性：** —

水体类型： 湖泊　　**功能类别：** Ⅲ类

水系水体： 甬江——东钱湖

所在市县： 宁波市鄞州区

责任市县： 宁波市鄞州区

点位位置： 东钱湖内，坐标：E121.6676°，N29.7826°

断面二维码

	2016年	2017年	2018年	2019年	2020年	2021年	2022年	2023年
水质状况	Ⅳ类	Ⅲ类	Ⅲ类	Ⅲ类	Ⅲ类	Ⅲ类	Ⅱ类	Ⅲ类
	历史主要污染指标：2016年石油类							
自动站	站点名称：北湖中心							
	管理级别：国控							
	站点位置：手工断面东侧1100米							
汇水区污染源	工业：汇水区内工业企业以制造业为主，无大型工业污染企业、危险废物集中处理厂等重点点源污染源							
	生活：涉及东钱湖镇6个行政村（社区、居委会），总户数约6000户。多数村庄生活污水纳管处理，受益率在75%以上							
	农业：农作物种植面积为56万平方米，无规模化畜禽养殖和散养畜禽							
	其他：污水处理厂：无；上游支流：无							

点位位置

自动站

点位周边

点位周边

三江口

断面二维码

断面编码： 2GB330212A0027

控制级别： 省控　　**断面属性：** 控制断面

水体类型： 河流　　**功能类别：** Ⅳ类

水系水体： 甬江——甬江干流

所在市县： 宁波市鄞州区

责任市县： 宁波市鄞州区

断面位置： 甬江江心常洪隧道东侧 650 米，坐标：E121.6074° ，N29.9037°

	2016 年	2017 年	2018 年	2019 年	2020 年	2021 年	2022 年	2023 年
水质状况	Ⅳ类	Ⅲ类	Ⅲ类	Ⅲ类	Ⅲ类	Ⅲ类	Ⅲ类	Ⅲ类
	历史主要污染指标：2016 年石油类、五日生化需氧量							
自动站	站点名称：三江口							
	管理级别：省控							
	站点位置：与手工断面重合							
汇水区污染源	工业：三江流域宁波市 5 区范围内、共涉及污水直接排放企业 7 家。其中排入奉化江企业 6 家，排入甬江企业 1 家							
	生活：涉及 5 个区约 259 万人，其中城镇人口约 228 万人，生活污水基本经污水管网接入污水处理企业处理；农村人口约 31 万人，约 70% 的污水纳入农村生活污水处理终端设施							
	农业：农作物种植面积约为 5 万公顷，存在规模化畜禽养殖和水产养殖							
	其他：污水处理厂：3 座；上游支流：左岸江北区有 1 条支流汇入，右岸鄞州区有 3 条支流汇入							

断面位置

自动站

断面上游

断面下游

江口

断面编码： 2GB330213A0029

控制级别： 省控　　**断面属性：** 控制断面

水体类型： 河流　　**功能类别：** Ⅲ类

水系水体： 甬江——剡江

所在市县： 宁波市奉化区

责任市县： 宁波市奉化区

断面位置： 下柱石村剡江段，距剡江大桥 1500 米，坐标：E121.3789° ，N29.7239°

断面二维码

	2016 年	2017 年	2018 年	2019 年	2020 年	2021 年	2022 年	2023 年
水质状况	Ⅲ类	Ⅲ类	Ⅲ类	Ⅲ类	Ⅲ类	Ⅲ类	Ⅲ类	Ⅲ类
	历史主要污染指标：—							

自动站	站点名称：江口
	管理级别：省控
	站点位置：手工断面相距 50 米

汇水区污染源	工业：部分企业污水纳管处理，部分直排入甬江和奉化江
	生活：涉及 3 个镇街道、40 个行政村，约 6 万人，其中 7 个行政村自建农村生活污水终端处理设施，33 个行政村已纳管处理，纳管率在 90% 以上
	农业：农作物种植面积为 129.34 平方千米，存在规模化畜禽养殖和水产养殖
	其他：污水处理厂：无；上游支流：上游 12 千米内有 3 条支流汇入

断面位置

自动站

断面上游

断面下游

溪口

断面编码： GG00S330200_0001A

控制级别： 国控　　**断面属性：** 控制断面

水体类型： 河流　　**功能类别：** Ⅱ类

水系水体： 甬江——剡江

所在市县： 宁波市奉化区

责任市县： 宁波市奉化区

断面二维码

断面位置： 溪口镇溪南线路和 S36 路交界处，坐标：E121.2684°，N29.6813°

	2016 年	2017 年	2018 年	2019 年	2020 年	2021 年	2022 年	2023 年
水质状况	Ⅰ类	Ⅰ类	Ⅱ类	Ⅱ类	Ⅱ类	Ⅱ类	Ⅰ类	Ⅰ类
	历史主要污染指标：—							
自动站	站点名称：溪口							
	管理级别：国控							
	站点位置：手工断面相距 150 米							
汇水区污染源	工业：汇水区范围内涉水工业废水经厂区内的污水处理设施处理后排放至附近河道							
	生活：涉及溪口镇 20 个行政村，约 2.5 万人。2 个行政村纳管处理，18 个村已自建农村生活污水处理终端设施，纳管率在 90% 以上							
	农业：无规模化畜禽养殖场，存在少量散养畜禽；农作物种植面积为 150 平方千米							
	其他：污水处理厂：无；上游支流：上游 5 千米内有两大支流汇入							

断面位置

自动站

断面上游

断面下游

县江龙潭

断面编码： 2GB330213A0031

控制级别： 省控　　**断面属性：** 控制断面

水体类型： 河流　　**功能类别：** Ⅲ类

水系水体： 甬江——县江

所在市县： 宁波市奉化区

责任市县： 宁波市奉化区

断面位置： 南苑上都小区西侧距开城西街 350 米，坐标：E121.3997° ，N29.6228°

断面二维码

	2016 年	2017 年	2018 年	2019 年	2020 年	2021 年	2022 年	2023 年
水质状况	Ⅲ类	Ⅲ类	Ⅱ类	Ⅱ类	Ⅱ类	Ⅱ类	Ⅱ类	Ⅱ类
	历史主要污染指标：—							

自动站	站点名称：县江龙潭
	管理级别：省控
	站点位置：与手工断面重合

汇水区污染源	工业：汇水区范围内涉水工业废水经厂区内的污水处理设施处理后排放至附近河道
	生活：涉及 2 个街道 35 个行政村，约 1.2 万人。行政村均自建农村生活污水处理终端设施，纳管率在 90% 以上
	农业：无规模化畜禽养殖，存在少量散养畜禽，农作物种植面积为 180 平方千米
	其他：污水处理厂：无；上游支流：上游约 2.7 千米处有宅江支流汇入

断面位置

自动站

断面上游

断面下游

亭下水库

点位编码： 2GB330213B0142

控制级别： 省控　　**点位属性：** —

水体类型： 水库　　**功能类别：** Ⅱ类

水系水体： 甬江——亭下水库

所在市县： 宁波市奉化区

责任市县： 宁波市奉化区

点位位置： 亭下水库坝前，坐标：E121.2205°，N29.6557°

断面二维码

	2016 年	2017 年	2018 年	2019 年	2020 年	2021 年	2022 年	2023 年
水质状况	Ⅱ类	Ⅰ类	Ⅱ类	Ⅱ类	Ⅱ类	Ⅱ类	Ⅱ类	Ⅱ类
	历史主要污染指标：—							
自动站	站点名称：亭下水库							
	管理级别：省控							
	站点位置：手工断面相距 50 米							
汇水区污染源	工业：涉及区域无工业源污染							
	生活：涉及溪口镇 17 个行政村，总人口约 1.5 万人，所有行政村均自建农村生活污水处理终端设施，纳管率在 90% 以上							
	农业：无规模化畜禽养殖；农作物种植面积约为 140 平方千米							
	其他：污水处理厂：无；上游支流：无							

点位位置

自动站

点位周边

点位周边

长汀

断面编码： GG00S330200_2011A

控制级别： 国控　　**断面属性：** 控制断面

水体类型： 河流　　**功能类别：** Ⅳ类

水系水体： 甬江——县江

所在市县： 宁波市奉化区

责任市县： 宁波市奉化区

断面位置： 长汀东路与县江交叉口弥勒桥，坐标：E121.4186° ，N29.6791°

断面二维码

	2016 年	2017 年	2018 年	2019 年	2020 年	2021 年	2022 年	2023 年
水质状况	Ⅲ类	Ⅳ类	Ⅲ类	Ⅲ类	Ⅱ类	Ⅱ类	Ⅱ类	Ⅱ类
	历史主要污染指标： 2017 年石油类							
自动站	**站点名称：** 长汀							
	管理级别： 国控							
	站点位置： 手工断面上游 5 千米							
汇水区污染源	**工业：** 涉水重点企业 5 家，4 家纳入污水处理厂，1 家直排入环境							
	生活： 涉及 3 个街道 20 个行政村，约 2.2 万人。19 个行政村纳管处理，1 个村已自建农村生活污水处理终端设施，纳管率在 90% 以上							
	农业： 无规模化畜禽养殖；农作物种植面积为 28.67 平方千米							
	其他： 污水处理厂：无；上游支流：上游约 0.6 千米、3 千米、4.2 千米处分别有亭下总渠、锦溪、五岙溪支流汇入							

断面位置

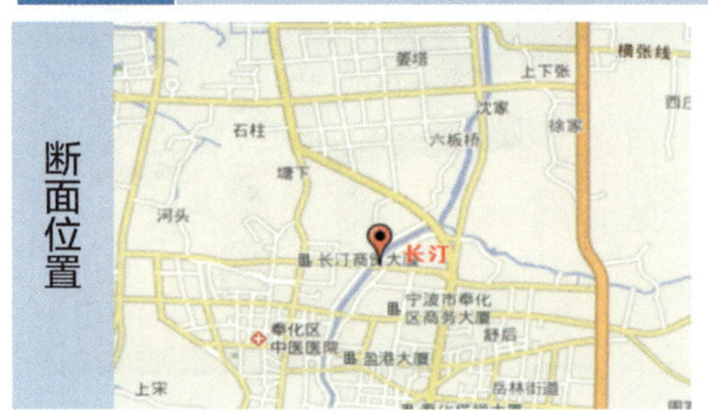

自动站

断面上游

断面下游

浮礁渡

断面编码： GG13S330200_2009A

控制级别： 国控　　**断面属性：** 入海口

水体类型： 河流　　**功能类别：** Ⅲ类

水系水体： 独流入海与海岛河流——大塘港

所在市县： 宁波市象山县

责任市县： 宁波市象山县

断面位置： 定塘镇沿乡道 X509 前进 1 千米无名桥，坐标：E121.8235° ，N29.2332°

断面二维码

水质状况	2016 年	2017 年	2018 年	2019 年	2020 年	2021 年	2022 年	2023 年
	Ⅲ类	Ⅲ类	Ⅲ类	Ⅲ类	Ⅲ类	Ⅳ类	Ⅲ类	Ⅳ类
	历史主要污染指标：2021 年五日生化需氧量、化学需氧量；2023 年化学需氧量							

自动站	
	站点名称：浮礁渡
	管理级别：国控
	站点位置：手工断面下游约 370 米

汇水区污染源	
	工业：工业企业主要涉及机械制造、石材加工、婴儿用品制造、食品加工等行业，均通过污水管道统一排放至城镇污水处理厂处理
	生活：涉及 4 个乡镇，82 个行政村，常住人口约 8.6 万人。流域内各行政村均已建设农村生活污水处理终端
	农业：共计耕地面积 3.2 万亩，果园 5.6 万亩。存在规模化畜禽养殖和水产养殖
	其他：污水处理厂：无排放口；上游支流：上游有 6 条支流汇入

断面位置

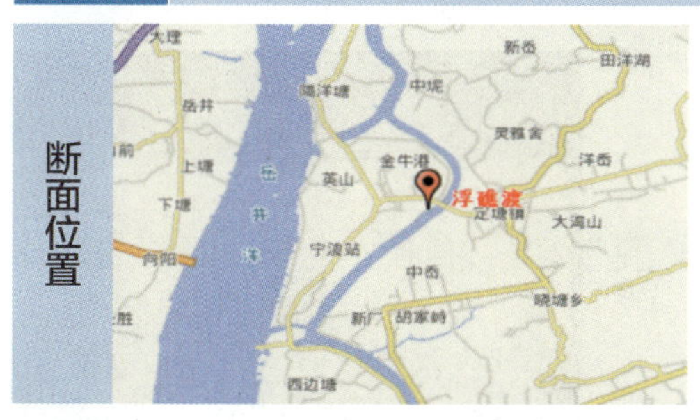

自动站

断面上游

断面下游

白溪水库坝前

断面二维码

点位编码： 2GB330226B0138

控制级别： 省控　　**点位属性：** 出库口

水体类型： 水库　　**功能类别：** Ⅰ类

水系水体： 独流入海与海岛河流——白溪水库

所在市县： 宁波市宁海县

责任市县： 宁波市宁海县

点位位置： 白溪水库坝前 200 米，坐标：E121.2506°，N29.2033°

	2016 年	2017 年	2018 年	2019 年	2020 年	2021 年	2022 年	2023 年
水质状况	Ⅰ类	Ⅰ类	Ⅰ类	Ⅰ类	Ⅰ类	Ⅰ类	Ⅰ类	Ⅰ类
	历史主要污染指标：—							
自动站	站点名称：白溪水库							
	管理级别：省控							
	站点位置：手工断面相距 150 米							
汇水区污染源	工业：无工业污染源							
	生活：涉及岔路、黄坛 2 个镇，14 个行政村，总人口约 1.1 万人。村镇都已建设纳污管道，自建农村生活污水处理终端设施							
	农业：无规模化畜禽养殖和水产养殖，耕地面积约 4000 亩							
	其他：污水处理厂：无；上游支流：上游主要支流有 2 条汇入							

点位位置

自动站

点位周边

点位周边

水车

断面编码： GG13S330200_2007A

控制级别： 国控　　**断面属性：** 入海口

水体类型： 河流　　**功能类别：** Ⅲ类

水系水体： 独流入海与海岛河流——白溪

所在市县： 宁波市宁海县

责任市县： 宁波市宁海县

断面位置： 岩头下村沿 435 乡道前行 200 米至无名桥，坐标：E121.4345°，N29.2561°

断面二维码

水质状况	2016 年	2017 年	2018 年	2019 年	2020 年	2021 年	2022 年	2023 年
	Ⅱ类	Ⅱ类	Ⅱ类	Ⅱ类	Ⅱ类	Ⅱ类	Ⅱ类	Ⅱ类
	历史主要污染指标：—							

自动站	
	站点名称：水车
	管理级别：国控
	站点位置：手工断面上游 230 米

汇水区污染源	
	工业：部分企业污水纳管处理，部分直排
	生活：涉及 6 个乡镇，107 个行政村，总人口约 17.2 万人。部分村镇已建设纳污管道，通过自建农村生活污水处理终端设施，部分村镇污水直排
	农业：农业面积约 3.3 万公顷。不存在规模化畜禽养殖和水产养殖，存在散养猪、牛、羊等牲畜和禽类
	其他：污水处理厂：无；上游支流：上游 0.15 千米内有大溪支流汇入，6.6 千米内有梁皇溪支流汇入

断面位置

自动站

断面上游

断面下游

菁江渡（浦口闸）

断面二维码

断面编码： GG00S330200_2012A

控制级别： 国控 **断面属性：** 控制断面

水体类型： 河流 **功能类别：** Ⅲ类

水系水体： 甬江——姚江

所在市县： 宁波市余姚市

责任市县： 宁波市余姚市

断面位置： 菁江山边上 500 米，坐标：E121.0894° ，N30.0494°

	2016 年	2017 年	2018 年	2019 年	2020 年	2021 年	2022 年	2023 年
水质状况	Ⅲ类	Ⅲ类	Ⅲ类	Ⅲ类	Ⅲ类	Ⅱ类	Ⅱ类	Ⅱ类
	历史主要污染指标：—							
自动站	站点名称：菁江渡（浦口闸）							
	管理级别：国控							
	站点位置：手工断面上游约 160 米							
汇水区污染源	工业：涉及区域无工业污染源							
	生活：涉及 3 个乡镇（街道），14 个行政村，总人口约 1.3 万人。其中 50% 行政村已建设农村生活污水处理终端设施或接入城市污水处理厂							
	农业：农作物种植面积约 2000 万平方米，存在规模化畜禽养殖							
	其他：污水处理厂：无；上游支流：水网密布							

断面位置

自动站

断面上游

断面下游

浦口闸

断面编码： 2GB330281A0043

控制级别： 省控　**断面属性：** 控制断面

水体类型： 河流　**功能类别：** Ⅲ类

水系水体： 甬江——姚江

所在市县： 宁波市余姚市

责任市县： 宁波市余姚市

断面位置： 大河村南 855 米，坐标：E121.2206° ，N30.0267°

断面二维码

	2016 年	2017 年	2018 年	2019 年	2020 年	2021 年	2022 年	2023 年
水质状况	Ⅲ类	Ⅲ类	Ⅲ类	Ⅲ类	Ⅲ类	Ⅲ类	Ⅲ类	Ⅲ类
	历史主要污染指标：—							
自动站	站点名称：浦口闸							
	管理级别：省控							
	站点位置：与手工断面重合							
汇水区污染源	工业：企业污水纳管处理，无工业污染源							
	生活：涉及 17 个乡镇（街道），263 个行政村（社区、居委会），总人口约 67.6 万人							
	农业：农作物种植面积约为 45000 公顷，存在规模化畜禽养殖							
	其他：污水处理厂：无；上游支流：汇水面积为 682.50 平方千米，包括姚江等 8 条重要支流							

断面位置

自动站

断面上游

断面下游

四灶浦闸

断面编码： GG13S330200_2017A

控制级别： 国控　**断面属性：** 入海口

水体类型： 河流　**功能类别：** Ⅳ类

水系水体： 宁绍平原河网——四灶浦

所在市县： 宁波市慈溪市

责任市县： 宁波市慈溪市

断面位置： 四灶浦与十一塘河交叉口，坐标：E121.3623°，N30.3427°

断面二维码

	2016 年	2017 年	2018 年	2019 年	2020 年	2021 年	2022 年	2023 年
水质状况	Ⅳ类	Ⅳ类	Ⅳ类	Ⅳ类	Ⅳ类	Ⅳ类	Ⅲ类	Ⅴ
	历史主要污染指标： 2016 年总磷、化学需氧量、五日生化需氧量；2017 年五日生化需氧量、化学需氧量、高锰酸盐指数；2018 年总磷；2019 年总磷；2020 年五日生化需氧量、化学需氧量、总磷；2021 年五日生化需氧量、高锰酸盐指数、化学需氧量；2023 年化学需氧量、高锰酸盐指数							

自动站	
	站点名称： 四灶浦闸
	管理级别： 国控
	站点位置： 与手工断面重合

汇水区污染源	
	工业： 涉及的工业企业以五金配件、配件制造、水泥制品制造等为主，纳管率达到 100%
	生活： 涉及 10 个镇，99 个行政村，总人口数 30 万人。部分行政村村域自建农村生活污水处理终端设施，部分行政村纳管处理，部分行政村污水未处理
	农业： 农作物种植面积为 7000 亩，存在小规模水产养殖
	其他： 污水处理厂：无；上游 1 千米内无支流汇入

断面位置

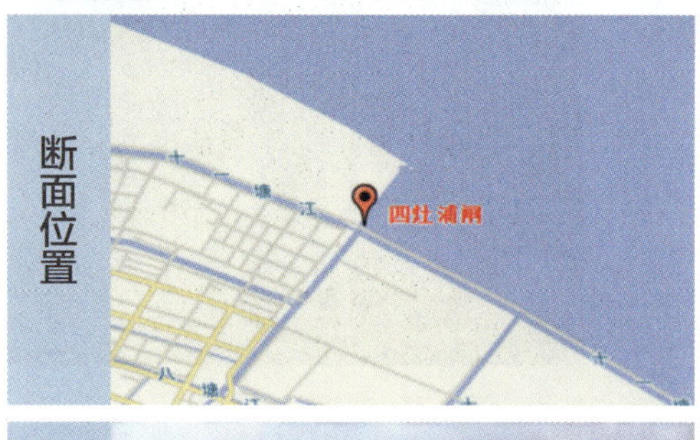

自动站

断面上游

断面下游

浒山东

断面编码： 2GB330282A0096

控制级别： 省控　　**断面属性：** 控制断面

水体类型： 河流　　**功能类别：** Ⅳ类

水系水体： 宁绍平原河网——浒山江

所在市县： 宁波市慈溪市

责任市县： 宁波市慈溪市

断面位置： 新市街与浒山江交叉口，坐标：E121.2367° ，N30.1719°

断面二维码

水质状况	2016 年	2017 年	2018 年	2019 年	2020 年	2021 年	2022 年	2023 年
	Ⅳ类	Ⅳ类	Ⅳ类	Ⅳ类	Ⅳ类	Ⅳ类	Ⅲ类	Ⅲ类
	历史主要污染指标：2016 年总磷、氨氮、石油类；2017 年总磷、氨氮；2018 年氨氮、总磷、石油类；2019 年总磷、氨氮、溶解氧；2020 年氨氮、总磷、溶解氧；2021 年总磷、氨氮、化学需氧量							

自动站	
	站点名称：浒山东
	管理级别：省控
	站点位置：与手工断面重合

汇水区污染源	
	工业：涉水企业主要为金属制造业，企业污水纳管处理，无工业污染源
	生活：涉及 3 个镇（街道），共有 12 个行政村，约 5 万人。纳管接户率大于 96%
	农业：河道两岸周边无耕地，无养殖场
	其他：污水处理厂：城镇污水处理厂 1 家，距离断面 2 千米，设计处理量为 8 万吨 / 日，排放量约为 4.55 万吨 / 日；上游支流：上游主要有 5 条支流汇入

断面位置

自动站

断面上游

断面下游

浙江省

温州市断面图鉴

WENZHOU SHI
DUANMIAN TUJIAN

温州市地表水国控、省控监测断面分布图

东水厂

断面编码： 2GB330302A0109

控制级别： 省控　　**断面属性：** 控制断面

水体类型： 河流　　**功能类别：** Ⅲ类

水系水体： 温州平原河网——温瑞塘河

所在市县： 温州市鹿城区

责任市县： 温州市鹿城区

断面位置： 车站大道与吕浦河交叉口，坐标：E120.6789° ，N28.0047°

断面二维码

	2016 年	2017 年	2018 年	2019 年	2020 年	2021 年	2022 年	2023 年
水质状况	Ⅴ类	Ⅳ类	Ⅳ类	Ⅲ类	Ⅲ类	Ⅲ类	Ⅴ类	Ⅳ类
	历史主要污染指标： 2016 年氨氮；2017 年氨氮、溶解氧；2018 年氨氮、溶解氧；2022 年氨氮、总磷；2023 年氨氮							
自动站	**站点名称：** 东水厂							
	管理级别： 省控							
	站点位置： 与手工断面重合							
汇水区污染源	**工业：** 无工业污染源							
	生活： 涉及 4 个镇（街道），约 35 万人。4 个街道辖区内一级、二级管网均已建设完成，但是三级管网建设工作尚未完成							
	农业： 涉及区域无农业污染源							
	其他： 污水处理厂：无；上游支流：无							

断面位置

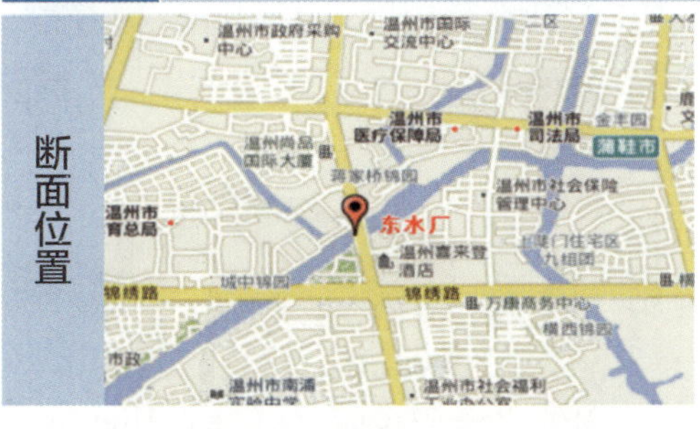

自动站

断面上游

断面下游

外垟

断面编码： GG14S330300_2014A

控制级别： 国控　　**断面属性：** 入河口

水体类型： 河流　　**功能类别：** Ⅲ类

水系水体： 瓯江——戍浦江

所在市县： 温州市鹿城区

责任市县： 温州市鹿城区

断面位置： G330（温寿线）外垟村北 300 米，坐标：E120.5553°，N28.1044°

断面二维码

	2016 年	2017 年	2018 年	2019 年	2020 年	2021 年	2022 年	2023 年
水质状况	Ⅲ类	Ⅱ类	Ⅱ类	Ⅱ类	Ⅲ类	Ⅲ类	Ⅲ类	Ⅲ类
	历史主要污染指标：—							

自动站	站点名称：外垟
	管理级别：省控
	站点位置：与手工监测断面重合

汇水区污染源	工业：涉水企业生产废水纳入鹿城轻工业园区污水处理厂处理达标后排入环境
	生活：涉及藤桥镇 15 个村，生活污水排入污水处理厂；10 个行政村的生活污水经农村污水处理终端设施处理达标后排放
	农业：目前无水产养殖，有 1 家规模化畜禽养殖场，存在畜禽散养情况；藤桥镇耕地面积约为 2.2 万亩
	其他：污水处理厂：鹿城轻工产业园区污水处理厂，排口位置距断面上游约 2 千米处有戍浦江，设计处理量为 1 万吨 / 日；上游支流：上游有 11 条支流汇入

断面位置

自动站

断面上游

断面下游

小旦

断面编码： GG08S330300_0002A

断面二维码

控制级别： 国控　**断面属性：** 市界

水体类型： 河流　**功能类别：** Ⅱ类

水系水体： 瓯江——瓯江干流

所在市县： 温州市鹿城区

责任市县： 丽水市青田县

断面位置： 瓯江小旦村旁，坐标：E120.4194°，N28.1572°

	2016 年	2017 年	2018 年	2019 年	2020 年	2021 年	2022 年	2023 年
水质状况	Ⅱ类	Ⅱ类	Ⅱ类	Ⅱ类	Ⅱ类	Ⅱ类	Ⅱ类	Ⅱ类
	历史主要污染指标：—							
自动站	站点名称：小旦							
	管理级别：国控							
	站点位置：手工断面上游 400 米							
汇水区污染源	工业：涉水企业生产废水纳入金三角污水处理厂处理达标后排入环境							
	生活：涉及人口总计 12 万人，城镇生活污水基本完成了截污纳管工作，但一部分街道和小区建造较早，故采用雨污合流制；农村生活污水基本纳入农村生活污水治理终端设施分散处理，但还有极小部分地区未完成截污纳管工作							
	农业：共有 4.26 万亩基本农田播种水稻等粮食作物及甘蔗等经济作物，存在规模化畜禽养殖							
	其他：污水处理厂：无；上游支流：上游 1 千米内无支流汇入							

断面位置

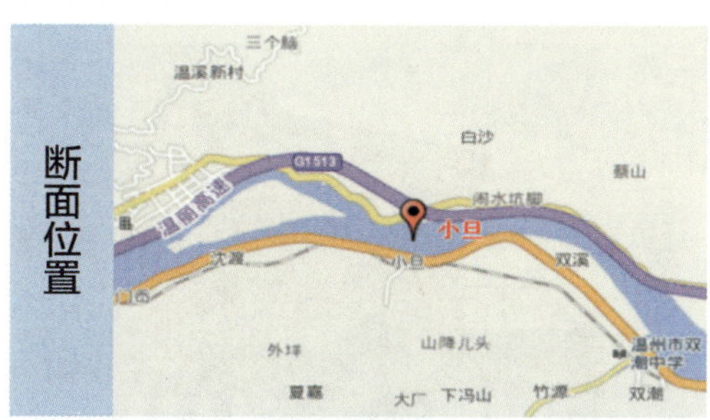

自动站

断面上游

断面下游

杨府山

断面编码： 2GB330302A0040

控制级别： 省控　**断面属性：** 控制断面

水体类型： 河流　**功能类别：** Ⅲ类

水系水体： 瓯江——瓯江干流

所在市县： 温州市鹿城区

责任市县： 温州市鹿城区

断面位置： 瓯江与七都大桥交叉口西北部 2300 米，坐标：E120.7183° ，N28.0278°

断面二维码

	2016 年	2017 年	2018 年	2019 年	2020 年	2021 年	2022 年	2023 年
水质状况	Ⅱ类	Ⅱ类	Ⅱ类	Ⅱ类	Ⅱ类	Ⅱ类	Ⅲ类	Ⅲ类
	历史主要污染指标：一							
自动站	站点名称：杨府山							
	管理级别：省控							
	站点位置：与手工断面重合							
汇水区污染源	工业：共有涉水企业 1200 余家，涉水企业所属行业包括阀门制造业、金属制造行业、钢压延加工等。大多数企业工业废水已纳管排放							
	生活：涉及人口总计 107 万人，城镇化率大于 80%。城镇污水收集率约为 80%，农村污水收集率约为 60%							
	农业：汇水控制单元内农作物种植面积约为 12.5 万亩，存在规模化养殖场 23 家							
	其他：污水处理厂：温州市西片污水处理厂，目前设计处理量为 25 万吨 / 日；上游支流：1 千米内无支流汇入							

断面位置

断面上游

自动站

断面下游

永中

断面编码：2GB330303A0114

控制级别：省控　　断面属性：控制断面

水体类型：河流　　功能类别：Ⅳ类

水系水体：温州平原河网——永强塘河

所在市县：温州市龙湾区

责任市县：温州市龙湾区

断面二维码

断面位置：永宁东路与北洋大河交叉口，坐标：E120.8283°，N27.9278°

	2016 年	2017 年	2018 年	2019 年	2020 年	2021 年	2022 年	2023 年
水质状况	劣Ⅴ类	Ⅳ类	Ⅳ类	Ⅳ类	Ⅳ类	Ⅳ类	Ⅴ类	Ⅳ类
	历史主要污染指标：2016 年氨氮、石油类、氟化物；2017 年氨氮、氟化物；2018 年氨氮；2019 年氨氮；2020 年氨氮；2021 年氨氮、总磷；2022 年氨氮、石油类、总磷；2023 年氨氮、化学需氧量、五日生化需氧量							
自动站	站点名称：永中							
	管理级别：省控							
	站点位置：与手工断面重合							
汇水区污染源	工业：工业用水企业约 800 家，涉及机械零部件加工、金属表面处理及热处理加工等行业，主要以小微型企业为主，废水处理后纳管排入瓯江							
	生活：涉及人口约为 22 万人、城镇化率为 100%。居民生活污水经三级管网收集后纳入污水处理厂，纳管率约为 78%							
	农业：农业种植面积约为 3.8 万亩，存在规模化畜禽养殖，较多畜禽散养，养殖种类以鸡、鸭等家禽为主							
	其他：污水处理厂：无；上游支流：1 千米内无支流汇入							

断面位置

断面上游

自动站

断面下游

龙湾

断面二维码

断面编码： GG13S330300_0004A

控制级别： 国控　　**断面属性：** 入海口

水体类型： 河流　　**功能类别：** Ⅲ类

水系水体： 瓯江——瓯江干流

所在市县： 温州市龙湾区

责任市县： 温州市龙湾区

断面位置： 龙东码头边上，坐标：E120.8049°，N27.9787°

	2016 年	2017 年	2018 年	2019 年	2020 年	2021 年	2022 年	2023 年
水质状况	Ⅳ类	Ⅱ类	Ⅱ类	Ⅱ类	Ⅲ类	Ⅱ类	Ⅱ类	Ⅲ类
	历史主要污染指标：2016 年总磷							
自动站	站点名称：龙湾							
	管理级别：国控							
	站点位置：手工断面下游 3.4 千米							
汇水区污染源	工业：共有涉水企业 3500 家，在龙湾区、浙南产业集聚区（经济开发区）、永嘉县、乐清市分布密集							
	生活：涉及城镇人口约 177 万人，农村人口约 54 万人，城镇化率达到 77%							
	农业：农作物种植面积约为 57 万亩，存在规模化畜禽养殖，较多畜禽散养							
	其他：污水处理厂：污水处理厂 1 家（中心片污水处理厂），排放量为 40 万吨 / 日；上游支流：1 千米内无支流汇入							

断面位置

自动站

断面上游

断面下游

白象

断面编码： 2GB330304A0111

控制级别： 省控　　**断面属性：** 控制断面

水体类型： 河流　　**功能类别：** Ⅳ类

水系水体： 温州平原河网——温瑞塘河

所在市县： 温州市瓯海区

责任市县： 温州市瓯海区

断面位置： 新象街与温瑞塘河交叉口，坐标：E120.6797° ，N27.9294°

断面二维码

	2016 年	2017 年	2018 年	2019 年	2020 年	2021 年	2022 年	2023 年
水质状况	Ⅴ类	Ⅴ类	Ⅴ类	Ⅳ类	Ⅳ类	Ⅲ类	Ⅲ类	Ⅲ类
	历史主要污染指标：2016 年氨氮、总磷；2017 年氨氮；2018 年氨氮；2019 年氨氮；2020 年氨氮、溶解氧							

自动站	站点名称：白象
	管理级别：省控
	站点位置：与手工断面重合

汇水区污染源	工业：涉水工业企业 140 余家，废水均纳入工业废水处理设施处理后排放
	生活：涉及 2 个镇（街道），分别为梧田街道和南白象街道，共有 15 个行政村（社区），均已纳管，废水不直接排入水体
	农业：农作物种植面积约为 1.7 万亩，不存在规模化畜禽养殖
	其他：污水处理厂：城镇污水处理厂 1 家，距离断面 2 千米，设计处理量为 4 万吨 / 日；上游支流 1 千米内无支流汇入

断面位置

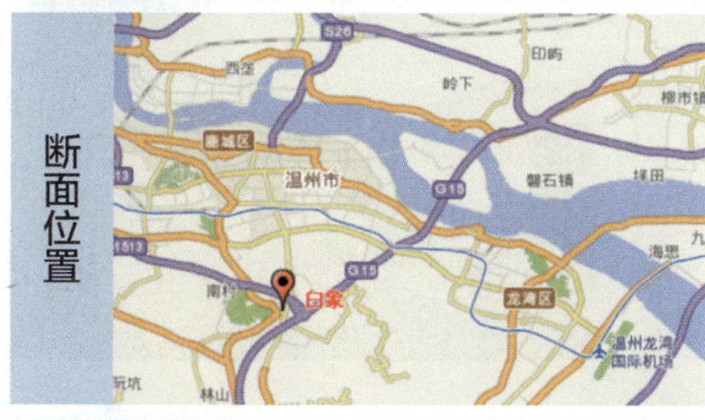

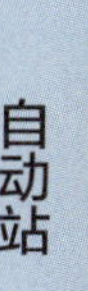

仙门

断面编码： 2GB330304A0110

控制级别： 省控　　**断面属性：** 控制断面

水体类型： 河流　　**功能类别：** Ⅲ类

水系水体： 温州平原河网——温瑞塘河

所在市县： 温州市瓯海区

责任市县： 温州市瓯海区

断面位置： 仙门河与新六虹桥路下斜桥交叉口，坐标：E120.5973°，N27.9843°

断面二维码

	2016 年	2017 年	2018 年	2019 年	2020 年	2021 年	2022 年	2023 年
水质状况	Ⅴ类	Ⅳ类	Ⅲ类	Ⅲ类	Ⅲ类	Ⅲ类	Ⅲ类	Ⅲ类
	历史主要污染指标：2016 年氨氮、总磷；2017 年氨氮							
自动站	站点名称：仙门							
	管理级别：省控							
	站点位置：与手工断面重合							
汇水区污染源	工业：涉水工业企业 384 家，主要涉及眼镜制造、皮革鞣制加工、电子电路制造、肉制品及副产品加工等，废水均纳入工业废水处理设施处理后排放							
	生活：涉及 2 个镇（街道），37 个行政村（社区），均已纳管，废水不直接排入水体							
	农业：农作物种植面积约为 3 万亩，规模畜禽养殖场 8 家，养殖品种为蛋鸡和肉鸡							
	其他：污水处理厂：无；上游支流：1 千米内无支流汇入							

断面位置

自动站

断面上游

断面下游

长坑水库

点位编码： 2GB330305B0143

控制级别： 省控　　**点位属性：** —

水体类型： 水库　　**功能类别：** Ⅱ类

水系水体： 独流入海与海岛河流——长坑水库

所在市县： 温州市洞头区

责任市县： 温州市洞头区

点位位置： 长坑水库坝前，坐标：E121.1217° ，N27.8272°

断面二维码

水质状况	2016 年	2017 年	2018 年	2019 年	2020 年	2021 年	2022 年	2023 年
	Ⅱ类	Ⅱ类	Ⅱ类	Ⅱ类	Ⅱ类	Ⅱ类	Ⅲ类	Ⅱ类
	历史主要污染指标：—							
自动站	站点名称：长坑							
	管理级别：省控							
	站点位置：手工断面上游 50 米							
汇水区污染源	工业：无工业污染源							
	生活：涉及北岙街道隔头村，总人口 45 人。50% 的自然村已建设纳污管道，纳管率在 80% 以上，各村均自建农村生活污水处理终端设施							
	农业：无畜禽养殖场和水产养殖，农作物种植面积为 10 亩							
	其他：污水处理厂：无；上游支流：无							

点位位置

自动站

点位周边

点位周边

清水埠

断面二维码

断面编码： GG14S330300_2007A

控制级别： 国控　　**断面属性：** 入河口

水体类型： 河流　　**功能类别：** Ⅲ类

水系水体： 瓯江——楠溪江

所在市县： 温州市永嘉县

责任市县： 温州市永嘉县

断面位置： 楠溪江大桥，坐标：E120.6771° ，N28.0585°

	2016 年	2017 年	2018 年	2019 年	2020 年	2021 年	2022 年	2023 年
水质状况	Ⅱ类	Ⅱ类	Ⅱ类	Ⅱ类	Ⅲ类	Ⅱ类	Ⅱ类	Ⅱ类
	历史主要污染指标：—							
自动站	站点名称：清水埠							
	管理级别：国控							
	站点位置：手工断面上游 1.8 千米							
汇水区污染源	工业：涉水工业企业以小型企业为主，主要涉及金属表面处理及热处理加工、米、面制品制造等，未全部纳管处理							
	生活：涉及 6 个乡镇，约 24.3 万人，城镇及农村生活污水处理终端设施规模总体满足居民生活污水处理需求							
	农业：耕地面积约为 3 万亩，现有 21 家规模以上畜禽养殖场							
	其他：污水处理厂：黄田污水处理厂；上游支流：芦田溪							

断面位置

自动站

断面上游

断面下游

碧莲

断面编码： 2GB330324A0048

控制级别： 省控　　**断面属性：** 控制断面

水体类型： 河流　　**功能类别：** Ⅱ类

水系水体： 瓯江——楠溪江

所在市县： 温州市永嘉县

责任市县： 温州市永嘉县

断面位置： 碧莲村小楠溪段无名小桥东侧，坐标：E120.5639°，N28.3079°

断面二维码

	2016年	2017年	2018年	2019年	2020年	2021年	2022年	2023年
水质状况	Ⅱ类	Ⅱ类	Ⅱ类	Ⅱ类	Ⅱ类	Ⅱ类	Ⅱ类	Ⅱ类
	历史主要污染指标：—							

自动站	站点名称：碧莲
	管理级别：省控
	站点位置：与手工断面重合

汇水区污染源	工业：涉水企业10余家，主要为米面制品制造、建筑用石加工和豆制品制造企业，均无废水外排
	生活：涉及人口约9.1万人，城镇率约为56%，城镇污水处理设施覆盖率达到100%，农村未完全覆盖
	农业：汇水区范围内耕地面积约为15.6万亩，存在规模化畜禽养殖
	其他：污水处理厂：无；上游支流：碧莲溪

断面位置

自动站

断面上游

断面下游

沙头

断面二维码

断面编码：GG00S330300_2006A

控制级别：国控　　**断面属性**：控制断面

水体类型：河流　　**功能类别**：Ⅱ类

水系水体：瓯江——楠溪江

所在市县：温州市永嘉县

责任市县：温州市永嘉县

断面位置：sha t 镇庙活村旁，坐标：E120.747° ，N28.2078°

	2016 年	2017 年	2018 年	2019 年	2020 年	2021 年	2022 年	2023 年
水质状况	Ⅱ类	Ⅱ类	Ⅱ类	Ⅱ类	Ⅰ类	Ⅰ类	Ⅰ类	Ⅰ类
	历史主要污染指标：—							

自动站	站点名称：沙头
	管理级别：国控
	站点位置：手工断面上游 350 米

汇水区污染源	工业：涉水企业规模主要以小微型企业为主，主要涉及建筑用石加工、肉制品及副产品加工、自来水生产和供应等行业。有少量污水直接进入周边水体
	生活：涉及人口总计 46 万人，城镇化率约为 65.2%，城市污水集中收集率约为 85%，污水未彻底截污纳管
	农业：庙活村农田耕地面积为 70 亩，渔田村村庄占地面积为 2 平方千米，本村区域内山林面积为 500 亩，耕地面积为 270 亩
	其他：污水处理厂：无；上游支流：古庙溪

断面位置

自动站

断面下游

小姜垟

断面编码： 2GB330326A0113

控制级别： 省控　　**断面属性：** 控制断面

水体类型： 河流　　**功能类别：** Ⅳ类

水系水体： 温州平原河网——瑞平塘河

所在市县： 温州市平阳县

责任市县： 温州市平阳县

断面二维码

断面位置： 小姜垟村临区街与温平塘河交叉口，坐标：E120.5464°，N27.7006°

	2016 年	2017 年	2018 年	2019 年	2020 年	2021 年	2022 年	2023 年
水质状况	Ⅴ类	Ⅳ类	Ⅲ类	Ⅲ类	Ⅲ类	Ⅲ类	Ⅲ类	Ⅲ类
	历史主要污染指标：小姜垟							

自动站	
	站点名称：小姜垟
	管理级别：省控
	站点位置：与手工断面重合

汇水区污染源	
	工业：涉水企业约 200 家，以小微型企业为主，主要涉及汽车零部件及配件制造、日用及医用橡胶制品制造、机械零部件加工等，废水均纳管处理达标后排入鳌江
	生活：涉及人口总计约 21 万人，城镇化率为 62.3%，截污纳管情况覆盖率与接户率约高于 60%，仍存在生活污水直排入河或经农田消纳后渗漏入河的现象
	农业：耕地总面积约为 3.6 万亩，畜禽散养现象较为普遍，部分养殖场紧邻河道，存在水面散养。养殖种类以鸡、鸭等家禽为主，还有少量牛羊养殖，养殖形式多样
	其他：污水处理厂：无；上游支流：上游 1 千米内无支流汇入

断面位置

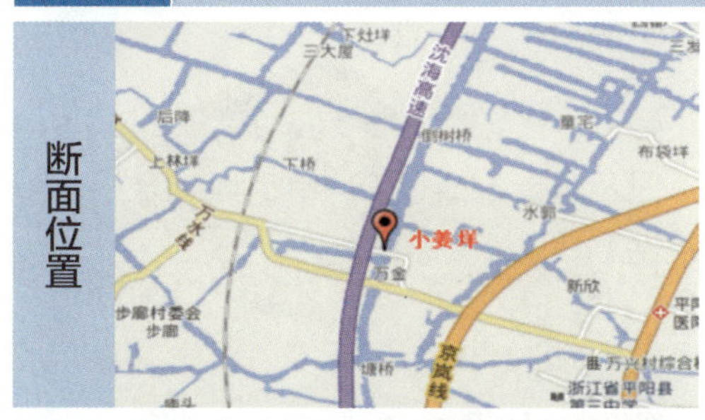

自动站

断面上游

断面下游

方岩渡

断面编码： 2GB330326A0057

控制级别： 省控　　**断面属性：** 控制断面

水体类型： 河流　　**功能类别：** Ⅲ类

水系水体： 鳌江——鳌江干流

所在市县： 温州市平阳县

责任市县： 温州市平阳县、龙港市

断面位置： 龙港市鳌江与文卫路交叉口北面 250 米，坐标：E120.5544° ，N27.5889°

断面二维码

	2016 年	2017 年	2018 年	2019 年	2020 年	2021 年	2022 年	2023 年
水质状况	Ⅳ类	Ⅳ类	Ⅳ类	Ⅲ类	Ⅲ类	Ⅲ类	Ⅲ类	Ⅲ类
	历史主要污染指标：2016 年溶解氧；2017 年溶解氧；2018 年溶解氧							

自动站	站点名称：方岩渡
	管理级别：省控
	站点位置：与手工断面重合

汇水区污染源	工业：涉水企业约 230 家，企业规模主要以小微型企业为主，未完全纳管
	生活：涉及人口约 62 万人，目前仍存在生活污水直排入河或经农田消纳后渗漏入河的现象，行政村截污纳管覆盖率较低
	农业：耕地面积约为 7.2 万亩，农药、化肥施用量大、利用率低；散养现象较为普遍，养殖形式多样，呈规模小、分散广、粪污处置率低等特点
	其他：污水处理厂：上游约 17 千米有平阳县萧江污水处理厂；上游支流：上游约 8.4 千米有横阳支江汇入

断面位置

自动站

断面上游

断面下游

江屿

断面编码： 2GB330326A0056

控制级别： 省控　　**断面属性：** 控制断面

水体类型： 河流　　**功能类别：** Ⅳ类

水系水体： 鳌江——鳌江干流

所在市县： 温州市平阳县

责任市县： 温州市平阳县

断面位置： 水头镇凤林南路东北 1200 米北港江北，坐标：E120.3408° ，N27.6397°

断面二维码

	2016 年	2017 年	2018 年	2019 年	2020 年	2021 年	2022 年	2023 年
水质状况	Ⅲ类	Ⅲ类	Ⅲ类	Ⅲ类	Ⅲ类	Ⅲ类	Ⅱ类	Ⅱ类
	历史主要污染指标：—							
自动站	站点名称：江屿							
	管理级别：省控							
	站点位置：与手工断面重合							
汇水区污染源	工业：涉水企业约 60 家，企业规模主要以小微型企业为主。废水纳管排放或进入地渗、蒸发地							
	生活：涉及人口总计约 21.5 万人，城镇化率大于 60%，截污纳管率大于 80%。目前仍存在生活污水直排入河或经农田消纳后渗漏入河的现象							
	农业：耕地面积约为 5.8 万亩；存在规模化畜禽养殖，散养现象较为普遍							
	其他：污水处理厂：无；上游支流：上游约 6 千米有埭头支流汇入							

断面位置

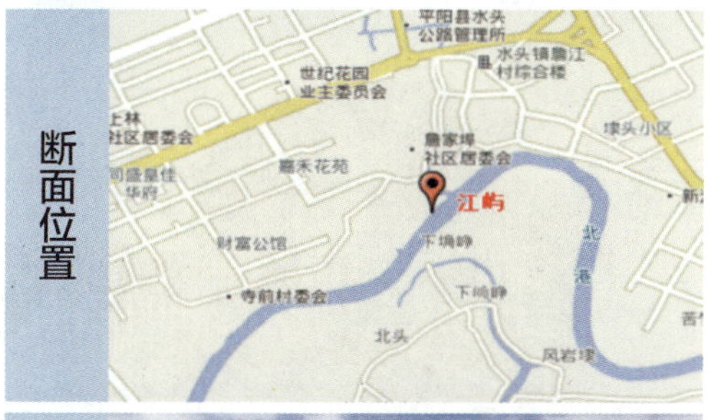

自动站

断面上游

断面下游

埭头

断面编码：2GB330326A0055

控制级别：省控　　**断面属性：**控制断面

水体类型：河流　　**功能类别：**Ⅲ类

水系水体：鳌江——鳌江干流

所在市县：温州市平阳县

责任市县：温州市平阳县

断面位置：吴山村北港与闸头大桥交叉口闸头大桥西侧 200 米，坐标：E120.2917°，N27.6075°

断面二维码

	2016 年	2017 年	2018 年	2019 年	2020 年	2021 年	2022 年	2023 年
水质状况	Ⅱ类	Ⅱ类	Ⅱ类	Ⅱ类	Ⅱ类	Ⅱ类	Ⅱ类	Ⅱ类
	历史主要污染指标：—							
自动站	站点名称：埭头							
	管理级别：省控							
	站点位置：与手工断面重合							
汇水区污染源	工业：涉水企业约 17 家，企业规模主要以小微型企业为主，取水量和排水量较少							
	生活：涉及人口约 8 万人，截污纳管率大于 66%，目前仍存在生活污水直排入河或经农田消纳后渗漏入河的现象							
	农业：耕地面积约为 2 万亩；无规模以上养殖，但散养现象较为普遍							
	其他：污水处理厂：无；上游支流：上游约 4 千米有怀溪支流汇入							

断面位置

自动站

断面上游

断面下游

江口渡

断面编码：GG13S330300_0018A

控制级别：国控　　断面属性：入海口

水体类型：河流　　功能类别：Ⅲ类

水系水体：鳌江——鳌江干流

所在市县：温州市平阳县

责任市县：温州市平阳县、龙港市

断面位置：海城村南面 150 米处，坐标：E120.6000°，N27.5911°

断面二维码

水质状况	2016 年	2017 年	2018 年	2019 年	2020 年	2021 年	2022 年	2023 年
	Ⅲ类	Ⅲ类	Ⅳ类	Ⅲ类	Ⅲ类	Ⅱ类	Ⅱ类	Ⅱ类
	历史主要污染指标：2018 年溶解氧							

自动站	
	站点名称：江口渡
	管理级别：国控
	站点位置：与手工断面重合

汇水区污染源	
	工业：涉水企业约 110 家，绝大部分企业废水排入城市污水处理厂，其余直排入环境
	生活：涉及人口约 62 万人，大部分污水纳入城镇污水处理厂，城郊及较偏远山区利用农村生活污水处理终端设施处理生活污水
	农业：耕地面积约为 7 万亩，农药、化肥施用量大、利用率低；散养现象较为普遍，养殖形式多样，存在水面散养的情况，畜禽养殖呈规模小、分散广、粪污处置率低等特点
	其他：污水处理厂：上游约 1.5 千米处有鳌江污水处理厂；上游支流：上游约 8.4 千米处有横阳支江汇入

断面位置

自动站

断面上游

断面下游

三叉口

断面二维码

断面编码： 2GD330327A0151

控制级别： 省控　　**断面属性：** 省界

水体类型： 河流　　**功能类别：** Ⅲ类

水系水体： 浙闽浙赣水系——甘宋溪

所在市县： 温州市苍南县

责任市县： 温州市苍南县

断面位置： 矾山溪与南宋垟溪交汇口西侧，坐标：E120.3679° ，N27.3436°

水质状况	2016 年	2017 年	2018 年	2019 年	2020 年	2021 年	2022 年	2023 年
	Ⅱ类	Ⅱ类	Ⅱ类	Ⅱ类	Ⅱ类	Ⅱ类	Ⅱ类	Ⅱ类
	历史主要污染指标：—							

自动站	
	站点名称：三叉口
	管理级别：省控
	站点位置：与手工断面重合

汇水区污染源	
	工业：涉水企业共 4 家，企业规模主要以小微型企业为主，主要涉及建筑用石加工、肉制品及副产品加工、自来水生产和供应等行业。有少量污水直接进入周边水体
	生活：涉及 2 个乡镇，32 个行政村，总人口 5.7 万人。已建设纳污管道，纳管率在 90% 以上，大部分污水纳入农村生活处理终端设施处理
	农业：耕地面积约为 1 万亩。畜禽养殖场 5 家，生猪约 3000 头
	其他：污水处理厂：城镇污水处理厂 1 家（矾山镇污水处理厂），距离断面为 2.5 千米，排放量约为 1500 吨 / 日；上游支流：矾山溪和南宋溪

断面位置

自动站

断面上游

断面下游

珊溪水库坝前

点位编码： 2GB330328B0137

控制级别： 省控　　**断面属性：** 出库口

水体类型： 水库　　**功能类别：** Ⅱ类

水系水体： 飞云江——珊溪水库

所在市县： 温州市文成县

责任市县： 温州市文成县

断面二维码

点位位置： 牛坑村珊溪水库坝前，坐标：E120.0439°　，N27.6786°

水质状况	2016 年	2017 年	2018 年	2019 年	2020 年	2021 年	2022 年	2023 年
	Ⅱ类	Ⅱ类	Ⅰ类	Ⅱ类	Ⅰ类	Ⅰ类	Ⅰ类	Ⅰ类
	历史主要污染指标：—							
自动站	站点名称：珊溪水库坝前							
	管理级别：省控							
	站点位置：与手工断面重合							
汇水区污染源	工业：主要涉及建筑用石加工、食品加工和木质家具制造等行业。大多数企业工业废水已纳管排放							
	生活：涉及 4 个乡镇，52 个行政村（社区、居委会），总人口约 4 万人。污水设施接户率约 66%，行政村覆盖率约 71%							
	农业：种植业主要集中在珊溪水库库区沿岸杨梅种植基地及主要支流沿岸农田业种植区域，区域内无规模化养殖，畜禽养殖污染主要来自畜禽散养							
	其他：污水处理厂：上游距离断面 17 千米有城镇污水处理厂 1 家，进水量 1500 吨 / 日；上游支流无							

点位位置

自动站

点位周边

点位周边

泗溪

断面编码： GG00S330300_2015A

控制级别： 国控　　**断面属性：** 控制断面

水体类型： 河流　　**功能类别：** Ⅲ类

水系水体： 飞云江——泗溪

所在市县： 温州市文成县

责任市县： 温州市文成县

断面位置： 泗溪与樟岭路交叉口以西 15 米，坐标：E120.1189° ，N27.7803°

断面二维码

水质状况	2016 年	2017 年	2018 年	2019 年	2020 年	2021 年	2022 年	2023 年
	Ⅲ类	Ⅲ类	Ⅲ类	Ⅱ类	Ⅲ类	Ⅲ类	Ⅱ类	Ⅱ类
	历史主要污染指标：一							

自动站	
	站点名称：泗溪
	管理级别：省控
	站点位置：与手工断面重合

汇水区污染源	
	工业：断面范围内无工业企业
	生活：涉及 4 个乡镇，77 个行政村（社区、居委会），总人口约 17 万人。污水设施接户率为 90%，行政村覆盖率为 87%
	农业：农作物播种面积约为 1.8 万公顷，以谷物、蔬菜、药材为主，无畜禽养殖场，但存在家禽散养
	其他：污水处理厂：城镇污水处理厂 2 家，污水处理站 1 家；上游支流：上游 3 千米处有象溪汇入，3.5 千米处有凤溪汇入，6 千米处有龙溪汇入

断面位置

自动站

断面上游

断面下游

珊溪水库中

点位编码： GG00R330300_2013A

控制级别： 国控　**点位属性：** —

水体类型： 水库　**功能类别：** Ⅱ类

水系水体： 飞云江——珊溪水库

所在市县： 温州市文成县

责任市县： 温州市文成县

断面二维码

点位位置： 炮台山峰顶东北部约 600 米珊溪水库中部，坐标：E120.0081°，N27.6775°

	2016 年	2017 年	2018 年	2019 年	2020 年	2021 年	2022 年	2023 年
水质状况	Ⅱ类	Ⅱ类	Ⅰ类	Ⅱ类	Ⅱ类	Ⅱ类	Ⅰ类	Ⅰ类
	历史主要污染指标：—							

自动站	站点名称：珊溪水库中
	管理级别：省控
	站点位置：与手工断面重合

汇水区污染源	工业：主要涉及建筑用石加工、食品加工和木质家具制造等行业。大多数企业工业废水已纳管排放，排污量较小
	生活：涉及 4 个乡镇，52 个行政村（社区、居委会），总人口约 4 万人。污水设施接户率约为 66%，行政村覆盖率约为 71%
	农业：种植业主要集中在珊溪水库库区沿岸杨梅种植基地及主要支流沿岸农田业种植区域，区域内无规模化养殖，畜禽养殖污染主要来自畜禽散养
	其他：污水处理厂：上游距离断面 17 千米有 1 家城镇污水处理厂，进水量 1500 吨 / 日；上游支流：无

点位位置

自动站

点位周边

点位周边

氢泉

断面二维码

断面编码： GG06S330300_2010A

控制级别： 国控　　**断面属性：** 省界

水体类型： 河流　　**功能类别：** Ⅲ类

水系水体： 浙闽浙赣水系——会甲溪

所在市县： 温州市泰顺县

责任市县： 温州市泰顺县

断面位置： 雅氢线温州氢泉承天大酒店内，坐标：E120.0885°，N27.3893°

<table>
<tr><td rowspan="3">水质状况</td><td>2016 年</td><td>2017 年</td><td>2018 年</td><td>2019 年</td><td>2020 年</td><td>2021 年</td><td>2022 年</td><td>2023 年</td></tr>
<tr><td>Ⅱ类</td><td>Ⅱ类</td><td>Ⅱ类</td><td>Ⅱ类</td><td>Ⅱ类</td><td>Ⅱ类</td><td>Ⅱ类</td><td>Ⅱ类</td></tr>
<tr><td colspan="8">历史主要污染指标：—</td></tr>
<tr><td rowspan="3">自动站</td><td colspan="8">站点名称：氢泉</td></tr>
<tr><td colspan="8">管理级别：省控</td></tr>
<tr><td colspan="8">站点位置：与手工断面重合</td></tr>
<tr><td rowspan="4">汇水区污染源</td><td colspan="8">工业：涉水行业涉及建筑用石加工、黄酒制造，以小微型企业为主，废水经处理后排入水北溪，排放量较小</td></tr>
<tr><td colspan="8">生活：涉及 1 个乡镇，总人口 2.69 万人。农村生活污水治理建制村覆盖率达到 100%</td></tr>
<tr><td colspan="8">农业：耕地面积约为 1.2 万亩，以茶叶种植为主，粮食作物为水稻。存在畜禽养殖场</td></tr>
<tr><td colspan="8">其他：污水处理厂：上游有 1 家城镇污水处理厂，距离断面约 4.3 千米，排放量为 1000 吨 / 日；上游支流：上游有 5 条支流汇入</td></tr>
</table>

断面位置

自动站

断面上游

断面下游

柘泰大桥

断面编码： GG00S330300_2016A

控制级别： 国控　　**断面属性：** 控制断面

水体类型： 河流　　**功能类别：** Ⅲ类

水系水体： 浙闽浙赣水系——东溪

所在市县： 温州市泰顺县

责任市县： 温州市泰顺县

断面位置： 大交线交溪南 110 米，坐标：E119.7656° ，N27.3097°

断面二维码

	2016 年	2017 年	2018 年	2019 年	2020 年	2021 年	2022 年	2023 年
水质状况		—	—	—	Ⅱ类	Ⅲ类	Ⅱ类	Ⅱ类
	历史主要污染指标：—							

自动站	**站点名称：** 柘泰大桥
	管理级别： 省控
	站点位置： 与手工断面重合

汇水区污染源	**工业：** 水工业企业约 6 家，废水均经处理后排入附近河道
	生活： 涉及 3 个乡镇（罗阳、龟湖、西旸），总人口约 9 万人。城镇污水处理厂及农村集中式污水处理终端设施基本满足控制单元内生活污水处理需求
	农业： 耕地面积约为 3 万亩，以茶叶和蔬菜为主，存在多家畜禽养殖场，大量散养家禽
	其他： 污水处理厂：城镇污水处理厂 1 家，距离断面 26 千米，排放量约为 1.6 万吨 / 日；上游支流：上游有 7 条支流汇入

自动站

断面上游

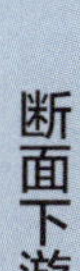

断面下游

百丈口

断面编码： 2GB330329A0052

断面二维码

控制级别： 省控　　**断面属性：** 控制断面

水体类型： 河流　　**功能类别：** Ⅱ类

水系水体： 飞云江——飞云江干流

所在市县： 温州市泰顺县

责任市县： 温州市泰顺县

断面位置： 珊溪水库百丈镇镇政府北侧，坐标：E119.8578°，N27.6523°

	2016 年	2017 年	2018 年	2019 年	2020 年	2021 年	2022 年	2023 年
水质状况	Ⅰ类	Ⅰ类	Ⅰ类	Ⅰ类	Ⅰ类	Ⅰ类	Ⅰ类	Ⅰ类
	历史主要污染指标：—							
自动站	站点名称：百丈口							
	管理级别：省控							
	站点位置：与手工断面重合							
汇水区污染源	工业：汇水区范围内全部为小微型企业，主要涉及竹制品加工、建筑用石加工和食品加工等行业。工业污染排污量很小，且远离断面，对断面影响不大，可以忽略不计							
	生活：涉及 3 个乡镇，总人口约 1.6 万人。生活污水大部分都经过治理							
	农业：种植业主要集中在库区沿岸杨梅、茶叶等种植基地及主要支流沿岸农田业种植区域，区域内无规模化养殖，畜禽养殖污染主要来自畜禽散养							
	其他：污水处理厂：无；上游支流：飞云江、洪口溪							

断面位置

自动站

断面上游

断面下游

交溪

断面二维码

断面编码： GG06S330300_2012A

控制级别： 国控　　**断面属性：** 省界

水体类型： 河流　　**功能类别：** Ⅲ类

水系水体： 浙闽浙赣水系——东溪

所在市县： 温州市泰顺县

责任市县： 温州市泰顺县

断面位置： 大交线交溪东南 200 米，坐标：E119.7669° ，N27.3097°

水质状况	2016 年	2017 年	2018 年	2019 年	2020 年	2021 年	2022 年	2023 年
	Ⅱ类	Ⅱ类	Ⅱ类	Ⅱ类	Ⅱ类	Ⅱ类	Ⅱ类	Ⅱ类
	历史主要污染指标：—							

自动站	
	站点名称：交溪
	管理级别：省控
	站点位置：手工断面交汇口下游 500 米

汇水区污染源	
	工业：无工业污染源
	生活：涉及 10 个乡镇，总人口约 16 万人。城镇生活污水收集率为 75%，污水处理率为 96%，农村生活污水治理建制村覆盖率均达到 100%
	农业：种植面积约为 8.5 万亩。共有规模以上集中式畜禽养殖场 26 家，农村内畜禽散养较多
	其他：污水处理厂：城镇污水处理厂 4 家，距离断面分别为 28.5 千米、14.2 千米、18.8 千米和 4.1 千米，排放量分别为 1000 吨 / 日、1000 吨 / 日、1000 吨 / 日和 600 吨 / 日；上游支流：上游有 16 条支流汇入

断面位置

自动站

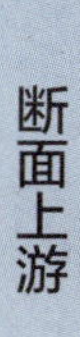

断面上游

断面下游

塘下

断面编码： 2GB330381A0112

控制级别： 省控　　**断面属性：** 控制断面

水体类型： 河流　　**功能类别：** Ⅳ类

水系水体： 温州平原河网——温瑞塘河

所在市县： 温州市瑞安市

责任市县： 温州市瑞安市

断面二维码

断面位置： 温瑞塘河与广场西路交叉口，坐标：E120.6848°，N27.8330°

水质状况	2016 年	2017 年	2018 年	2019 年	2020 年	2021 年	2022 年	2023 年
	劣Ⅴ类	Ⅴ类	Ⅴ类	Ⅳ类	Ⅳ类	Ⅳ类	Ⅳ类	Ⅲ类
	历史主要污染指标： 2016 年氨氮、总磷、溶解氧；2017 年氨氮、总磷、溶解氧；2018 年氨氮、总磷、溶解氧；2019 年氨氮、总磷、溶解氧；2020 年五日生化需氧量、氨氮、溶解氧；2021 年氨氮；2022 年氨氮、总磷							

自动站	
	站点名称： 塘下
	管理级别： 省控
	站点位置： 手工断面上游 2.4 千米

汇水区污染源	
	工业： 涉及 7 个工业园区 200 家重点涉水企业，主要涉及汽车零部件及配件制造、金属表面处理等行业，大部分废水排入区域内的城镇污水处理厂或工业污水处理厂
	生活： 涉及 2 个乡镇人口约为 23 万人，城镇污水处理厂及农村集中式污水处理设施基本满足控制单元内生活污水处理需求，未纳管的农村污水排放量占比很小
	农业： 农作物种植面积约为 2.6 万亩，以水稻和蔬菜种植为主。存在少量散养畜禽
	其他： 污水处理厂：无；上游支流：上游 3 千米处有 8 条支流汇入

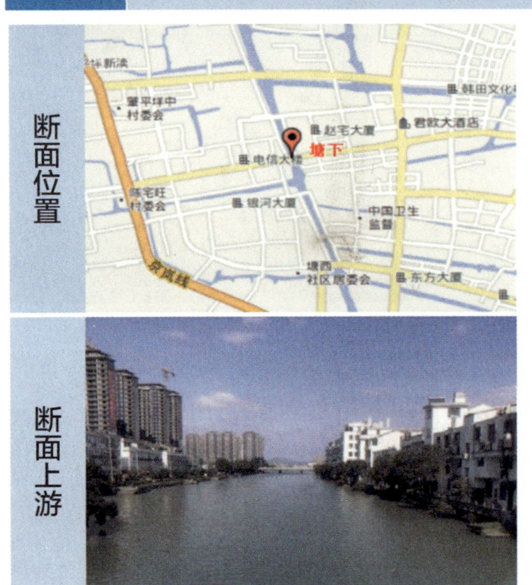

断面位置

断面上游

自动站

断面下游

第三农业站

断面编码： GG13S330300_0019A

控制级别： 国控　　**断面属性：** 入海口

水体类型： 河流　　**功能类别：** Ⅲ类

水系水体： 飞云江——飞云江干流

所在市县： 温州市瑞安市

责任市县： 温州市瑞安市

断面位置： 瑞安大桥，坐标：E120.6664°，N27.7264°

断面二维码

	2016 年	2017 年	2018 年	2019 年	2020 年	2021 年	2022 年	2023 年
水质状况	Ⅲ类	Ⅱ类	Ⅱ类	Ⅲ类	Ⅲ类	Ⅱ类	Ⅱ类	Ⅱ类
	历史主要污染指标：—							
自动站	站点名称：第三农业站							
	管理级别：国控							
	站点位置：手工断面下游 4 千米							
汇水区污染源	工业：汇水区范围内涉水企业有 300 余家，其中大中型企业大部分纳入污水处理厂，小微企业直接排入河道或东海							
	生活：涉及 16 个乡镇人口数约 151 万，生活污水大部分都经过治理，但部分乡镇管网建设较为滞后，大部分农村地区已纳管或建成农村生活污水集中式处理终端设施							
	农业：共有畜禽养殖场 40 余家，以生猪养殖为主。飞云江两侧平原河网有大片农田种植，以水稻和蔬菜为主							
	其他：污水处理厂：上游有城镇污水处理厂 4 家；上游支流：上游有 15 条支流汇入							

断面位置

自动站

断面上游

断面下游

赵山渡

断面编码： GG00S330300_0017A

控制级别： 国控　　**断面属性：** 控制断面

水体类型： 河流　　**功能类别：** Ⅱ类

水系水体： 飞云江——飞云江干流

所在市县： 温州市瑞安市

责任市县： 温州市文成县、瑞安市

断面位置： 赵山渡水库内部，坐标：E120.2539°，N27.7908°

断面二维码

	2016年	2017年	2018年	2019年	2020年	2021年	2022年	2023年
水质状况	Ⅱ类	Ⅱ类	Ⅱ类	Ⅱ类	Ⅰ类	Ⅱ类	Ⅱ类	Ⅰ类
	历史主要污染指标：—							
自动站	站点名称：赵山渡							
	管理级别：国控							
	站点位置：手工断面下游 1.4 千米							
汇水区污染源	工业：汇水区范围内涉水企业 1 家，其产生的废水委托文成县城东污水处理厂处理，工业污染较小							
	生活：涉及文成县 9 个乡镇，100 个行政村，总人口约 18 万人。污水处理终端设施接户率为 78%，行政村覆盖率为 71%							
	农业：存在规模化畜禽养殖和水产养殖，还存在多家家庭农场及农业合作社							
	其他：污水处理厂：城镇污水处理厂 3 家；上游支流：上游 30 千米有 9 条支流汇入							

断面位置

自动站

断面上游

断面下游

飞云渡口

断面编码： 2GB330381A0054

控制级别： 省控　　**断面属性：** 控制断面

水体类型： 河流　　**功能类别：** Ⅲ类

水系水体： 飞云江——飞云江干流

所在市县： 温州市瑞安市

责任市县： 温州市瑞安市

断面位置： 飞云江与沈海高速交叉口东南方 1200 米处，坐标：E120.6167°，N27.7806°

断面二维码

	2016 年	2017 年	2018 年	2019 年	2020 年	2021 年	2022 年	2023 年
水质状况	Ⅲ类	Ⅱ类	Ⅱ类	Ⅱ类	Ⅲ类	Ⅱ类	Ⅲ类	Ⅲ类
	历史主要污染指标：—							

自动站	站点名称：飞云渡口
	管理级别：省控
	站点位置：与手工断面重合

汇水区污染源	工业：汇水区涉水企业约 240 家，大部分废水排入区域内的城镇污水处理厂或工业污水处理厂，部分小微企业经城市下水道排入飞云江
	生活：涉及 13 个乡镇，总人口约 65 万人，其中城镇人口约 41 万人，农村人口约 24 万人，生活污水大部分都经过治理
	农业：共有畜禽养殖场约 40 家，以生猪养殖为主。飞云江两侧平原河网有大片农田种植，以水稻和蔬菜为主
	其他：污水处理厂：上游 32 千米内有城镇污水处理厂 4 家；上游支流：上游 39 千米内有 9 条支流汇入

断面位置

自动站

断面上游

断面下游

潘山

断面二维码

断面编码： 2GB330381A0053

控制级别： 省控　　**断面属性：** 控制断面

水体类型： 河流　　**功能类别：** Ⅲ类

水系水体： 飞云江——飞云江干流

所在市县： 温州市瑞安市

责任市县： 温州市瑞安市

断面位置： 飞云江与飞云江大桥交叉口，坐标：E120.3742° ，N27.7744°

	2016 年	2017 年	2018 年	2019 年	2020 年	2021 年	2022 年	2023 年
水质状况	Ⅱ类	Ⅲ类	Ⅱ类	Ⅱ类	Ⅱ类	Ⅱ类	Ⅲ类	Ⅲ类
	历史主要污染指标：—							

自动站	站点名称：潘山
	管理级别：省控
	站点位置：手工断面下游 4 千米

汇水区污染源	工业：涉及的重点涉水企业全部为小微型企业，主要涉及眼镜制造、豆制品制造和建筑用石加工等行业。大多数企业工业废水已纳管处理后最终排入飞云江
	生活：涉及 2 个乡镇，共约 25 万人，其中城镇人口约 2 万人，农村人口约 23 万人，生活污水大部分都经过治理达标后排放
	农业：共有畜禽养殖场 6 家，以生猪养殖为主。飞云江两侧平原河网有大片农田种植，以水稻和蔬菜为主
	其他：污水处理厂：上游有城镇污水处理厂 1 家，距离断面 8 千米，排放量为 2000 吨 / 日；上游支流：上游 8 千米内有高楼溪支流汇入

断面位置

自动站

断面上游

断面下游

大荆

断面编码：GG13S330300_2004A

控制级别：国控　　断面属性：入海口

水体类型：河流　　功能类别：Ⅲ类

水系水体：独流入海与海岛河流——大荆溪

所在市县：温州市乐清市

责任市县：温州市乐清市

断面位置：大荆镇水白门大桥，坐标：E121.1655°，N28.3905°

断面二维码

	2016 年	2017 年	2018 年	2019 年	2020 年	2021 年	2022 年	2023 年
水质状况	Ⅱ类	Ⅱ类	Ⅱ类	Ⅱ类	Ⅱ类	Ⅱ类	Ⅱ类	Ⅱ类
	历史主要污染指标：—							
自动站	站点名称：大荆							
	管理级别：国控							
	站点位置：手工断面下游 182 米							
汇水区污染源	工业：现有涉水工业企业约 60 家，主要涉及啤酒饮料及金属表面加工处理等产业，以小微型企业为主							
	生活：涉及 4 个乡镇，86 个行政村，总人口约 17 万人。近 35% 的行政村已纳入市政管网，近 50% 的行政村建有生活污水处理终端设施，纳管率为 84% 以上							
	农业：农作物种植面积约为 8 万亩，农业种植业是区域内的主要产业。有规模化畜禽养殖场 2 家，存在畜禽散养现象							
	其他：污水处理厂：无；上游支流：上游 10 千米内有 4 条支流汇入							

断面位置

自动站

断面上游

断面下游

蒲岐

断面编码：GG13S330300_2005A

控制级别：国控　　**断面属性：**入海口

水体类型：河流　　**功能类别：**Ⅲ类

水系水体：温州平原河网——虹桥塘河

所在市县：温州市乐清市

责任市县：温州市乐清市

断面位置：蒲岐镇虹南线边上无名桥，坐标：E121.0488°，N28.1765°

断面二维码

	2016 年	2017 年	2018 年	2019 年	2020 年	2021 年	2022 年	2023 年
水质状况	Ⅴ类	Ⅴ类	Ⅴ类	Ⅴ类	Ⅳ类	Ⅲ类	Ⅲ类	Ⅲ类
	历史主要污染指标：2016 年氨氮、总磷、五日生化需氧量；2017 年氨氮、总磷、化学需氧量；2018 年氨氮、总磷；2019 年氨氮、总磷；2020 年氨氮、化学需氧量							
自动站	**站点名称：**蒲岐							
	管理级别：国控							
	站点位置：手工监测断面下游 58 米							
汇水区污染源	**工业：**共有工业企业 255 家，其中涉水企业 38 家，集中于虹桥镇和蒲岐镇两地，用水量较小且基本完成纳管排放。区域内污水输送管网存在破损、渗漏等情况							
	生活：涉及 2 个街道、4 个镇共 28 万人，已基本完成“污水零直排区”建设							
	农业：6 个镇街农作物种植面积约为 8 万亩。规模化畜禽养殖场 18 家，以生猪和家禽为主，基本配套有污水处理终端设施或生态消纳							
	其他：污水处理厂：无；上游支流：上游 1 千米内有 4 条支流汇入，分别是埭下河、沿昭河、侯宅北河、湾水河							

断面位置

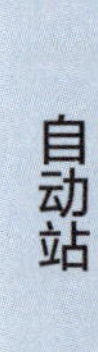

断面上游

朱家闸

断面编码： 2GB330327A0058

控制级别： 省控　**断面属性：** 控制断面

水体类型： 河流　**功能类别：** Ⅲ类

水系水体： 鳌江——横阳支江

所在市县： 温州市龙港市

责任市县： 温州市苍南县、龙港市

断面位置： 苍南县朱家站村凤翔大道与南港交叉口，坐标：E120.4933°，N27.5617°

断面二维码

水质状况	2016年	2017年	2018年	2019年	2020年	2021年	2022年	2023年
	Ⅳ类	Ⅳ类	Ⅲ类	Ⅳ类	Ⅳ类	Ⅲ类	Ⅲ类	Ⅲ类
	历史主要污染指标：2016年总磷、氨氮；2017年氨氮；2019年氨氮；2020年氨氮							

自动站	
	站点名称：朱家闸
	管理级别：省控
	站点位置：与手工断面重合

汇水区污染源	
	工业：涉水企业120余家，以小微型企业为主，主要涉及肉制品及副产品加工、豆制品制造、建筑用石加工等多个行业。污水大部分进入城市污水处理厂，小部分直排
	生活：涉及2个乡镇总人口约36万人，城镇人口约26万人，农村人口约10万人，城镇污水处理后达标排放，农村生活污水处理设施覆盖率未达95%，仍存在生活污水直排入河或经农田消纳后渗漏入河的现象
	农业：汇水控制单元耕地面积约为5万亩，主要粮食作物为水稻，其他农作物包括蘑菇、蔬菜、四季柚、马蹄笋等。存在规模化养殖，且散养现象较为普遍
	其他：污水处理厂：无；上游支流：上游约10千米有藻溪支流汇入

浙江省

湖州市断面图鉴

HUZHOU SHI

DUANMIAN TUJIAN

湖州市地表水国控、省控监测断面分布图

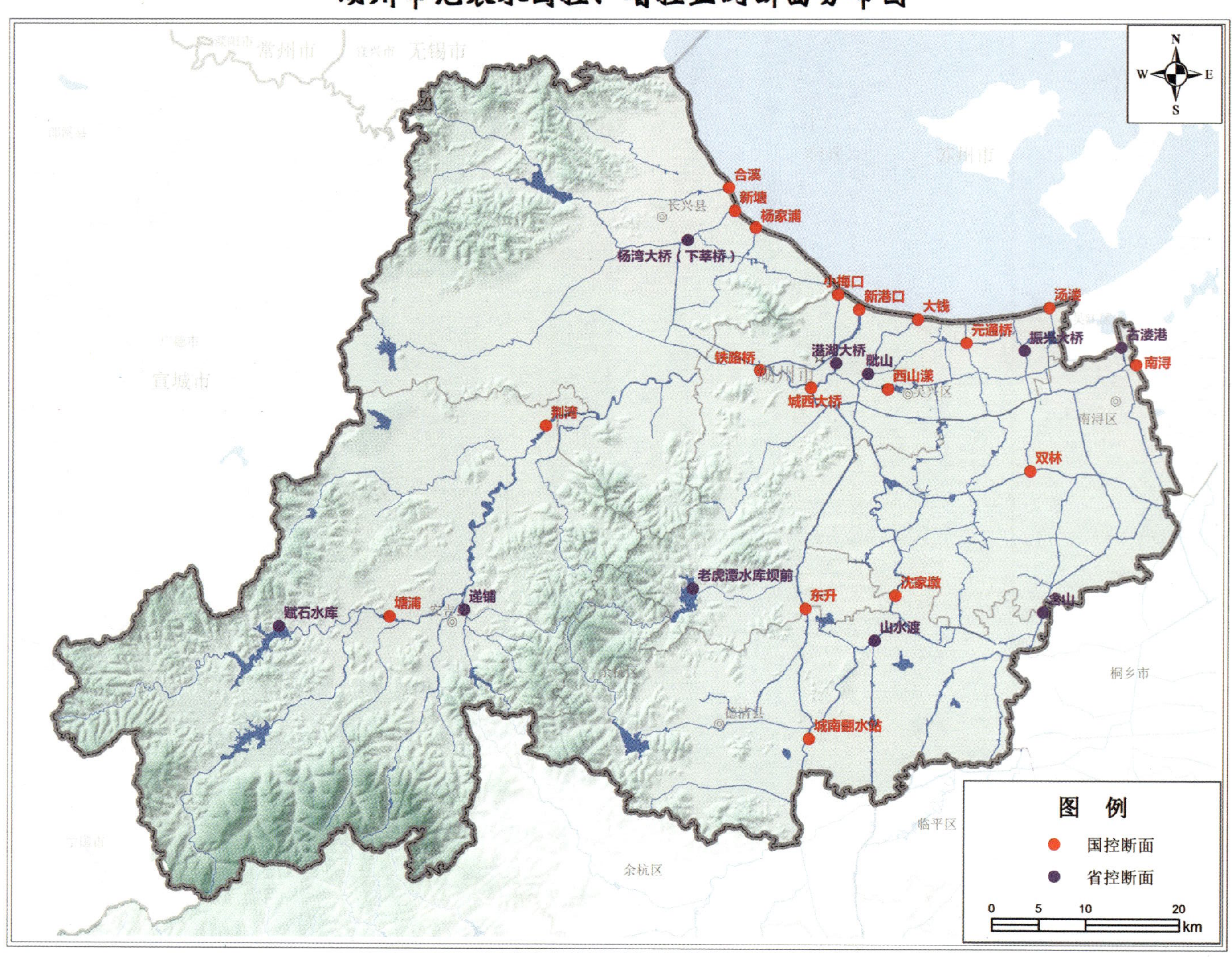

新港口

断面编码： FJ15S330500_0019A

控制级别： 国控　　**断面属性：** 入湖口

水体类型： 河流　　**功能类别：** Ⅲ类

水系水体： 苕溪——西苕溪

所在市县： 湖州市吴兴区

责任市县： 湖州市吴兴区

断面位置： 滨湖大道滨湖派出所东北约 240 米，坐标：E120.1269°，N30.9401°

断面二维码

	2016 年	2017 年	2018 年	2019 年	2020 年	2021 年	2022 年	2023 年
水质状况	Ⅱ类	Ⅱ类	Ⅱ类	Ⅱ类	Ⅱ类	Ⅱ类	Ⅱ类	Ⅱ类
	历史主要污染指标：—							
自动站	站点名称：新港口（新塘港）							
	管理级别：国控							
	站点位置：手工断面上游 3.9 千米							
汇水区污染源	工业：共有工业企业近 60 家，所有工业企业废水均纳入污水处理厂集中处理后排放							
	生活：涉及 2 个街道 6 个村，总人口约 1 万人。现有 1 座污水处理厂，所有自然村已建设农村生活污水处理终端设施，纳管率在 80% 以上							
	农业：无畜禽养殖场，农作物面积约为 6000 亩							
	其他：污水处理厂：无；上游支流：上游 1 千米内无支流汇入							

断面位置

自动站

断面上游

断面下游

城西大桥

断面编码： FJ14S330500_2005A

控制级别： 国控　　**断面属性：** 入河口

水体类型： 河流　　**功能类别：** Ⅱ类

水系水体： 苕溪——东苕溪

所在市县： 湖州市吴兴区

责任市县： 湖州市吴兴区

断面位置： 红旗路 1011 号长寿村东北约 300 米，坐标：E120.0736° ，N30.8652°

断面二维码

	2016 年	2017 年	2018 年	2019 年	2020 年	2021 年	2022 年	2023 年
水质状况	Ⅱ类	Ⅱ类	Ⅱ类	Ⅱ类	Ⅲ类	Ⅱ类	Ⅱ类	Ⅱ类
	历史主要污染指标： —							

自动站	**站点名称：** 城西大桥
	管理级别： 国控
	站点位置： 手工断面下游 25 米

汇水区污染源	**工业：** 汇水区域共有企业 270 家，所有工业企业废水均纳入污水处理厂集中处理后排放
	生活： 涉及 1 个街道和 2 个村、社区，人口约为 4200 人，所有生活污水纳管处理
	农业： 汇水断面乡镇街道耕地面积为 15 万亩，存在大规模畜禽养殖，无“低、小、散”畜禽场（户）
	其他： 污水处理厂：无；上游支流：上游 1 千米内有 3 条支流汇入

断面位置

自动站

断面上游

断面下游

元通桥

断面编码： FJ00S330500_2017A

控制级别： 国控　　**断面属性：** 控制断面

水体类型： 河流　　**功能类别：** Ⅲ类

水系水体： 杭嘉湖平原河网——北横塘

所在市县： 湖州市吴兴区

责任市县： 湖州市吴兴区

断面位置： 北横塘和晟太线交叉口，坐标：E120.2467°，N30.9081°

断面二维码

	2016 年	2017 年	2018 年	2019 年	2020 年	2021 年	2022 年	2023 年
水质状况	—	—	—	—	Ⅱ类	Ⅲ类	Ⅱ类	Ⅱ类
	历史主要污染指标：—							

自动站	站点名称：元通桥
	管理级别：省控
	站点位置：与手工断面重合

汇水区污染源	工业：共有涉水工业企业 70 家，废水均纳入污水处理厂集中处理后排放
	生活：涉及高新区 7 个行政村，常住人口约 2 万人，城镇化粪池覆盖率为 100%，农村化粪池覆盖率为 100%。城镇污水处理率为 100%，农村生活污水接户率为 100%
	农业：种植面积约为 5 万亩；有规模养殖场 10 家，水产养殖面积为 6 000 余亩
	其他：污水处理厂：无；上游支流：断面上游主要有 8 条支流汇入

断面位置

自动站

断面上游

断面下游

东升

断面编码： FJ00S330500_2014A

控制级别： 国控　　**断面属性：** 控制断面

水体类型： 河流　　**功能类别：** Ⅲ类

水系水体： 苕溪——东苕溪

所在市县： 湖州市吴兴区

责任市县： 湖州市德清县

断面位置： 洪东湾边上河边 500 米，坐标：E120.0678° ，N30.6547°

断面二维码

水质状况	2016 年	2017 年	2018 年	2019 年	2020 年	2021 年	2022 年	2023 年
	Ⅱ类	Ⅱ类	Ⅱ类	Ⅲ类	Ⅲ类	Ⅲ类	Ⅲ类	Ⅱ类
	历史主要污染指标： 一							
自动站	**站点名称：** 东升							
	管理级别： 省控							
	站点位置： 与手工断面重合							
汇水区污染源	**工业：** 共有涉水工业企业 270 家，废水均纳入污水处理厂集中处理后排放							
	生活： 涉及 7 个乡镇（街道）约 22 万人，污水均纳入城镇污水处理厂及农村生活污水处理终端设施							
	农业： 主要涉及水稻种植、渔业养殖，山地经济作物种植主要品种为竹，饲养的畜种主要为羊、猪、兔和家禽							
	其他： 污水处理厂：上游建有污水处理厂 3 座，距离分别为 5km、10km、18km，处理量分别为 2 万吨 / 日、5 万吨 / 日、3 万吨 / 日；上游支流：上游 3.5 千米处有阜溪汇入							

断面位置

自动站

断面上游

断面下游

铁路桥

断面编码： FJ00S330500_2009A

控制级别： 国控　　**断面属性：** 控制断面

水体类型： 河流　　**功能类别：** Ⅲ类

水系水体： 苕溪——西苕溪

所在市县： 湖州市吴兴区

责任市县： 湖州市吴兴区

断面位置： 进港公路黄山头北约 200 米，坐标：E120.0165° ，N30.8817°

断面二维码

水质状况	2016 年	2017 年	2018 年	2019 年	2020 年	2021 年	2022 年	2023 年
	Ⅱ类	Ⅱ类	Ⅱ类	Ⅱ类	Ⅱ类	Ⅱ类	Ⅱ类	Ⅱ类
	历史主要污染指标：—							

自动站	
	站点名称：铁路桥
	管理级别：国控
	站点位置：与手工断面重合

汇水区污染源	
	工业：共有工业企业 220 家，废水均纳入污水处理厂集中处理后排放
	生活：涉及 2 个街道和 9 个村，人口约 1 万人，所有自然村已建设农村生活污水处理终端设施，纳管率在 80% 以上
	农业：农作物面积约为 2 万亩。畜禽养殖：生猪出栏量约为 4.2 万头、羊约为 5 万只、鸡约为 142 万只、鸭约为 1.8 万只
	其他：污水处理厂：无；上游支流：上游 1 千米内有玄通港支流汇入

断面位置

自动站

断面上游

断面下游

老虎潭水库坝前

点位编码： 2FN330502B0139

控制级别： 省控　　**点位属性：** 出库口

水体类型： 水库　　**功能类别：** Ⅱ类

水系水体： 苕溪——老虎潭水库

所在市县： 湖州市吴兴区

责任市县： 湖州市吴兴区

点位位置： 老虎谭水库坝前，坐标：E119.9425° ，N30.6736°

断面二维码

	2016 年	2017 年	2018 年	2019 年	2020 年	2021 年	2022 年	2023 年
水质状况	Ⅱ类	Ⅱ类	Ⅱ类	Ⅱ类	Ⅱ类	Ⅱ类	Ⅱ类	Ⅱ类
	历史主要污染指标：—							

自动站	站点名称：老虎潭水库坝前
	管理级别：省控
	站点位置：与手工断面重合

汇水区污染源	工业：涉及区域无工业污染源
	生活：涉及 5 个村，总人口数约 1 万。主要污染源为居民生活污水，建有 23 处农村生活污水处理终端设施，受益人口为 5000 人
	农业：畜禽养殖户 50 家，种类分别是猪、鸡、鸭。农作物面积约为 7 亩
	其他：污水处理厂：无；上游支流：无

点位位置

自动站

点位周边

点位周边

大钱

断面编码： FJ15S330500_0002A

控制级别： 国控 **断面属性：** 入湖口

水体类型： 河流 **功能类别：** Ⅲ类

水系水体： 苕溪——大钱港

所在市县： 湖州市吴兴区

责任市县： 湖州市吴兴区

断面位置： 环太湖路天后宫娘娘庙东北约 330 米，坐标：E120.1922° ，N30.9309°

断面二维码

	2016 年	2017 年	2018 年	2019 年	2020 年	2021 年	2022 年	2023 年
水质状况	Ⅲ类	Ⅲ类	Ⅲ类	Ⅱ类	Ⅲ类	Ⅱ类	Ⅲ类	Ⅲ类
	历史主要污染指标：一							
自动站	站点名称：大钱							
	管理级别：国控							
	站点位置：与手工断面重合							
汇水区污染源	工业：共有涉水工业企业 300 家，废水均纳入污水处理厂集中处理后排放							
	生活：涉及 1 个街道 5 个村，人口 1500 余人，大部分已拆迁							
	农业：耕地面积约为 13 万亩；畜禽养殖生猪出栏量约为 2.8 万头、羊约为 3 万只、家禽约为 50 万只、兔约为 1 万只							
	其他：污水处理厂：6 座，设计规模为 16.5 万吨 / 日；上游支流：上游 1 千米新区一侧无支流汇入							

断面位置

自动站

断面上游

断面下游

西山漾

断面编码： FJ00S330500_2018A

控制级别： 国控　　**断面属性：** 控制断面

水体类型： 河流　　**功能类别：** Ⅲ类

水系水体： 杭嘉湖平原河网——南横塘

所在市县： 湖州市吴兴区

责任市县： 湖州市吴兴区

断面位置： 道士田边上无名桥，坐标：E120.1591°，N30.8638°

断面二维码

	2016 年	2017 年	2018 年	2019 年	2020 年	2021 年	2022 年	2023 年
水质状况	—	—	—	—	Ⅱ类	Ⅲ类	Ⅱ类	Ⅲ类
	历史主要污染指标：—							

自动站	**站点名称：** 西山漾
	管理级别： 省控
	站点位置： 与手工断面重合

汇水区污染源	**工业：** 共有涉水工业企业 40 家，废水均纳入污水处理厂集中处理后排放
	生活： 涉及 3 个街道（乡镇），总人口约 10 万人，城镇、农村化粪池覆盖率为 100%，城镇污水处理率为 100%，农村生活污水接户率为 100%
	农业： 耕地面积约为 5 万亩，主要种植水稻、蔬菜、小麦、豆类等。5 家规模化畜禽养殖场，生猪存栏数为 5000 头，5 万只家禽，2 万只羊
	其他： 污水处理厂：无；上游支流：上游有南横塘支流汇入

断面位置

自动站

断面上游

断面下游

小梅口

断面二维码

断面编码： FJ15S330500_2010A

控制级别： 国控　　**断面属性：** 入湖口

水体类型： 河流　　**功能类别：** Ⅲ类

水系水体： 苕溪——小梅港

所在市县： 湖州市吴兴区

责任市县： 湖州市吴兴区

断面位置： 通湖路客来香（太湖路店）东北约 80 米，

坐标：E120.1034° ，N30.9544°

	2016 年	2017 年	2018 年	2019 年	2020 年	2021 年	2022 年	2023 年
水质状况	Ⅲ类	Ⅱ类	Ⅱ类	Ⅲ类	Ⅱ类	Ⅱ类	Ⅱ类	Ⅱ类
	历史主要污染指标：—							

自动站	站点名称：小梅口
	管理级别：国控
	站点位置：手工断面上游 0.6 千米

汇水区污染源	工业：共有涉水工业企业 50 家，废水均纳入污水处理厂集中处理后排放
	生活：涉及 2 个街道 7 个村，人口为 1.4 万人，均为建成区，所有生活污水纳管处理
	农业：耕地面积约为 2.2 万亩，220 只畜禽养殖羊
	其他：污水处理厂：小梅污水处理厂，处理能力为 5000 吨 / 日；上游支流：上游 1 千米内有急水港支流汇入

断面位置

自动站

断面上游

断面下游

港湖大桥

断面二维码

断面编码： 2FN330502A0061

控制级别： 省控　　**断面属性：** 控制断面

水体类型： 河流　　**功能类别：** Ⅲ类

水系水体： 苕溪——西苕溪

所在市县： 湖州市吴兴区

责任市县： 湖州市吴兴区

断面位置： 新塘港东侧紫云路距港湖大桥约 1800 米，坐标：E120.1014°，N30.8886°

水质状况	2016 年	2017 年	2018 年	2019 年	2020 年	2021 年	2022 年	2023 年
	Ⅱ类	Ⅱ类	Ⅱ类	Ⅲ类	Ⅲ类	Ⅲ类	Ⅲ类	Ⅱ类
	历史主要污染指标：—							

自动站	
	站点名称：城北水厂
	管理级别：省控
	站点位置：手工断面下游 300 米

汇水区污染源	
	工业：无工业园区和工业企业
	生活：涉及 1 个街道和 3 个社区，人口为 8000 人，所有生活污水纳管处理，农村污水均进入农村生活污水处理终端设施处理
	农业：耕地面积约为 9000 亩，但环城河两岸没有临河农业耕地；无规模化畜禽养殖，仅农村存在少量散养情况
	其他：污水处理厂：无；上游支流：上游 1 千米内无支流汇入

断面位置

断面上游

自动站

断面下游

振兴大桥

断面二维码

断面编码： 2FN330502A0084

控制级别： 省控　　**断面属性：** 控制断面

水体类型： 河流　　**功能类别：** Ⅲ类

水系水体： 杭嘉湖平原河网——濮溇

所在市县： 湖州市吴兴区

责任市县： 湖州市吴兴区

断面位置： 濮溇与振兴桥交叉口，坐标：E120.3111°，N30.9007°

	2016 年	2017 年	2018 年	2019 年	2020 年	2021 年	2022 年	2023 年
水质状况	Ⅲ类	Ⅲ类	Ⅱ类	Ⅲ类	Ⅲ类	Ⅲ类	Ⅲ类	Ⅱ类
	历史主要污染指标：—							
自动站	站点名称：振兴大桥							
	管理级别：省控							
	站点位置：与手工断面重合							
汇水区污染源	工业：40 家涉水企业，以铝压延加工行业为主，工业废水均纳管排入城镇污水处理厂，污水处理厂的入河排污口位于頔塘，并不在振兴大桥断面集水范围内							
	生活：涉及 1 个城镇和 7 个行政村，生活污水纳管进入城镇污水处理厂和进入农村生活污水处理终端设施处理，截污纳管率大于 70%							
	农业：耕地面积约为 2 万亩，主要种植水稻、蔬菜、小麦、豆类等；无规模化畜禽养殖，但均存在生猪、羊散养现象；渔业规模约为 1400 亩，以蟹养殖为主							
	其他：污水处理厂：无；上游支流：香三港、野鸭荡、濮溇港							

断面位置

自动站

断面上游

断面下游

毗山

断面编码： 2FN330502A0060

控制级别： 省控　　**断面属性：** 控制断面

水体类型： 河流　　**功能类别：** Ⅲ类

水系水体： 苕溪——东苕溪

所在市县： 湖州市吴兴区

责任市县： 湖州市吴兴区

断面位置： 大钱港与沪聂线交叉口，坐标：E120.1367°，N30.8783°

断面二维码

	2016 年	2017 年	2018 年	2019 年	2020 年	2021 年	2022 年	2023 年
水质状况	Ⅲ类	Ⅲ类	Ⅲ类	Ⅲ类	Ⅲ类	Ⅲ类	Ⅲ类	Ⅱ类
	历史主要污染指标：—							
自动站	站点名称：毗山							
	管理级别：省控							
	站点位置：与手工断面重合							
汇水区污染源	工业：1 家涉水企业，工业废水纳管经厂区污水治理设施处理后排入城镇污水处理厂，污水处理厂的入河排污口位于頔塘							
	生活：涉及 6 个街道和 2 个村，常住人口约 18 万人。生活污水均纳管进入城镇污水处理厂							
	农业：有少量耕地，耕地面积约为 400 亩；无规模化畜禽养殖，也没有散养情况；有少量水产养殖，主要养殖虾类							
	其他：污水处理厂：无；上游支流：南横塘、新开港							

断面位置

自动站

断面上游

断面下游

汤漤

断面编码： FJ15S330500_2006A

控制级别： 国控　　**断面属性：** 入湖口

水体类型： 河流　　**功能类别：** Ⅲ类

水系水体： 杭嘉湖平原河网——汤漤

所在市县： 湖州市吴兴区

责任市县： 湖州市吴兴区

断面位置： 环太湖路望与汤漤港交口，坐标：E120.3389°，N30.9417°

断面二维码

	2016 年	2017 年	2018 年	2019 年	2020 年	2021 年	2022 年	2023 年
水质状况	Ⅲ类	Ⅱ类	Ⅱ类	Ⅱ类	Ⅱ类	Ⅱ类	Ⅱ类	Ⅱ类
	历史主要污染指标：—							

自动站	站点名称：汤漤
	管理级别：国控
	站点位置：与手工断面重合

汇水区污染源	工业：共有涉水工业企业 42 家，废水均纳入污水处理厂集中处理后排放
	生活：涉及 1 个乡镇和 1 个行政村，总人口为 3600 人，均已纳管通过村自建农村生活污水处理终端设施
	农业：耕地总面积为 19900 亩，主要种植水稻、蔬菜、小麦、豆类等品种。6 家规模化畜禽养殖场，其中养羊 4 家约为 3 000 只，养猪 2 家约为 6000 头
	其他：污水处理厂：无；上游支流：汤漤东横港、西汤漤横港、北横塘

断面位置

自动站

断面上游

断面下游

双林

断面编码： FJ00S330500_2016A

控制级别： 国控　　**断面属性：** 控制断面

水体类型： 河流　　**功能类别：** Ⅲ类

水系水体： 杭嘉湖平原河网——双林塘

所在市县： 湖州市南浔区

责任市县： 湖州市南浔区

断面位置： 双林镇双林邮政支局边上 100 米河边，坐标：E120.3178° ，N30.7858°

断面二维码

水质状况	2016 年	2017 年	2018 年	2019 年	2020 年	2021 年	2022 年	2023 年
	Ⅲ类	Ⅲ类	Ⅱ类	Ⅲ类	Ⅲ类	Ⅱ类	Ⅲ类	Ⅲ类
	历史主要污染指标：—							

自动站	
	站点名称：双林
	管理级别：省控
	站点位置：与手工断面重合

汇水区污染源	
	工业：有少量工业区分布，工业废水均集中排放至污水处理厂，无工业废水外排
	生活：涉及区域“污水零直排”建设基本完成，并建立长效管理机制，后续持续推进管网老化、破损的整改
	农业：无大规模畜禽养殖，两岸有部分农业区。养殖品种主要有四大家鱼、虾、蟹、泥鳅等，大部分养殖点配备了尾水处理设施
	其他：污水处理厂：无；上游支流：湖嘉申线湖州段航道

断面位置

自动站

断面上游

断面下游

古溇港

断面二维码

断面编码： 2FN330503A0085

控制级别： 省控　**断面属性：** 省界

水体类型： 河流　**功能类别：** Ⅲ类

水系水体： 杭嘉湖平原河网——南横塘

所在市县： 湖州市南浔区

责任市县： 湖州市南浔区

断面位置： 涓加湾南横塘与鼓溇港交叉口北侧无名桥，坐标：E120.4193°，N30.9038°

	2016 年	2017 年	2018 年	2019 年	2020 年	2021 年	2022 年	2023 年
水质状况	Ⅲ类	Ⅲ类	Ⅱ类	Ⅲ类	Ⅲ类	Ⅲ类	Ⅱ类	Ⅱ类
	历史主要污染指标：—							

自动站	站点名称：古溇港
	管理级别：省控
	站点位置：手工断面上游 650 米

汇水区污染源	工业：工业企业废水均已纳管排放至污水处理厂，无工业废水外排
	生活：涉及人口约为 6500 人，“污水零直排”建设基本完成，仍有部分未拆迁区域需开展雨污水管网整改。农村生活污水处理终端设施普及率相对较高，但全区的达标率偏低
	农业：存在农业种植区，约为 900 亩；无大规模畜禽养殖；两岸有部分农业区；水产养殖尾水治理的覆盖率较高，大部分养殖点配备了尾水处理设施
	其他：污水处理厂：南浔振浔污水处理有限公司，排放量为 5 万吨 / 日；上游支流：上游 1 千米内无支流汇入

断面位置

自动站

断面上游

断面下游

南浔

断面二维码

断面编码： FJ05S330500_0004A

控制级别： 国控　　**断面属性：** 省界

水体类型： 河流　　**功能类别：** Ⅲ类

水系水体： 杭嘉湖平原河网——頔塘

所在市县： 湖州市南浔区

责任市县： 湖州市南浔区

断面位置： 老龙溪与頔塘交叉口北岸，坐标：E120.4357°，N30.8866°

	2016 年	2017 年	2018 年	2019 年	2020 年	2021 年	2022 年	2023 年
水质状况	Ⅲ类	Ⅲ类	Ⅱ类	Ⅲ类	Ⅲ类	Ⅲ类	Ⅲ类	Ⅱ类
	历史主要污染指标：—							
自动站	站点名称：南浔							
	管理级别：国控							
	站点位置：手工断面上游 700 米							
汇水区污染源	工业：工业企业废水均已纳管排放至污水处理厂，无工业废水外排							
	生活：涉及区域“污水零直排”建设基本完成							
	农业：无大规模畜禽养殖；两岸有部分农业区；水产养殖尾水治理的覆盖率较高，大部分养殖点配备了尾水处理设施							
	其他：污水处理厂：南浔振浔污水处理有限公司，排放量为 5 万吨 / 日；上游支流：邢窑塘							

断面位置

自动站

断面上游

断面下游

城南翻水站

断面编码： FJ00S330500_2004A

控制级别： 国控　　**断面属性：** 控制断面

水体类型： 河流　　**功能类别：** Ⅲ类

水系水体： 苕溪——东苕溪

所在市县： 湖州市德清县

责任市县： 湖州市德清县

断面位置： 乾溪路德清康达利饲料有限公司南 410 米，坐标：E120.0723° ，N30.5314°

断面二维码

	2016 年	2017 年	2018 年	2019 年	2020 年	2021 年	2022 年	2023 年
水质状况	Ⅱ类	Ⅱ类	Ⅱ类	Ⅱ类	Ⅱ类	Ⅱ类	Ⅱ类	Ⅱ类
	历史主要污染指标：—							
自动站	站点名称：城南翻水站							
	管理级别：国控							
	站点位置：与手工断面重合							
汇水区污染源	工业：共有涉水工业企业 8 家，1 家黄酒制造企业废水直排西苕溪，其余 7 家企业废水均纳入污水处理厂集中处理后排放							
	生活：涉及 2 个街道，人口约 10 万人，城镇污水纳管进入城镇污水处理厂处理，农村污水均纳入农村生活污水处理终端设施处理							
	农业：主要涉及水稻种植、渔业养殖、茭白种植。山地经济作物种植主要品种为竹、茶，畜类主要为羊、家禽							
	其他：污水处理厂：城南污水处理厂距断面约为 8 千米，处理量为 3 万吨 / 日，接近满负荷；上游支流：上游 6.5 千米内有 2 条支流汇入							

断面位置

断面上游

自动站

断面下游

沈家墩

断面编码： FJ00S330500_2015A

控制级别： 国控　　**断面属性：** 控制断面

水体类型： 河流　　**功能类别：** Ⅲ类

水系水体： 苕溪——老龙溪

所在市县： 湖州市德清县

责任市县： 湖州市德清县

断面位置： 钟管镇沈家墩村边 100 米河边，坐标：E120.1675° ，N30.6671°

断面二维码

	2016 年	2017 年	2018 年	2019 年	2020 年	2021 年	2022 年	2023 年
水质状况	—	—	—	Ⅱ类	Ⅲ类	Ⅲ类	Ⅲ类	Ⅲ类
	历史主要污染指标：—							

自动站	站点名称：沈家墩
	管理级别：省控
	站点位置：手工断面上游 300 米

汇水区污染源	工业：涉及以建材、绝热材料为主的多家企业
	生活：涉及钟管镇钟管片区、戈亭片区，涉及城乡居民人口约 3 万人
	农业：主要涉及水稻种植、渔业养殖，数量未做统计
	其他：污水处理厂：除龙溪经山水渡北流至此的上游来水外，其间有分支洋溪港进入平原河网，其中钟管污水处理厂尾水排入洋溪港；上游支流：上游无汇入支流

断面位置

自动站

断面上游

断面下游

含山

断面编码： 2FN330521A0087

控制级别： 省控　　**断面属性：** 县界

水体类型： 河流　　**功能类别：** Ⅲ类

水系水体： 京杭运河——含山塘

所在市县： 湖州市德清县

责任市县： 湖州市德清县

断面二维码

断面位置： 京杭运河与沈店桥港交叉口北侧 320 米处，坐标：E120.3318°，N30.6514°

	2016 年	2017 年	2018 年	2019 年	2020 年	2021 年	2022 年	2023 年
水质状况	Ⅲ类	Ⅲ类	Ⅲ类	Ⅲ类	Ⅲ类	Ⅲ类	Ⅲ类	Ⅲ类
	历史主要污染指标：—							

自动站	站点名称：含山
	管理级别：省控
	站点位置：与手工断面重合

汇水区污染源	工业：涉及上游德清县工业园区，涉水工业企业为印染纺织、电镀等重污染企业，园区污水均纳管排放
	生活：涉及 3 个县（市、区），人口约 13 万人。城镇污水纳管收集后由污水处理厂处理，农村污水通过农村污水处理终端设施处理，现有处理设施尚未完全覆盖
	农业：农业种植面积约为 6800 公顷，水产养殖场约为 7.2 万亩，存在一定量的养殖场，其中畜类养殖品种主要为猪和羊，禽类养殖品种主要为鸡、鸭和鸽子
	其他：污水处理厂：新市乐安污水处理厂，距离约 3 千米，处理量为 2 万吨 / 日；上游支流：河网密布，2 千米内有 5 条支流汇入

断面位置

自动站

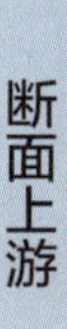

断面上游

断面下游

山水渡

断面二维码

断面编码： 2FN330521A0063

控制级别： 省控　**断面属性：** 控制断面

水体类型： 河流　**功能类别：** Ⅲ类

水系水体： 苕溪——老龙溪

所在市县： 湖州市德清县

责任市县： 湖州市德清县

断面位置： 老龙溪和十字港交叉口处，坐标：E120.1444°，N30.6247°

	2016 年	2017 年	2018 年	2019 年	2020 年	2021 年	2022 年	2023 年
水质状况	Ⅲ类	Ⅲ类	Ⅲ类	Ⅱ类	Ⅲ类	Ⅲ类	Ⅲ类	Ⅲ类
	历史主要污染指标：—							

自动站	站点名称：山水渡
	管理级别：省控
	站点位置：与手工断面重合

汇水区污染源	工业：涉及的 13 个工业园区均已完成“污水零直排区”建设
	生活：涉及 5 个镇，城乡居民人口约为 13 万人。城镇污水纳管经管网收集后统一由污水处理厂处理，农村污水通过农村污水处理终端设施处理，但尚未完全覆盖
	农业：农业种植面积约为 6 300 公顷，包括水田、水浇地和旱地等；水产养殖面积约为 8.2 万亩；养殖场畜类养殖品种主要为猪、羊和奶牛
	其他：污水处理厂：2 家污水处理厂，距离分别为 1 千米、7 千米，处理量分别为 1 万吨 / 日、2 万吨 / 日；上游支流：上游 100 米处有里头港，上游 4 千米处有东横（东衡）港汇入

断面位置

自动站

断面上游

断面下游

杨湾大桥（下莘桥）

断面二维码

断面编码： 2FN330522A0115

控制级别： 省控　　**断面属性：** 控制断面

水体类型： 河流　　**功能类别：** Ⅲ类

水系水体： 长兴平原河网——长兴港

所在市县： 湖州市长兴县

责任市县： 湖州市长兴县

断面位置： 杨湾大桥与长兴港交叉口，坐标：E119.9325°，N31.0056°

<table>
<tr><td rowspan="3">水质状况</td><td>2016 年</td><td>2017 年</td><td>2018 年</td><td>2019 年</td><td>2020 年</td><td>2021 年</td><td>2022 年</td><td>2023 年</td></tr>
<tr><td>Ⅲ类</td><td>Ⅲ类</td><td>Ⅲ类</td><td>Ⅲ类</td><td>Ⅲ类</td><td>Ⅲ类</td><td>Ⅲ类</td><td>Ⅱ类</td></tr>
<tr><td colspan="8">历史主要污染指标：—</td></tr>
<tr><td rowspan="3">自动站</td><td colspan="8">站点名称：杨湾大桥（下莘桥）</td></tr>
<tr><td colspan="8">管理级别：省控</td></tr>
<tr><td colspan="8">站点位置：与手工断面重合</td></tr>
<tr><td rowspan="4">汇水区污染源</td><td colspan="8">工业：涉及工业企业 36 家，工业园区 2 个。工业企业废水均纳入污水处理厂集中处理后排放</td></tr>
<tr><td colspan="8">生活：涉及 3 个街道和 37 个行政村（社区、居委会），总人口为 6.5 万人。城镇污水处理厂 3 座，农村生活污水处理终端设施 60 余处</td></tr>
<tr><td colspan="8">农业：汇水区有畜禽规模养殖场 5 家，养殖生猪、羊、牛、家禽；园林及蔬菜种植面积约为 12.5 万亩</td></tr>
<tr><td colspan="8">其他：污水处理厂：城镇污水处理厂 3 家，排放量分别为 2.5 万吨 / 日、5.4 万吨 / 日、1.6 万吨 / 日；上游支流：姚家桥港、黄土桥港、张王塘港</td></tr>
</table>

断面位置

自动站

断面上游

断面下游

杨家浦

断面编码： FJ00S330500_2011A

控制级别： 国控　　**断面属性：** 控制断面

水体类型： 河流　　**功能类别：** Ⅲ类

水系水体： 杭嘉湖平原河网——杨家浦港

所在市县： 湖州市长兴县

责任市县： 湖州市长兴县

断面位置： 滨湖大道湖音阁酒店东南 420 米，坐标：E120.0111°，N31.0193°

断面二维码

	2016 年	2017 年	2018 年	2019 年	2020 年	2021 年	2022 年	2023 年
水质状况	Ⅱ类	Ⅱ类	Ⅱ类	Ⅲ类	Ⅲ类	Ⅲ类	Ⅲ类	Ⅱ类
	历史主要污染指标：—							
自动站	站点名称：杨家浦							
	管理级别：国控							
	站点位置：手工断面上游 2.1 千米							
汇水区污染源	工业：涉及工业企业 51 家，工业园区 3 个。工业企业废水均纳入污水处理厂集中处理后排放							
	生活：涉及 2 个乡镇和 34 个行政村（社区、居委会），总人口为 7.4 万人。城镇污水处理厂 3 座，农村生活污水处理终端设施 52 处							
	农业：汇水区有畜禽规模养殖场 1 家，养殖生猪、羊、牛、家禽；园林及蔬菜种植面积约为 12.5 万亩							
	其他：污水处理厂：断面汇水区有城镇污水处理厂 3 家，排放量分别为 2.2 万吨 / 日、0.5 万吨 / 日、2.2 万吨 / 日；上游支流：上游有 3 条支流汇入							

断面位置

自动站

断面上游

断面下游

新塘

断面编码： FJ15S330500_0001A

控制级别： 国控　**断面属性：** 入湖口

水体类型： 河流　**功能类别：** Ⅲ类

水系水体： 长兴平原河网——长兴港

所在市县： 湖州市长兴县

责任市县： 湖州市长兴县

断面位置： 百叶龙大桥西 419 米，坐标：E119.9879°，N31.0349°

	2016 年	2017 年	2018 年	2019 年	2020 年	2021 年	2022 年	2023 年
水质状况	Ⅲ类	Ⅲ类	Ⅲ类	Ⅲ类	Ⅲ类	Ⅲ类	Ⅲ类	Ⅱ类
	历史主要污染指标：—							

自动站	站点名称：新塘
	管理级别：国控
	站点位置：手工断面上游 2 千米

汇水区污染源	工业：涉及工业企业 36 家，工业园区 2 个。工业企业废水均纳入污水处理厂集中处理后排放
	生活：涉及 3 个街道和 37 个行政村（社区、居委会），总人口为 16.5 万人。城镇污水处理厂 3 座，农村生活污水处理终端设施 60 余处
	农业：汇水区有畜禽规模养殖场 5 家，养殖生猪、羊、牛、家禽；园林及蔬菜种植面积约为 12.5 万亩
	其他：污水处理厂：断面汇水区有城镇污水处理厂 3 家，排放量分别为 2.5 万吨 / 日，5.4 万吨 / 日，1.6 万吨 / 日；上游支流：上游有 5 条支流汇入

断面位置

自动站

断面上游

断面下游

合溪

断面二维码

断面编码： FJ15S330500_0003A

控制级别： 国控　　**断面属性：** 入湖口

水体类型： 河流　　**功能类别：** Ⅲ类

水系水体： 长兴平原河网——合溪新港

所在市县： 湖州市长兴县

责任市县： 湖州市长兴县

断面位置： 滨湖大道杨家角东 255 米，坐标：E119.9814° ，N31.0571°

水质状况	2016 年	2017 年	2018 年	2019 年	2020 年	2021 年	2022 年	2023 年
	Ⅲ类	Ⅲ类	Ⅱ类	Ⅲ类	Ⅲ类	Ⅲ类	Ⅲ类	Ⅱ类
	历史主要污染指标：—							

自动站	
	站点名称：合溪
	管理级别：国控
	站点位置：手工断面上游 2.6 千米

汇水区污染源	
	工业：涉及工业企业 137 家，工业园区 9 个。工业企业废水均纳入污水处理厂集中处理后排放
	生活：涉及 5 个乡镇街道和 60 个行政村（社区、居委会），总人口为 20 万人。城镇污水处理厂 3 座，农村生活污水处理终端设施 71 处
	农业：规模化畜禽养殖场 7 座，养殖生猪、羊、牛、家禽。总种植面积为 13 万亩
	其他：污水处理厂：断面汇水区有城镇污水处理厂 3 家，排放量分别为 2.9 万吨 / 日、1.1 万吨 / 日、0.3 万吨 / 日；上游支流：上游有 3 条支流汇入

断面位置

自动站

断面上游

断面下游

赋石水库

断面二维码

点位编码： 2FN330523B0144

控制级别： 省控　　**点位属性：** —

水体类型： 水库　　**功能类别：** Ⅱ类

水系水体： 苕溪——赋石水库

所在市县： 湖州市安吉县

责任市县： 湖州市安吉县

点位位置： 赋石水库坝前南侧支流口，坐标：E119.4956° ，N30.6250°

	2016 年	2017 年	2018 年	2019 年	2020 年	2021 年	2022 年	2023 年
水质状况	Ⅱ类	Ⅱ类	Ⅱ类	Ⅱ类	Ⅱ类	Ⅱ类	Ⅱ类	Ⅱ类
	历史主要污染指标：—							
自动站	站点名称：赋石水库							
	管理级别：省控							
	站点位置：与手工断面重合							
汇水区污染源	工业：无工业污染源							
	生活：涉及 3 个村，分别为缫舍村、夏阳村、和村村，总人口约为 5600 人。自然村已建设纳污管道，纳管率为 95% 以上，且都经村自建的农村生活污水处理终端设施							
	农业：农作物种植面积为 32 平方千米，主要为竹林和水田							
	其他：污水处理厂：无；上游支流：无							

断面位置

自动站

点位周边

点位周边

荆湾

断面二维码

断面编码： FJ00S330500_2008A

控制级别： 国控　　**断面属性：** 控制断面

水体类型： 河流　　**功能类别：** Ⅲ类

水系水体： 苕溪——西苕溪

所在市县： 湖州市安吉县

责任市县： 湖州市安吉县

断面位置： 月荆线周家湾西南 248 米，坐标：E119.7782°，N30.8288°

	2016 年	2017 年	2018 年	2019 年	2020 年	2021 年	2022 年	2023 年
水质状况	Ⅱ类	Ⅱ类	Ⅱ类	Ⅱ类	Ⅱ类	Ⅱ类	Ⅱ类	Ⅱ类
	历史主要污染指标：—							
自动站	站点名称：荆湾							
	管理级别：国控							
	站点位置：手工断面上游 57 米							
汇水区污染源	工业：共有涉水工业企业 150 余家，废水直接排入江、河、湖、库水环境的企业有近 20 家，其余企业废水均纳入污水处理厂集中处理后排放							
	生活：涉及荆湾村，总人口约为 200 人。自然村已建设纳污管道，纳管率在 98% 以上，由村自建的农村生活污水处理终端设施							
	农业：水田面积合计 3 万亩；鱼塘面积为 1 万亩；1 家生猪养殖场，生猪存栏数 1 万头							
	其他：污水处理厂：上游 2.5 千米处有金山污水处理有限公司，排放量为 2 万吨 / 日；上游支流：上游 3 千米内无支流汇入							

断面位置

自动站

断面上游

断面下游

递铺

断面编码： 2FN330523A0062

控制级别： 省控　　**断面属性：** 控制断面

水体类型： 河流　　**功能类别：** Ⅲ类

水系水体： 苕溪——递铺港

所在市县： 湖州市安吉县

责任市县： 湖州市安吉县

断面位置： 古鄣桥与递铺港交叉口，坐标：E119.6883°，N30.6528°

断面二维码

水质状况	2016 年	2017 年	2018 年	2019 年	2020 年	2021 年	2022 年	2023 年
	Ⅱ类	Ⅱ类	Ⅱ类	Ⅱ类	Ⅱ类	Ⅱ类	Ⅲ类	Ⅱ类
	历史主要污染指标：—							

自动站	
	站点名称：递铺
	管理级别：省控
	站点位置：与手工断面重合

汇水区污染源	
	工业：无工业聚集区和工业园区，仅存在少数几家竹制品、五金、海绵等加工企业，大部分企业无生产废水排放，仅有 2 家涉水企业的废水全部纳入城市管网系统，无直排河道
	生活：涉及昌硕街道 20 个社区，总人口约 11.2 万人，生活污水全部纳管处理
	农业：农业种植面积约为 1000 公顷，无规模化养殖，无水产养殖，仅涉及部分散养畜禽，品种为生猪和家禽
	其他：污水处理厂：无；上游支流：上游 1 千米范围内有梅村溪、石马港 2 条支流汇入

断面位置

自动站

断面上游

断面下游

塘浦

断面编码： FJ00S330500_2007A

控制级别： 国控　　**断面属性：** 控制断面

水体类型： 河流　　**功能类别：** Ⅲ类

水系水体： 苕溪——西苕溪

所在市县： 湖州市安吉县

责任市县： 湖州市安吉县

断面位置： 塘皈线石家塘北 297 米，坐标：E119.6054° ，N30.6459°

断面二维码

	2016 年	2017 年	2018 年	2019 年	2020 年	2021 年	2022 年	2023 年
水质状况	Ⅱ类	Ⅱ类	Ⅱ类	Ⅱ类	Ⅱ类	Ⅱ类	Ⅱ类	Ⅱ类
	历史主要污染指标：—							

自动站	站点名称：塘浦
	管理级别：国控
	站点位置：手工断面上游 130 米

汇水区污染源	工业：共有涉水工业企业 56 家，直接排入江、河、湖、库水环境的 9 家，其余 47 家企业废水均纳入污水处理厂集中处理后排放
	生活：涉及 5 个街道（乡镇），城镇人口 4.3 万人，农村人口 7.9 万人，城镇和农村化粪池覆盖率为 100%；城镇污水处理率为 96.66%，农村生活污水接户率为 91%
	农业：范围内有水田面积合计 5000 亩，鱼塘 300 亩，养殖场 1 家，生猪存栏量 3600 头
	其他：污水处理厂：无；上游支流：上游范围内有南溪、西溪支流汇入

断面位置

自动站

断面上游

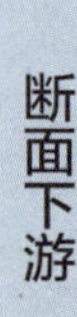

断面下游

浙江省

嘉兴市
断面图鉴

JIAXING SHI
DUANMIAN TUJIAN

嘉兴市地表水国控、省控监测断面分布图

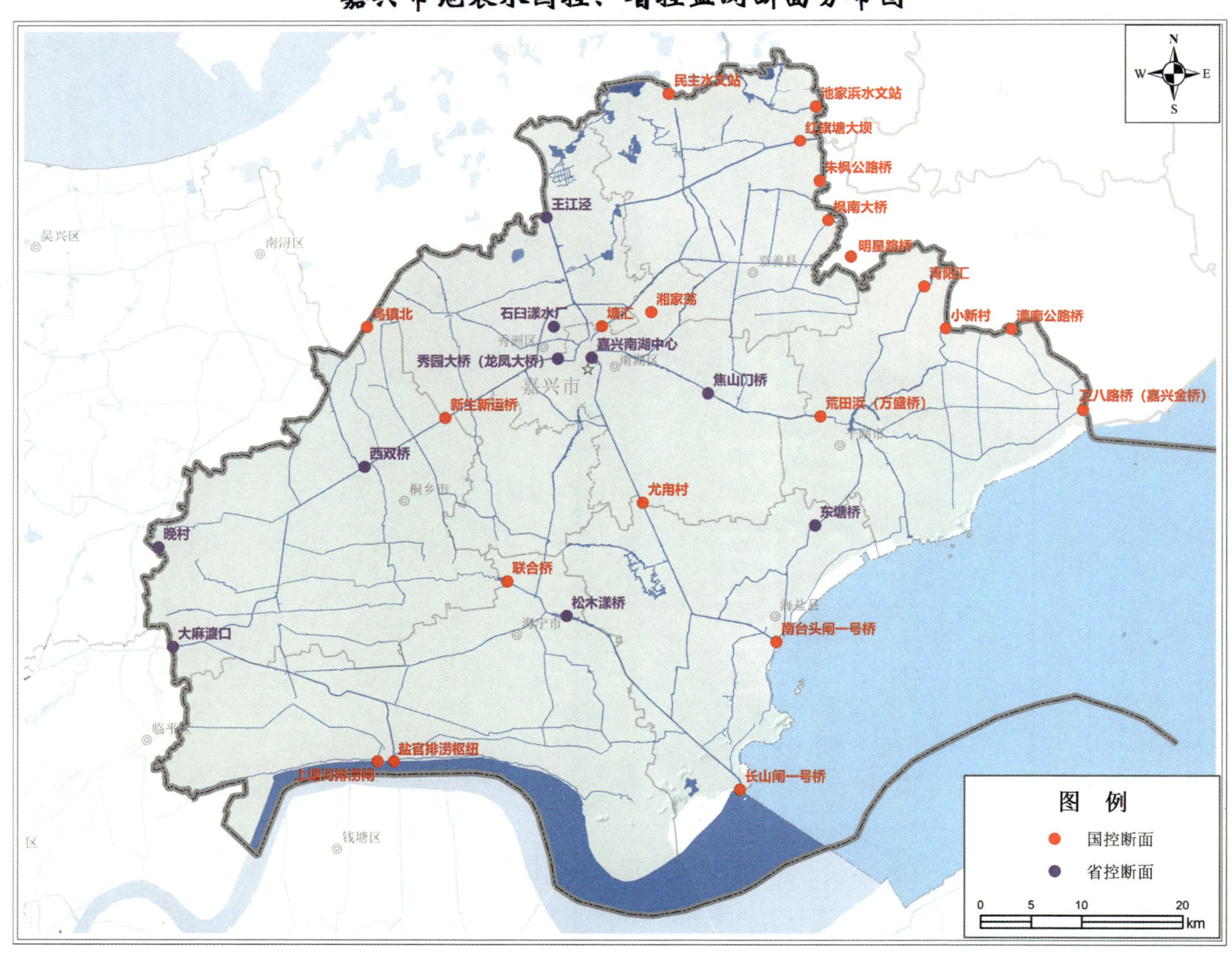

焦山门桥

断面编码： 2FN330402A0069

控制级别： 省控　　**断面属性：** 控制断面

水体类型： 河流　　**功能类别：** Ⅲ类

水系水体： 杭嘉湖平原河网——平湖塘

所在市县： 嘉兴市南湖区

责任市县： 嘉兴市南湖区

断面位置： 平湖塘与九里亭大道交叉口，坐标：E120.8747°，N30.7258°

断面二维码

	2016 年	2017 年	2018 年	2019 年	2020 年	2021 年	2022 年	2023 年
水质状况	Ⅳ类	Ⅳ类	Ⅳ类	Ⅳ类	Ⅲ类	Ⅲ类	Ⅲ类	Ⅲ类
	历史主要污染指标： 2016 年五日生化需氧量、氨氮；2017 年五日生化需氧量；2018 年五日生化需氧量；2019 年总磷、五日生化需氧量							

自动站	
	站点名称： 焦山门桥
	管理级别： 省控
	站点位置： 与手工断面重合

汇水区污染源	
	工业： 涉及嘉兴工业园区，河道两岸企业众多，对断面水质有明显影响。存在船舶移动源污染
	生活： 涉及生活小区均完成“生活污水零直排”建设，城镇生活污水全部收集入网，污水集中收集率达 100%
	农业： 以农业种植用地为主，种植面积为 8.0 平方千米，无水产养殖
	其他： 污水处理厂：无；上游支流：上游有 11 条支流汇入

断面位置

自动站

断面上游

断面下游

荒田浜（万盛桥）

断面编码： FJ00S330400_2020A

控制级别： 国控　**断面属性：** 控制断面

水体类型： 河流　**功能类别：** Ⅲ类

水系水体： 杭嘉湖平原河网——平湖塘

所在市县： 嘉兴市南湖区

责任市县： 嘉兴市平湖市

断面位置： 平湖塘与万程桥交叉口，坐标：E120.9905°，N30.7047°

断面二维码

	2016 年	2017 年	2018 年	2019 年	2020 年	2021 年	2022 年	2023 年
水质状况	—	—	—	—	Ⅲ类	Ⅲ类	Ⅲ类	Ⅲ类
	历史主要污染指标：—							

自动站	
	站点名称： 荒田浜（万盛桥）
	管理级别： 省控
	站点位置： 与手工断面重合

汇水区污染源	
	工业： 涉水工业企业为 80 余家，废水均纳入污水处理厂集中处理后排放
	生活： 涉及 3 个街道，人口约 35 万人，其中城镇人口约 22 万人，农村人口约 13 万人；城镇生活小区均配套建设化粪池
	农业： 3 千米内无规模畜禽养殖、水产养殖；农田面积约为 9 万亩
	其他： 污水处理厂：无；上游支流：上游 3 千米内汇有 5 条支流

断面位置

自动站

断面上游

断面下游

湘家荡

断面编码： FJ00S330400_2003A

控制级别： 国控　　**断面属性：** 控制断面

水体类型： 河流　　**功能类别：** Ⅲ类

水系水体： 杭嘉湖平原河网——湘家荡

所在市县： 嘉兴市南湖区

责任市县： 嘉兴市南湖区

断面位置： 湘家荡景区灵湖南路北侧 160 米小桥旁，

坐标：E120.8168° ，N30.7984°

断面二维码

	2016 年	2017 年	2018 年	2019 年	2020 年	2021 年	2022 年	2023 年
水质状况	Ⅲ类	Ⅲ类	Ⅲ类	Ⅲ类	Ⅲ类	Ⅲ类	Ⅱ类	Ⅱ类
	历史主要污染指标：—							

自动站	站点名称：湘家荡
	管理级别：国控
	站点位置：手工断面下游 480 米

汇水区污染源	工业：涉及区域无工业污染源
	生活：涉及 4 个居民点，人口约 2000 人，居民点均已经完成纳污管道建设
	农业：周边共有耕地 540 亩，主要种植水稻，橘树等经济作物；无规模化畜禽养殖和水产养殖
	其他：污水处理厂：无；上游支流：长纤塘、三店塘、漕港等支流少量流入。

断面位置

自动站

断面上游

断面下游

嘉兴南湖中心

断面二维码

点位编码： 2FN330402G0119

控制级别： 省控　　**点位属性：** —

水体类型： 湖泊　　**功能类别：** Ⅲ类

水系水体： 杭嘉湖平原河网——南湖

所在市县： 嘉兴市南湖区

责任市县： 嘉兴市南湖区

点位位置： 南湖景区湖小瀛洲南端，坐标：E120.7565°，N30.7599°

	2016 年	2017 年	2018 年	2019 年	2020 年	2021 年	2022 年	2023 年
水质状况	劣Ⅴ类	Ⅴ类	Ⅴ类	Ⅴ类	Ⅴ类	Ⅲ类	Ⅲ类	Ⅲ类
	历史主要污染指标：2016 年总磷、氨氮；2017 年总磷；2018 年总磷；2019 年总磷；2020 年总磷							
自动站	站点名称：不具备建站条件							
	管理级别：—							
	站点位置：—							
汇水区污染源	工业：涉及区域无工业污染源							
	生活：涉及南湖街道烟雨社区餐饮店 5 家，沿南湖都已建设纳污管道，纳管率完成 100%							
	农业：涉及区域无农业污染源							
	其他：污水处理厂：无；上游支流：无							

点位位置

周边情况

点位周边

点位周边

塘汇

断面二维码

断面编码： FJ00S330400_2018A

控制级别： 国控　　**断面属性：** 控制断面

水体类型： 河流　　**功能类别：** Ⅲ类

水系水体： 杭嘉湖平原河网——三店塘

所在市县： 嘉兴市南湖区

责任市县： 嘉兴市秀洲区

断面位置： 202 省道和徐玉路交界处小普陀寺旁边，坐标：E120.7658° ，N30.7858°

	2016 年	2017 年	2018 年	2019 年	2020 年	2021 年	2022 年	2023 年
水质状况	Ⅳ类	Ⅳ类	Ⅳ类	Ⅲ类	Ⅲ类	Ⅲ类	Ⅲ类	Ⅲ类
	历史主要污染指标：2016 年氨氮、总磷、五日生化需氧量；2017 年五日生化需氧量、氨氮；2018 年氨氮、五日生化需氧量							

自动站	站点名称：长纤塘桥
	管理级别：省控
	站点位置：手工断面下游 100 米

汇水区污染源	工业：涉水工业企业 3 家，废水均纳入污水处理厂集中处理后排放
	生活：涉及小区 84 个、住户 3 万余户，涉及区域生活污水虽均已入网治理，“污水零直排”建设完成度为 56%
	农业：涉及区域无农业污染源
	其他：污水处理厂：无；上游支流：菜花泾、鸟桥港、鸟支港

断面位置

自动站

断面上游

断面下游

秀园大桥（龙凤大桥）

断面二维码

断面编码： 2FN330411A0066

控制级别： 省控　　**断面属性：** 控制断面

水体类型： 河流　　**功能类别：** Ⅲ类

水系水体： 京杭运河——京杭运河嘉兴段

所在市县： 嘉兴市秀洲区

责任市县： 嘉兴市秀洲区

断面位置： 杭州塘与秀园大桥交叉口，坐标：E120.6879° ，N30.7491°

水质状况	2016 年	2017 年	2018 年	2019 年	2020 年	2021 年	2022 年	2023 年
	Ⅳ类	Ⅳ类	Ⅳ类	Ⅲ类	Ⅲ类	Ⅲ类	Ⅲ类	Ⅲ类
	历史主要污染指标：2016 年氨氮、总磷、五日生化需氧量；2017 年总磷；2018 年五日生化需氧量							
自动站	站点名称：秀园大桥（龙凤大桥）							
	管理级别：省控							
	站点位置：与手工断面重合							
汇水区污染源	工业：共有规模以上工业企业 140 家，所有企业废水均纳管处理							
	生活：涉及 4 个小区及若干个企业职工宿舍和单身公寓，涉及总人口超过 2 万人，废水均可纳管处理							
	农业：涉及区域无农业污染源							
	其他：污水处理厂：无；上游支流：上游 3 千米内有 5 条支流汇入							

断面位置

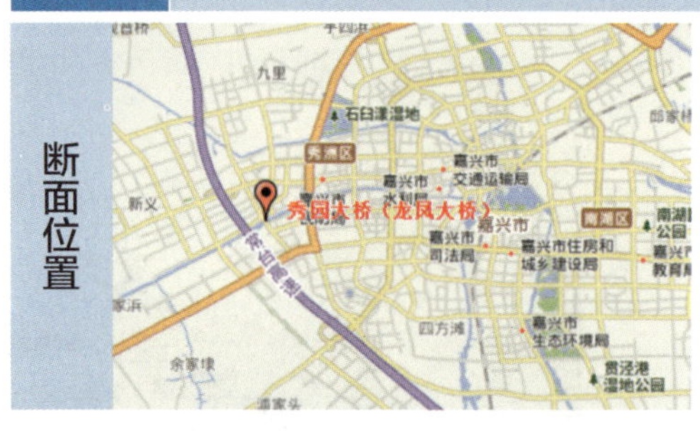

自动站

断面上游

断面下游

石臼漾水厂

断面编码： 2FN330411A0068

控制级别： 国控　　**断面属性：** 控制断面

水体类型： 河流　　**功能类别：** Ⅲ类

水系水体： 杭嘉湖平原河网——新塍塘

所在市县： 嘉兴市秀洲区

责任市县： 嘉兴市秀洲区

断面位置： 新塍塘与常秀街交叉口，坐标：E120.7150°，N30.7738°

断面二维码

	2016 年	2017 年	2018 年	2019 年	2020 年	2021 年	2022 年	2023 年
水质状况	Ⅲ类	Ⅲ类	Ⅲ类	Ⅱ类	Ⅱ类	Ⅱ类	Ⅱ类	Ⅱ类
	历史主要污染指标：—							

自动站	站点名称：石臼漾水厂
	管理级别：省控
	站点位置：与手工断面重合

汇水区污染源	工业：涉及秀洲高新技术产业园区北部，主要行业为光伏发电、智能装备、智慧能源等。所有企业均已取得排水许可证，企业的生产及生活排水均已入网
	生活：涉及面积约为 15.22 平方千米，以住宅生活小区为主。区域内仍存在污水管网串管或“跑、冒、滴、漏”的问题
	农业：农业种植面积约为 10 平方千米，以水稻种植为主
	其他：污水处理厂：无；上游支流：上游无支流汇入

断面位置

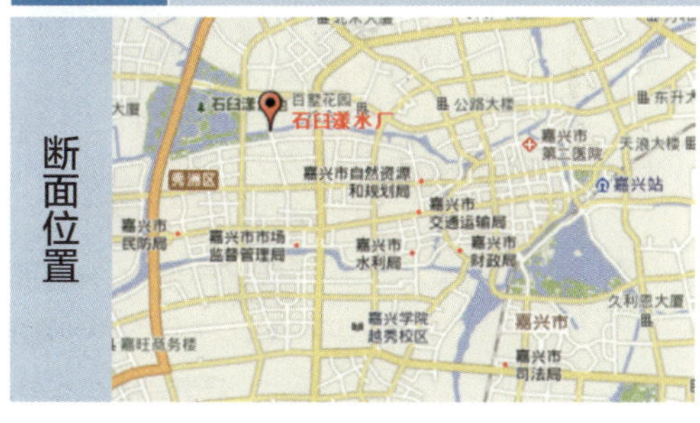

自动站

断面上游

断面下游

新生新运桥

断面编码：FJ00S330400_2019A

控制级别：国控　　断面属性：控制断面

水体类型：河流　　功能类别：Ⅲ类

水系水体：京杭运河——京杭运河

所在市县：嘉兴市秀洲区

责任市县：嘉兴市桐乡市

断面位置：龙潭洋沿濮新线前进 1 千米无名桥，坐标：E120.6036° ，N30.7057°

断面二维码

水质状况	2016 年	2017 年	2018 年	2019 年	2020 年	2021 年	2022 年	2023 年
	—	—	—	Ⅲ类	Ⅳ类	Ⅲ类	Ⅲ类	Ⅲ类
	历史主要污染指标：2020 年总磷							

自动站	
	站点名称：新塍大通
	管理级别：省控
	站点位置：手工断面下游 1 千米

汇水区污染源	
	工业：涉及工矿企业 48 家，废水均纳入污水处理厂集中处理后排放
	生活：涉及濮院区域内 8 个居民点（含集镇），涉及居民人口约 700 人。大部分居民点未采用污水处理终端设施对生活污水进行处理
	农业：水产养殖共 3 家，以养殖沼虾为主，面积约为 550 亩；农业以水稻、果树为主，面积约为 3300 亩；林地面积约为 560 亩
	其他：污水处理厂：无；上游支流：上游 1 千米内有 3 条主要支流汇入

断面位置

自动站

断面上游

断面下游

王江泾

断面编码： FJ05S330400_0023A

控制级别： 省控　　**断面属性：** 省界

水体类型： 河流　　**功能类别：** Ⅲ类

水系水体： 京杭运河——京杭运河嘉兴段

所在市县： 嘉兴市秀洲区

责任市县： —

断面位置： 京杭运河与王黎公路交叉口，坐标：E120.7090°，N30.8848°

断面二维码

	2016 年	2017 年	2018 年	2019 年	2020 年	2021 年	2022 年	2023 年
水质状况	Ⅳ类	Ⅳ类	Ⅳ类	Ⅲ类	Ⅲ类	Ⅲ类	Ⅲ类	Ⅲ类
	历史主要污染指标： 2016 年化学需氧量；2017 年溶解氧、石油类、化学需氧量；2018 年溶解氧、化学需氧量							
自动站	**站点名称：** 王江泾							
	管理级别： 国控							
	站点位置： 手工断面上游 100 米							
汇水区污染源	**工业：** 江苏省							
	生活： 江苏省							
	农业： 江苏省							
	其他： 污水处理厂：无；上游支流：河网密集							

断面位置

自动站

断面上游

断面下游

池家浜水文站

断面编码： FJ06S330400_2004A

控制级别： 国控　　**断面属性：** 省界

水体类型： 河流　　**功能类别：** Ⅲ类

水系水体： 杭嘉湖平原河网——俞汇塘

所在市县： 嘉兴市嘉善县

责任市县： 嘉兴市嘉善县

断面位置： 池家浜东南 210 米，坐标：E120.9886° ，N30.9823°

断面二维码

水质状况	2016 年	2017 年	2018 年	2019 年	2020 年	2021 年	2022 年	2023 年
	Ⅲ类	Ⅲ类	Ⅲ类	Ⅲ类	Ⅲ类	Ⅲ类	Ⅱ类	Ⅱ类
	历史主要污染指标：—							

自动站	
	站点名称：池家浜水文站
	管理级别：国控
	站点位置：与手工断面重合

汇水区污染源	
	工业：涉及工业企业 160 家，废水均纳入污水处理厂集中处理后排放
	生活：涉及姚庄镇、干窑镇、天凝镇、西塘镇 4 个乡镇（街道），共有 207 处农村生活污水处理终端设施，受益农户约 4.6 万户
	农业：断面汇水区种植面积约为 38 万亩，主要农作物为水稻；淡水养殖面积约为 2.6 万亩，主要淡水产品为鱼类、虾蟹类等
	其他：污水处理厂：1 座，排放量为 3.5 吨 / 日；上游支流：断面所在俞汇塘沿线两岸共有 27 条大小支流汇入

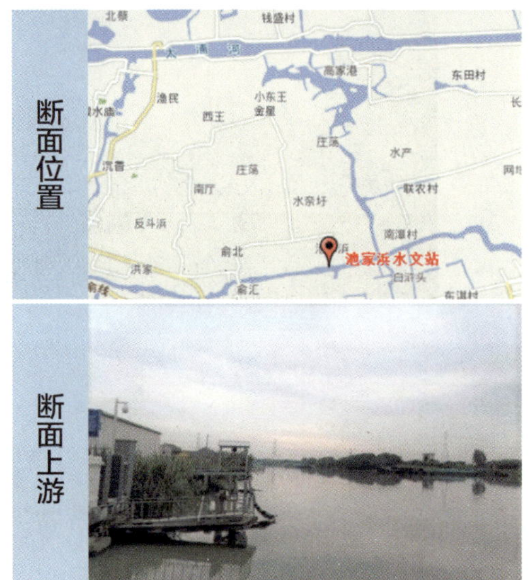

断面位置

断面上游

自动站

断面下游

红旗塘大坝

断面编码： FJ06S330400_0025A

控制级别： 国控　　**断面属性：** 省界

水体类型： 河流　　**功能类别：** Ⅲ类

水系水体： 杭嘉湖平原河网——红旗塘

所在市县： 嘉兴市嘉善县

责任市县： 嘉兴市嘉善县

断面位置： 红旗塘与红旗塘大桥交叉口，坐标：E120.9719°，N30.9514°

断面二维码

	2016 年	2017 年	2018 年	2019 年	2020 年	2021 年	2022 年	2023 年
水质状况	Ⅳ类	Ⅳ类	Ⅲ类	Ⅲ类	Ⅲ类	Ⅲ类	Ⅲ类	Ⅱ类
	历史主要污染指标：2016 年溶解氧；2017 年溶解氧							

自动站	站点名称：红旗塘大坝
	管理级别：国控
	站点位置：手工断面下游约 257 米
汇水区污染源	工业：涉及企业为 300 家，涉水企业为 200 家，其中 90 家企业的废水受纳水体为红旗塘
	生活：涉及嘉善县 4 个镇 18 万人，姚庄镇农村生活污水集中式处理收益率为 92.0%，西塘镇农村生活污水集中式处理收益率为 86.5%，干窑镇农村生活污水集中式处理收益率为 91.6%，天凝镇农村生活污水集中式处理收益率为 81.7%
	农业：农作物播种面积为 47.80 万亩，主要种植粮食作物和经济作物；水产养殖总面积约为 7 万亩，总产量约为 4 万吨；家禽约为 30 万羽家禽，6 400 头羊
	其他：污水处理厂：3 家，受纳水体为红旗塘；上游支流：沿线共有 36 条支流汇入

断面位置

自动站

断面上游

断面下游

朱枫公路桥

断面编码： FJ04S330400_2017A

控制级别： 国控　　**断面属性：** 省界

水体类型： 河流　　**功能类别：** Ⅲ类

水系水体： 杭嘉湖平原河网——蒲泽塘

所在市县： 嘉兴市嘉善县

责任市县： 嘉兴市嘉善县

断面二维码

断面位置： 蒲泽塘窑滨斗村边上，坐标：E120.9919°，N30.9149°

	2016 年	2017 年	2018 年	2019 年	2020 年	2021 年	2022 年	2023 年
水质状况	—	—	—	Ⅲ类	Ⅲ类	Ⅲ类	Ⅲ类	Ⅲ类
	历史主要污染指标：—							

自动站	站点名称：清凉大桥
	管理级别：国控
	站点位置：手工断面上游 2.15 千米

汇水区污染源	工业：涉及企业 30 家，相关行业包括机械制造、纺织印染等行业，废水均纳入污水处理厂集中处理后排放
	生活：涉及 4 个镇 26 万余人，姚庄镇生活污水集中式处理收益率为 92.0%、西塘镇生活污水集中式处理收益率为 86.5%，干窑镇生活污水集中式处理收益率为 91.6%，天凝镇生活污水集中式处理收益率为 81.7%
	农业：涉及嘉善县 4 个乡镇和秀洲区王江泾镇，播种面积为 47.80 万亩
	其他：污水处理厂：嘉善东部污水处理厂，排放量为 5 吨 / 日；上游支流：水体蒲泽塘、黄良甫港、茜泾塘沿线共有 38 条支流汇入

断面位置

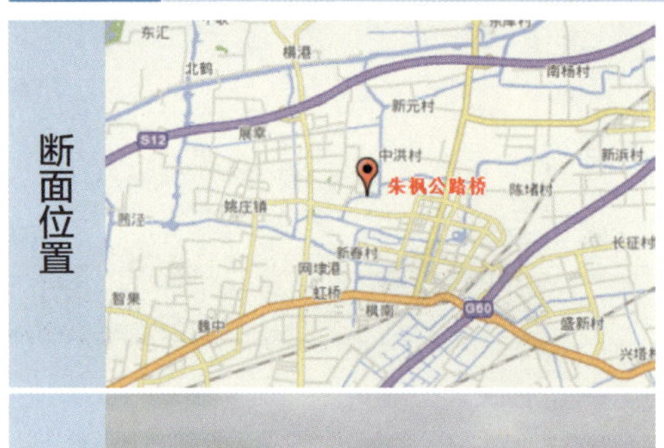

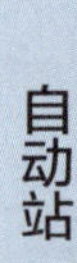

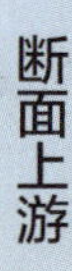

枫南大桥

断面编码： FJ06S330400_0026A

控制级别： 国控　　**断面属性：** 省界

水体类型： 河流　　**功能类别：** Ⅲ类

水系水体： 杭嘉湖平原河网——枫泾塘

所在市县： 嘉兴市嘉善县

责任市县： 嘉兴市嘉善县

断面位置： 枫泾塘庄浜西北 385 米，坐标：E121.0006° ，N30.8800°

断面二维码

	2016 年	2017 年	2018 年	2019 年	2020 年	2021 年	2022 年	2023 年
水质状况	Ⅳ类	Ⅳ类	Ⅳ类	Ⅳ类	Ⅲ类	Ⅲ类	Ⅲ类	Ⅲ类
	历史主要污染指标：2016 年溶解氧、氨氮；2017 年溶解氧、总磷、五日生化需氧量；2018 年氨氮；2019 年总磷							

自动站	站点名称：枫南大桥
	管理级别：国控
	站点位置：与手工断面相距 30 米

汇水区污染源	工业：涉及一般工业企业 261 家，其中涉水企业 70 家，重污染企业 35 家，主要涉及化工、电镀、酸洗、印染等行业。废水均纳入污水处理厂集中处理后排放
	生活：涉及惠民街道 10 个行政村 8000 人，共有 5 座农村生活污水处理终端设施
	农业：种植面积约为 11 万亩，主要农作物为水稻、小麦
	其他：污水处理厂：无；上游支流：沿线两岸共有 12 条大小支流汇入

断面位置

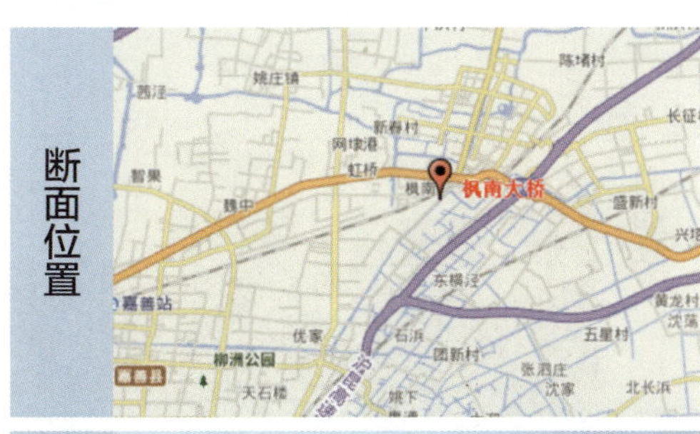

自动站

断面上游

断面下游

民主水文站

断面编码： FJ06S330400_2008A

控制级别： 国控　　**断面属性：** 省界

水体类型： 河流　　**功能类别：** Ⅲ类

水系水体： 杭嘉湖平原河网——芦墟塘

所在市县： 嘉兴市嘉善县

责任市县： 嘉兴市嘉善县

断面位置： 陶庄镇陈河港边上，坐标：E120.8366°，N30.9949°

断面二维码

	2016年	2017年	2018年	2019年	2020年	2021年	2022年	2023年
水质状况	Ⅲ类	Ⅲ类	Ⅲ类	Ⅲ类	Ⅲ类	Ⅱ类	Ⅱ类	Ⅱ类
	历史主要污染指标：—							

自动站	
	站点名称：民主水文站
	管理级别：省控
	站点位置：与手工断面重合

汇水区污染源	
	工业：涉及7家企业，排放的废水主要为生活污水，污水均经沉淀池处理后纳入市政污水管网
	生活：涉及1个乡镇，总人口约3万人，污水处理效率达100%
	农业：目前农作物播种面积为4.7万亩，水产养殖面积为1.34万亩，总产量约为6000吨，陶庄镇设有嘉善县省级鳜鱼产业园
	其他：污水处理厂：无；上游支流：芦墟塘

断面位置

自动站

断面上游

断面下游

东塘桥

断面编码： 2FN330424A0071

控制级别： 省控　　**断面属性：** 控制断面

水体类型： 河流　　**功能类别：** Ⅲ类

水系水体： 杭嘉湖平原河网——盐平塘

所在市县： 嘉兴市海盐县

责任市县： 嘉兴市海盐县

断面位置： 海盐塘与东塘桥交叉口，坐标：E120.9885°，N30.6110°

断面二维码

	2016 年	2017 年	2018 年	2019 年	2020 年	2021 年	2022 年	2023 年
水质状况	Ⅳ类	Ⅳ类	Ⅳ类	Ⅳ类	Ⅲ类	Ⅲ类	Ⅲ类	Ⅲ类
	历史主要污染指标：2016 年总磷、化学需氧量、五日生化需氧量；2017 年总磷、化学需氧量、五日生化需氧量；2018 年总磷、化学需氧量；2019 年总磷							

自动站	站点名称：东塘桥
	管理级别：省控
	站点位置：与手工断面重合

汇水区污染源	工业：涉及 126 家企业，废水均纳入污水处理厂集中处理后排放
	生活：涉及西塘桥街道 12 个村（社区）约 9 万人，生活污水均纳管处理
	农业：农业种植面积为 18.0 平方千米，种植少量水稻、蔬菜
	其他：污水处理厂：无；上游支流：上游无支流汇入

断面位置

自动站

断面上游

断面下游

长山闸一号桥

断面编码： FJ13S330400_2006A

控制级别： 国控　　**断面属性：** 入海口

水体类型： 河流　　**功能类别：** Ⅲ类

水系水体： 杭嘉湖平原河网——长山河

所在市县： 嘉兴市海盐县

责任市县： 嘉兴市海盐县

断面位置： 澉南村东 110 米无名小桥，坐标：E120.9048°，N30.3756°

断面二维码

	2016 年	2017 年	2018 年	2019 年	2020 年	2021 年	2022 年	2023 年
水质状况	Ⅲ类	Ⅲ类	Ⅲ类	Ⅲ类	Ⅲ类	Ⅲ类	Ⅲ类	Ⅲ类
	历史主要污染指标：—							

自动站	
	站点名称：长山闸一号桥
	管理级别：国控
	站点位置：手工断面上游 3.39 千米

汇水区污染源	
	工业：涉及工业企业 47 家，无工业园，废水均纳入污水处理厂集中处理后排放
	生活：涉及澉浦镇下辖行政村 13 个、社区 1 个，总人口为 3.5 万余人。生活污水均纳管处理
	农业：耕地面积为 3520 亩，林地面积为 770 亩，主要种植水稻、橘树等经济作物。水产养殖塘 8 个，约 68 万平方米
	其他：污水处理厂：无；上游支流：上游无支流汇入

断面位置

自动站

断面上游

断面下游

尤甪村

断面编码： FJ00S330400_2005A

控制级别： 国控　　**断面属性：** 控制断面

水体类型： 河流　　**功能类别：** Ⅲ类

水系水体： 杭嘉湖平原河网——海盐塘

所在市县： 嘉兴市海盐县

责任市县： 嘉兴市海盐县

断面二维码

断面位置： 海盐塘尤甪村附近无名小桥，坐标：E120.8070° ，N30.6298°

	2016 年	2017 年	2018 年	2019 年	2020 年	2021 年	2022 年	2023 年
水质状况	Ⅳ类	Ⅲ类	Ⅲ类	Ⅲ类	Ⅲ类	Ⅲ类	Ⅲ类	Ⅲ类
	历史主要污染指标： 2016 年化学需氧量、五日生化需氧量							

自动站	**站点名称：** 尤甪村
	管理级别： 国控
	站点位置： 手工断面下游 0.11 千米

汇水区污染源	**工业：** 涉及工业企业 7 家，无工业园，废水均纳入污水处理厂集中处理后排放
	生活： 涉及沈荡镇 11 个行政村，1 个社区居委会，实有人口为 4.1 万人。生活污水均纳管处理
	农业： 林地面积约为 465 亩，耕地面积约为 5865 亩，水稻为主要农作物。水产养殖塘共 6 个，面积约为 76.5 亩，主要养殖甲鱼、虾、鱼类
	其他： 污水处理厂：无；上游支流：上游无支流汇入

断面位置

自动站

断面上游

断面下游

南台头闸一号桥

断面编码： FJ13S330400_2011A

控制级别： 国控　　**断面属性：** 入海口

水体类型： 河流　　**功能类别：** Ⅲ类

水系水体： 杭嘉湖平原河网——海盐塘

所在市县： 嘉兴市海盐县

责任市县： 嘉兴市海盐县

断面位置： 海盐塘南台头一号闸闸内，坐标：E120.9434°，N30.5061°

断面二维码

	2016 年	2017 年	2018 年	2019 年	2020 年	2021 年	2022 年	2023 年
水质状况	Ⅳ类	Ⅲ类	Ⅲ类	Ⅲ类	Ⅲ类	Ⅲ类	Ⅲ类	Ⅲ类
	历史主要污染指标：2016 年化学需氧量、五日生化需氧量							

自动站	站点名称：南台头闸一号桥
	管理级别：国控
	站点位置：手工断面下游 380 米

汇水区污染源	工业：无工业污染源
	生活：涉及武原街道，户籍人口为 12.8 万人，新居民为 5.78 万人，现辖 17 个社区（其中 1 个农村社区）、8 个行政村。生活污水均纳管处理
	农业：涉及区域无农业污染源
	其他：污水处理厂：无；上游支流：上游无支流汇入

断面位置

自动站

断面上游

断面下游

盐官排涝枢纽

断面二维码

断面编码： FJ13S330400_2013A

控制级别： 国控　　**断面属性：** 入海口

水体类型： 河流　　**功能类别：** Ⅲ类

水系水体： 杭嘉湖平原河网——盐官下河

所在市县： 嘉兴市海宁市

责任市县： 嘉兴市海宁市

断面位置： 盐官下河与乡道 X331（翁金线）交叉口，坐标：E120.5524°，N30.4022°

水质状况	2016 年	2017 年	2018 年	2019 年	2020 年	2021 年	2022 年	2023 年
	Ⅳ类	Ⅲ类	Ⅳ类	Ⅲ类	Ⅲ类	Ⅲ类	Ⅲ类	Ⅲ类
	历史主要污染指标：2016 年石油类、氨氮、化学需氧量；2018 年氨氮							
自动站	站点名称：盐官排涝枢纽							
	管理级别：国控							
	站点位置：与手工断面重合							
汇水区污染源	工业：涉及 20 家企业，其中 19 家企业废水均纳入污水处理厂集中处理后排放，1 家五金厂废水未纳管处理							
	生活：涉及 5 个村的 46 个居民点，人口约 9500 人，污水均已纳管处理							
	农业：5 千米处畜禽养殖场 1 家，养殖山羊 200 头；鳗鲡养殖塘 1 家，养殖面积为 200 亩，建有“三池两坝”尾水处理设施。周边盐官镇耕地面积为 800 亩，林地面积为 1800 亩							
	其他：污水处理厂：无；上游支流：上游 3 千米内有 12 条支流汇入							

断面位置

自动站

断面上游

断面下游

上塘河排涝闸

断面编码： FJ13S330400_2012A

控制级别： 国控　　**断面属性：** 入海口

水体类型： 河流　　**功能类别：** Ⅳ类

水系水体： 杭嘉湖平原河网——上塘河

所在市县： 嘉兴市海宁市

责任市县： 嘉兴市海宁市

断面位置： 乡道 X331（翁金线）北 200 米无名小桥，坐标：E120.5363° ，N30.4007°

断面二维码

	2016 年	2017 年	2018 年	2019 年	2020 年	2021 年	2022 年	2023 年
水质状况	Ⅳ类	Ⅳ类	Ⅳ类	Ⅲ类	Ⅲ类	Ⅲ类	Ⅲ类	Ⅲ类
	历史主要污染指标： 2016 年石油类、化学需氧量、总磷；2017 年五日生化需氧量、总磷、化学需氧量；2018 年总磷							

自动站	**站点名称：** 上塘河排涝闸
	管理级别： 国控
	站点位置： 手工断面下游 200 米

汇水区污染源	**工业：** 涉及 5 家企业废水均纳入污水处理厂集中处理后排放
	生活： 涉及 2 个镇共 20 个自然村 4000 人，污水均已纳管处理
	农业： 5 千米内有规模化养殖场 1 个，养殖肉鸭数量为 3500 羽；水产养殖塘 2 处，面积约为 80 亩。尾水进入三池两坝尾水处理设施或农田消纳。林地面积约为 600 亩，耕地面积约为 900 亩
	其他： 污水处理厂：无；上游支流：上游 5 千米内有 11 条支流汇入

松木漾桥

断面编码： 2FN330481A0070

断面二维码

控制级别： 省控　　**断面属性：** 控制断面

水体类型： 河流　　**功能类别：** Ⅲ类

水系水体： 杭嘉湖平原河网——长山河

所在市县： 嘉兴市海宁市

责任市县： 嘉兴市海宁市

断面位置： 长山河与长山河大桥交叉口，坐标：E120.7318°，N30.5284°

	2016 年	2017 年	2018 年	2019 年	2020 年	2021 年	2022 年	2023 年
水质状况	Ⅳ类	Ⅳ类	Ⅳ类	Ⅲ类	Ⅲ类	Ⅲ类	Ⅲ类	Ⅲ类
	历史主要污染指标：2016 年五日生化需氧量、溶解氧、总磷；2017 年总磷、溶解氧；2018 年总磷							

自动站	站点名称：松木漾桥
	管理级别：省控
	站点位置：与手工断面重合
汇水区污染源	工业：涉及 220 家企业废水均纳入污水处理厂集中处理后排放
	生活：涉及城镇生活污水全部收集入网，污水收集率达 100%
	农业：涉及区域无农业污染源
	其他：污水处理厂：无；上游支流：上游无支流汇入

断面位置

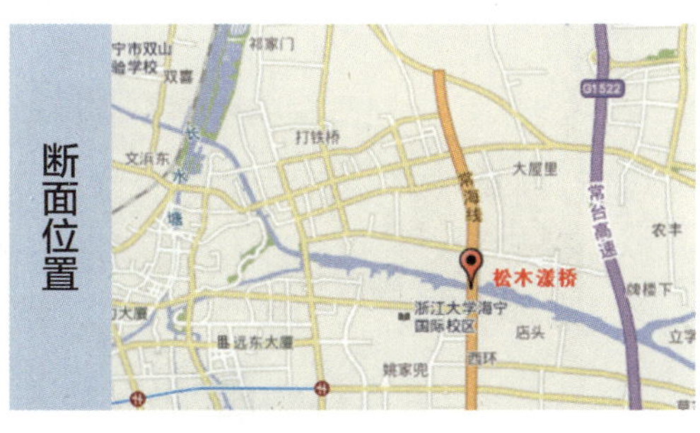

自动站

断面上游

断面下游

青阳汇

断面编码： FJ06S330400_0024A

控制级别： 国控　　**断面属性：** 省界

水体类型： 河流　　**功能类别：** Ⅲ类

水系水体： 杭嘉湖平原河网——上海塘

所在市县： 嘉兴市平湖市

责任市县： 嘉兴市平湖市

断面位置： 新迎路青阳汇路北 225 米，坐标：E121.0988° ，N30.8193°

断面二维码

	2016 年	2017 年	2018 年	2019 年	2020 年	2021 年	2022 年	2023 年
水质状况	Ⅳ类	Ⅲ类	Ⅳ类	Ⅳ类	Ⅲ类	Ⅲ类	Ⅲ类	Ⅲ类
	历史主要污染指标： 2016 年石油类、总磷、化学需氧量；2018 年溶解氧；2019 年总磷							

自动站	**站点名称：** 青阳汇
	管理级别： 国控
	站点位置： 与手工断面重合

汇水区污染源	**工业：** 涉及 140 家工业企业，废水均纳入污水处理厂集中处理后排放
	生活： 涉及杨庄浜村 6 组 106 户，农村生活污水已全部纳管处理；杨庄浜村 7 组 60 户，污水采用就地式简易化粪池、生态池处理
	农业： 农作物种植面积约为 76000 亩，以种植水稻、大小麦为主。家禽年存栏量约 5.3 万羽
	其他： 污水处理厂：无；上游支流：上游 1 千米内有 4 条支流汇入

断面位置

自动站

断面上游

断面下游

卫八路桥（嘉兴金桥）

断面二维码

断面编码： FJ04S330400_2015A

控制级别： 国控　　**断面属性：** 省界

水体类型： 河流　　**功能类别：** Ⅲ类

水系水体： 杭嘉湖平原河网——黄姑塘

所在市县： 嘉兴市平湖市

责任市县： 嘉兴市平湖市

断面位置： 金桥村穗中路桥，坐标：E121.2615°，N30.7079°

	2016 年	2017 年	2018 年	2019 年	2020 年	2021 年	2022 年	2023 年
水质状况	Ⅳ类	Ⅳ类	Ⅳ类	Ⅳ类	Ⅳ类	Ⅳ类	Ⅲ类	Ⅲ类
	历史主要污染指标：2016 年石油类、总磷、五日生化需氧量；2017 年高锰酸盐指数、总磷、五日生化需氧量；2018 年石油类、总磷、化学需氧量；2019 年总磷、化学需氧量；2020 年总磷；2021 年挥发酚							

自动站	站点名称：卫八路桥（嘉兴金桥）
	管理级别：国控
	站点位置：手工断面下游 300 米
汇水区污染源	工业：涉及 82 家涉水工业企业，废水均纳入污水处理厂集中处理后排放
	生活：涉及 3 个村（社区）约 3 万人。70% 的自然村已建设纳污管道，纳管率在 69% 以上
	农业：耕地面积约为 12 万亩，种植水稻、苗木、果蔬等。存在生态牧业 1 家，生猪年出栏量约为 3 万头
	其他：污水处理厂：1 家，距断面 2.6 千米，排放量为 7.5 万吨 / 日；上游支流：3 千米内有支流 7 条汇入

断面位置

自动站

断面上游

断面下游

小新村

断面编码： FJ06S330400_0002A

控制级别： 国控　**断面属性：** 省界

水体类型： 河流　**功能类别：** Ⅲ类

水系水体： 杭嘉湖平原河网——六里塘

所在市县： 嘉兴市平湖市

责任市县： 嘉兴市平湖市

断面位置： 北浜东 255 米，坐标：E121.1207° ，N30.7812°

断面二维码

	2016 年	2017 年	2018 年	2019 年	2020 年	2021 年	2022 年	2023 年
水质状况	Ⅳ类	Ⅲ类	Ⅲ类	Ⅲ类	Ⅲ类	Ⅲ类	Ⅲ类	Ⅲ类
	历史主要污染指标：2016 年石油类、总磷							

自动站	站点名称：小新村
	管理级别：国控
	站点位置：与手工断面重合

汇水区污染源	工业：涉及企业 1 家，排放的废水主要为生活污水且纳入管网
	生活：涉及鱼圻塘村 21 组 71 户农户，其中 34 户保留点污水全部纳管处理，剩余采用就地式简易化粪池、生态池处理
	农业：农作物种植面积为 3810 平方米，以种植水稻、大小麦为主。家禽 352 只。虾类养殖面积为 132 亩
	其他：污水处理厂：无；上游支流：上游 3 千米内有 9 条支流汇入

断面位置

自动站

断面上游

断面下游

漕廊公路桥

断面编码： FJ04S330400_2016A

控制级别： 国控　　**断面属性：** 省界

水体类型： 河流　　**功能类别：** Ⅲ类

水系水体： 杭嘉湖平原河网——惠高泾

所在市县： 嘉兴市平湖市

责任市县： 嘉兴市平湖市

断面位置： 漕廊公路与放港河交叉口南侧 1160 米，坐标：E121.1883° ，N30.7800°

断面二维码

水质状况	2016 年	2017 年	2018 年	2019 年	2020 年	2021 年	2022 年	2023 年
	—	—	—	Ⅳ类	Ⅲ类	Ⅲ类	Ⅲ类	Ⅲ类
	历史主要污染指标： 2019 年化学需氧量、总磷、高锰酸盐指数							

自动站	
	站点名称： 漕廊公路桥
	管理级别： 国控
	站点位置： 与手工断面重合

汇水区污染源	
	工业： 涉水工业企业 12 家，废水均纳入污水处理厂集中处理后排放
	生活： 涉及人口约为 3.1 万人，城镇生活污水管网基本全覆盖，并纳入污水处理厂，处理后出水均排入杭州湾海域；农村生活污水接户率较低，基本属于经化粪池之后直接排放模式
	农业： 农田面积约为 5 万亩，种植粮食、经济作物、林果类、花卉苗木
	其他： 污水处理厂：无；上游支流：400 米处有山塘河汇入

断面位置

自动站

断面上游

断面下游

乌镇北

断面编码： FJ06S330400_0022A

断面二维码

控制级别： 国控　　**断面属性：** 省界

水体类型： 河流　　**功能类别：** Ⅲ类

水系水体： 京杭运河——江南运河

所在市县： 嘉兴市桐乡市

责任市县： 嘉兴市桐乡市

断面位置： 桃乌路费家浜西南 368 米，坐标：E120.5233° ，N30.7864°

水质状况	2016 年	2017 年	2018 年	2019 年	2020 年	2021 年	2022 年	2023 年
	Ⅳ类	Ⅲ类	Ⅲ类	Ⅲ类	Ⅲ类	Ⅲ类	Ⅲ类	Ⅲ类
	历史主要污染指标： 2016 年石油类							

自动站	
	站点名称： 乌镇北
	管理级别： 国控
	站点位置： 手工断面下游约 2.3 千米

汇水区污染源	
	工业： 无工业污染源
	生活： 涉及乌镇居民约 200 户，人口约 750 人，均已落实简易处理和终端处理
	农业： 以水稻、小麦为主，面积约为 600 亩；林地面积约为 1200 亩
	其他： 污水处理厂：无；上游支流：乌镇北断面上游 1 千米内有 4 条主要支流汇入

断面位置

自动站

断面上游

断面下游

联合桥

断面编码： FJ00S330400_2021A

控制级别： 国控　**断面属性：** 控制断面

水体类型： 河流　**功能类别：** Ⅲ类

水系水体： 杭嘉湖平原河网——长山河

所在市县： 嘉兴市桐乡市

责任市县： 嘉兴市桐乡市

断面位置： 乌荡边上 103 县道桥，坐标：E120.6667°，N30.5614°

	2016 年	2017 年	2018 年	2019 年	2020 年	2021 年	2022 年	2023 年
水质状况	—	—	—	Ⅳ类	Ⅲ类	Ⅲ类	Ⅲ类	Ⅲ类
	历史主要污染指标：2019 年总磷							

自动站	
	站点名称：联合桥
	管理级别：省控
	站点位置：手工断面上游 850 米

汇水区污染源	
	工业：断面共有一般企业 14 家，主要涉及水泥、建筑材料、纺织、涂料等行业，产生的废水均已纳管至污水处理厂处理排放
	生活：涉及屠甸镇万星村，农户共 532 户，生活污水均已落实简易处理和终端处理
	农业：水产养殖共 4 家，以养殖沼虾为主，面积约为 30 亩。农业以水稻、桑树为主，总面积约为 1200 亩
	其他：污水处理厂：无；上游支流：上游 1 千米内有 5 条主要支流汇入

断面位置

自动站

断面上游

断面下游

西双桥

断面编码： 2FN330483A0067

控制级别： 省控　　**断面属性：** 控制断面

水体类型： 河流　　**功能类别：** Ⅲ类

水系水体： 京杭运河——京杭运河嘉兴段

所在市县： 嘉兴市桐乡市

责任市县： 嘉兴市桐乡市

断面位置： 杭州塘与西双桥交叉口，坐标：E120.5200°，N30.6630°

断面二维码

水质状况	2016 年	2017 年	2018 年	2019 年	2020 年	2021 年	2022 年	2023 年
	Ⅳ类	Ⅲ类	Ⅲ类	Ⅲ类	Ⅲ类	Ⅲ类	Ⅲ类	Ⅲ类
	历史主要污染指标：2016 年石油类、溶解氧							

自动站	
	站点名称：西双桥
	管理级别：省控
	站点位置：与手工断面重合

汇水区污染源	
	工业：无工业污染源
	生活：涉及乌镇 30 多个自然村落，大部分自然村的污水采用纳入市政管网方式收集处理，其余生活污水采用无动力处理设施处理
	农业：西双桥涉及水产养殖 3 家，已落实尾水处理设施。农业种植面积约为 2560 亩，以水稻、桑地为主
	其他：污水处理厂：无；上游支流：上游 1 千米内有 2 条主要支流汇入

断面位置

自动站

断面上游

断面下游

大麻渡口

断面二维码

断面编码： 2FN330110A0065

控制级别： 省控　　**断面属性：** 市界

水体类型： 河流　　**功能类别：** Ⅳ类

水系水体： 京杭运河——京杭运河嘉兴段

所在市县： 嘉兴市桐乡市

责任市县： 杭州市临平区

断面位置： 京杭运河与东新村丰稔路交叉口东侧 1400 米，坐标：E120.3217° ，N30.5045°

	2016 年	2017 年	2018 年	2019 年	2020 年	2021 年	2022 年	2023 年
水质状况	Ⅳ类	Ⅲ类	Ⅳ类	Ⅲ类	Ⅲ类	Ⅳ类	Ⅲ类	Ⅲ类
	历史主要污染指标：2016 年石油类、氨氮、溶解氧；2018 年溶解氧、总磷；2021 年五日生化需氧量							

自动站	站点名称：大麻
	管理级别：省控
	站点位置：与手工断面重合

汇水区污染源	工业：涉及企业 15 家，均已完成雨污分流，污水已纳管处理
	生活：涉及 4 个村的污水都已进行雨污分流改造，污水已纳管处理
	农业：涉及博陆、双桥、戚家桥、新宇、东新 5 个村，水稻种植面积为 4100 亩（含水产养殖关停转型 1600 亩），莲藕种植面积为 600 亩
	其他：污水处理厂：无；上游支流：上游有 12 条支流汇入

断面位置

自动站

断面上游

断面下游

晚村

断面编码： 2FN330521A0086

控制级别： 省控　　**断面属性：** 市界

水体类型： 河流　　**功能类别：** Ⅲ类

水系水体： 杭嘉湖平原河网——横塘港

所在市县： 嘉兴市桐乡市

责任市县： 湖州市德清县

断面位置： 德清服务区东北方 1 100 米处横塘港无名桥，坐标：E120.3071°，N30.5927°

断面二维码

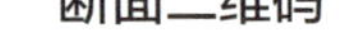

	2016 年	2017 年	2018 年	2019 年	2020 年	2021 年	2022 年	2023 年
水质状况	Ⅳ类	Ⅲ类	Ⅳ类	Ⅲ类	Ⅲ类	Ⅲ类	Ⅲ类	Ⅲ类
	历史主要污染指标：2016 年石油类；2018 年溶解氧							
自动站	站点名称：晚村							
	管理级别：省控							
	站点位置：手工断面上游 2.6 千米							
汇水区污染源	工业：涉及区域无工业污染源							
	生活：涉及区域周边均为农业农村区，平原河网水文复杂，多数建有农村污水处理终端设施							
	农业：主要涉及水稻种植和渔业养殖							
	其他：污水处理厂：污水处理厂纳入横塘港；上游支流：平原河网密集							

断面位置

自动站

断面上游

断面下游

明星路桥

断面二维码

断面编码： FJ04S310000_2014A

控制级别： 国控　　**断面属性：** 省界

水体类型： 河流　　**功能类别：** Ⅲ类

水系水体： 杭嘉湖平原河网——面杖港

所在市县： 上海市金山区

责任市县： 嘉兴市嘉善县

断面位置： 明星路（枫泾）与面杖港交叉口，坐标：E121.0236°，N30.8467°

	2016 年	2017 年	2018 年	2019 年	2020 年	2021 年	2022 年	2023 年
水质状况	—	—	—	—	Ⅲ类	Ⅲ类	Ⅲ类	Ⅲ类
	历史主要污染指标：—							

自动站	站点名称：明星路桥
	管理级别：国控
	站点位置：手工断面下游 300 米

汇水区污染源	工业：共涉及工业企业 131 家，废水均纳入污水处理厂集中处理后排放
	生活：涉及魏塘街道、罗星街道等 4 个乡镇（街道），共有 48 处农村生活污水处理终端设施。受益农户为 3.36 万户
	农业：种植面积为 11 万亩，淡水养殖面积为 2500 亩
	其他：污水处理厂：无；上游支流：明星路桥断面位于面杖港，为感潮河流，流向不定

断面位置

自动站

断面上游

断面下游

浙江省

绍兴市
断面图鉴

SHAOXING SHI
DUANMIAN TUJIAN

绍兴市地表水国控、省控监测断面分布图

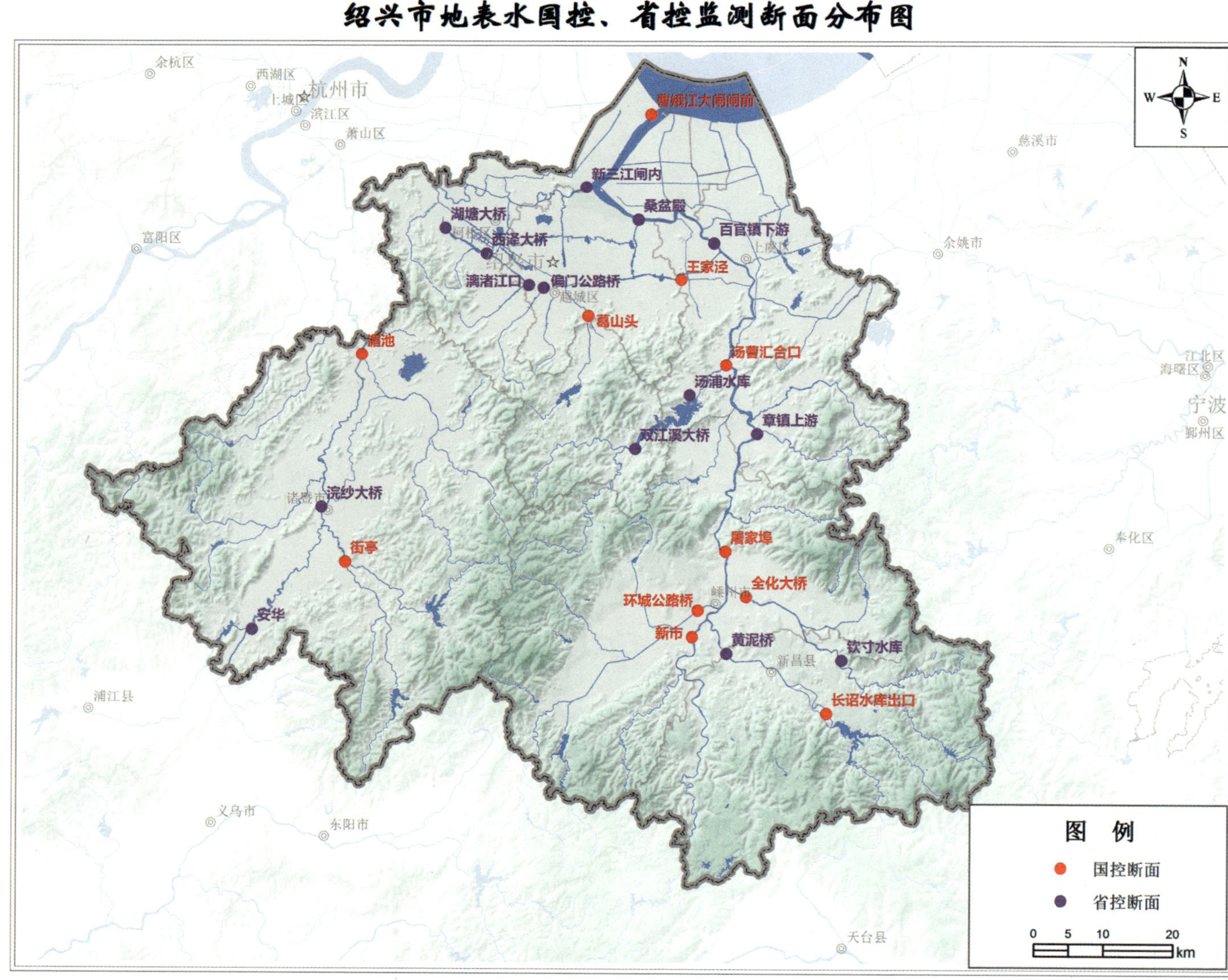

新三江闸内

断面二维码

断面编码： 2GA330602A0088

控制级别： 省控　　**断面属性：** 入河口

水体类型： 河流　　**功能类别：** Ⅲ类

水系水体： 萧绍平原河网——荷湖江

所在市县： 绍兴市越城区

责任市县： 绍兴市越城区、柯桥区

断面位置： 新闸江与曹娥江交叉口迎宾路处，坐标：E120.6272°，N30.1289°

	2016 年	2017 年	2018 年	2019 年	2020 年	2021 年	2022 年	2023 年
水质状况	Ⅳ类	Ⅲ类	Ⅱ类	Ⅲ类	Ⅱ类	Ⅱ类	Ⅲ类	Ⅱ类
	历史主要污染指标：2016 年五日生化需氧量、氨氮							
自动站	站点名称：新三江闸内							
	管理级别：省控							
	站点位置：与手工断面重合							
汇水区污染源	工业：越城区界有 8 家印染化工企业，已全部纳管处理							
	生活：涉及区域无生活污染源							
	农业：涉及区域无农业污染源							
	其他：污水处理厂：无；上游支流：丰收闸环塘河、新豆姜生产河							

断面位置

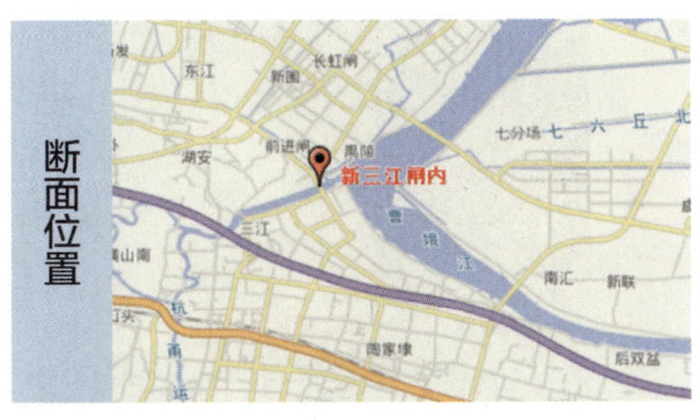

自动站

断面上游

断面下游

偏门公路桥

断面编码： 2GA330602A0089

控制级别： 省控　　**断面属性：** 控制断面

水体类型： 河流　　**功能类别：** Ⅳ类

水系水体： 萧绍平原河网——环城南河

所在市县： 绍兴市越城区

责任市县： 绍兴市越城区

断面位置： 山阴路与南运河交叉口西侧 100 米，坐标：E120.5625° ，N29.9981°

断面二维码

<table>
<tr><td rowspan="3">水质状况</td><td>2016 年</td><td>2017 年</td><td>2018 年</td><td>2019 年</td><td>2020 年</td><td>2021 年</td><td>2022 年</td><td>2023 年</td></tr>
<tr><td>Ⅳ类</td><td>Ⅲ类</td><td>Ⅱ类</td><td>Ⅱ类</td><td>Ⅱ类</td><td>Ⅱ类</td><td>Ⅱ类</td><td>Ⅲ类</td></tr>
<tr><td colspan="8">历史主要污染指标：2016 年氨氮</td></tr>
<tr><td rowspan="3">自动站</td><td colspan="8">站点名称：偏门公路桥</td></tr>
<tr><td colspan="8">管理级别：省控</td></tr>
<tr><td colspan="8">站点位置：与手工断面重合</td></tr>
<tr><td rowspan="4">汇水区污染源</td><td colspan="8">工业：周边无工业企业和工业园区</td></tr>
<tr><td colspan="8">生活：涉及 5 个社区，沿线各小区已在 2021 年实施“污水零直排”建设</td></tr>
<tr><td colspan="8">农业：涉及区域无农业污染源</td></tr>
<tr><td colspan="8">其他：污水处理厂：无；上游支流：娄宫江、直塘江、钟堰江</td></tr>
</table>

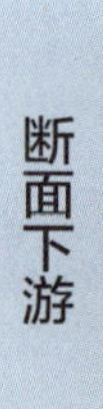

葛山头

断面二维码

断面编码： GG00S330600_2003A

控制级别： 国控　　**断面属性：** 控制断面

水体类型： 河流　　**功能类别：** Ⅲ类

水系水体： 萧绍平原河网——平水江

所在市县： 绍兴市越城区

责任市县： 绍兴市越城区

断面位置： 阳明路和平水东江交叉处无名桥，坐标：E120.6258°，N29.9639°

	2016 年	2017 年	2018 年	2019 年	2020 年	2021 年	2022 年	2023 年
水质状况	Ⅱ类	Ⅱ类	Ⅱ类	Ⅱ类	Ⅱ类	Ⅱ类	Ⅱ类	Ⅱ类
	历史主要污染指标：—							

自动站	**站点名称：** 葛山头
	管理级别： 国控
	站点位置： 与手工断面重合

汇水区污染源	**工业：** 涉及工业企业 257 家，其中规模以上工业企业 45 家，污水纳管排入城市污水处理厂处理；剩余企业均为小企业，且以纺织、服装、家具为主，企业废水产生量较少，污水以生活污水为主，均纳入生活污水处理终端设施
	生活： 涉及人口 10 万人，生活污水全部纳入绍兴水处理发展有限公司集中处理后排放。农村生活污水经集中或分散式污水处理设施处理后排入环境
	农业： 现有耕地面积约为 3.7 万亩，种植油菜籽、花卉苗木、果蔬、茶等。共有家庭农场 21 家，现有养殖品种包括猪、牛、羊、兔和家禽
	其他： 污水处理厂：无；上游支流：至越城区界无支流汇入

断面位置

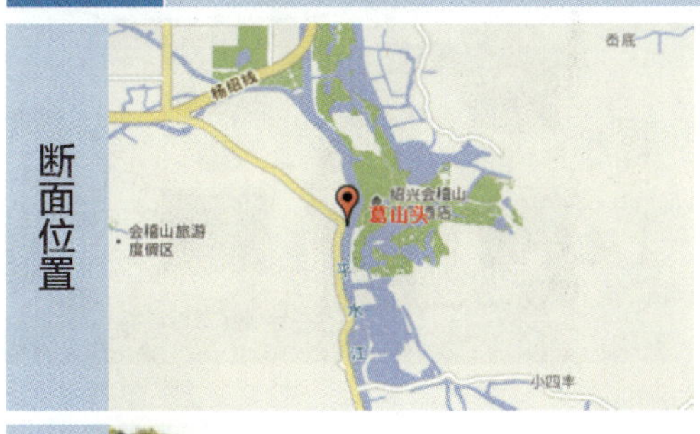

自动站

断面上游

断面下游

漓渚江口

断面编码： 2GA330602A0091

控制级别： 省控　　**断面属性：** 控制断面

水体类型： 河流　　**功能类别：** Ⅱ类

水系水体： 萧绍平原河网——鉴湖

所在市县： 绍兴市越城区

责任市县： 绍兴市越城区、柯桥区

断面位置： 鉴湖与漓渚江交叉口二环西路处，坐标：E120.5408°，N30.0014°

断面二维码

	2016 年	2017 年	2018 年	2019 年	2020 年	2021 年	2022 年	2023 年
水质状况	Ⅳ类	Ⅱ类	Ⅱ类	Ⅱ类	Ⅱ类	Ⅱ类	Ⅱ类	Ⅲ类
	历史主要污染指标：2016 年氨氮							
自动站	站点名称：漓渚江口							
	管理级别：省控							
	站点位置：手工断面下游 700 米							
汇水区污染源	工业：越城区界共有制衣厂等一般企业 12 家，产生的废水已全部纳管处理							
	生活：涉及越城区及柯桥区多个乡镇，目前北海区域内的生活小区都已实施“污水零直排”建设工程							
	农业：涉及区域无农业污染源							
	其他：污水处理厂：无；上游支流：雄鹅江、漓渚江、荷花溇、劳嘴河							

断面位置

自动站

断面上游

断面下游

桑盆殿

断面二维码

断面编码： 2GA330602A0022

控制级别： 省控　　**断面属性：** 控制断面

水体类型： 河流　　**功能类别：** Ⅲ类

水系水体： 曹娥江——曹娥江干流

所在市县： 绍兴市越城区

责任市县： 绍兴市越城区

断面位置： 曹娥江与大闸江交叉口东侧 310 米处，坐标：E120.7044°，N30.0861°

水质状况	2016 年	2017 年	2018 年	2019 年	2020 年	2021 年	2022 年	2023 年
	Ⅱ类	Ⅱ类	Ⅱ类	Ⅱ类	Ⅱ类	Ⅱ类	Ⅱ类	Ⅱ类
	历史主要污染指标：—							

自动站	
	站点名称：桑盆殿
	管理级别：省控
	站点位置：手工断面下游 3.5 千米

汇水区污染源	
	工业：涉水企业 4 家，产生废水均已纳管至污水处理厂处理排放
	生活：涉及孙端街道三条溇村和上虞区多个乡镇，目前三条溇村总人口约为 3850 人，农村生活污水已全部纳管并由村终端池处理
	农业：孙端街道三条溇村水产养殖面积为 40 亩，蔬菜大棚面积为 36 亩
	其他：污水处理厂：无；上游支流：孙端街道有 2 个闸口，由楝树闸直江和马山大河汇入曹娥江

断面位置

自动站

断面上游

断面下游

西泽大桥

断面编码： 2GA330603A0093

控制级别： 省控　　**断面属性：** 控制断面

水体类型： 河流　　**功能类别：** Ⅱ类

水系水体： 萧绍平原河网——鉴湖

所在市县： 绍兴市柯桥区

责任市县： 绍兴市柯桥区

断面位置： 鉴湖与西泽大桥交叉口，坐标：E120.4781°，N30.0439°

断面二维码

	2016 年	2017 年	2018 年	2019 年	2020 年	2021 年	2022 年	2023 年
水质状况	Ⅱ类	Ⅱ类	Ⅱ类	Ⅱ类	Ⅱ类	Ⅱ类	Ⅱ类	Ⅱ类
	历史主要污染指标：—							
自动站	站点名称：西泽大桥							
	管理级别：省控							
	站点位置：与手工断面重合							
汇水区污染源	工业：无工业污染源							
	生活：涉及柯岩风景区 1 个景区及 3 处住宅小区，生活污水均纳入管道处理							
	农业：涉及区域无农业污染源							
	其他：污水处理厂：无；上游支流：上游 1 千米范围无支流汇入							

断面位置

自动站

断面上游

断面下游

双江溪大桥

断面编码：2GA330603A0077

控制级别：省控　　**断面属性：**控制断面

水体类型：河流　　**功能类别：**Ⅱ类

水系水体：曹娥江——小舜江（双江溪）

所在市县：绍兴市柯桥区

责任市县：绍兴市柯桥区

断面位置：汤浦水库与双江溪大桥交叉口，坐标：E120.6983°，N29.7889°

断面二维码

	2016 年	2017 年	2018 年	2019 年	2020 年	2021 年	2022 年	2023 年
水质状况	Ⅱ类	Ⅱ类	Ⅱ类	Ⅱ类	Ⅱ类	Ⅱ类	Ⅱ类	Ⅱ类
	历史主要污染指标：—							

自动站	站点名称：双江溪大桥
	管理级别：省控
	站点位置：与手工断面重合
汇水区污染源	工业：无工业污染源
	生活：涉及柯王坛镇的 6 个社区，总人口约为 8000 人，生活污水均纳入管道处理
	农业：涉及区域无农业污染源
	其他：污水处理厂：无；上游支流：上游 1 千米内无支流汇入

断面位置

自动站

断面上游

断面下游

湖塘大桥

断面编码： 2GA330603A0092

断面二维码

控制级别： 省控　**断面属性：** 控制断面

水体类型： 河流　**功能类别：** Ⅱ类

水系水体： 萧绍平原河网——鉴湖

所在市县： 绍兴市柯桥区

责任市县： 绍兴市柯桥区

断面位置： 鉴湖与兴工路交叉口，坐标：E120.4167°，N30.0764°

	2016 年	2017 年	2018 年	2019 年	2020 年	2021 年	2022 年	2023 年
水质状况	Ⅱ类	Ⅱ类	Ⅱ类	Ⅱ类	Ⅱ类	Ⅱ类	Ⅱ类	Ⅱ类
	历史主要污染指标：—							
自动站	站点名称：湖塘大桥							
	管理级别：省控							
	站点位置：与手工断面重合							
汇水区污染源	工业：涉及 2 家酿酒厂与 2 家纺织企业，污水全部纳管排放；工业园区 2 个，涉水企业废水均已纳管排放							
	生活：涉及沿河村居 2 个，共计住户 250 户，人口约为 1150 人，均已完成生活污水治理工程，沿线湖塘村也已拆迁							
	农业：沿河畜禽养殖及水面养殖已全面清养完成，断面监测点河岸边约有 7 亩蔬菜种植，疑似磷肥影响断面水质							
	其他：污水处理厂：无；上游支流：主要由夏履江和西小江汇入							

断面位置

自动站

断面上游

断面下游

曹娥江大闸闸前

断面二维码

断面编码： GG13S330600_0001A

控制级别： 国控　　**断面属性：** 入海口

水体类型： 河流　　**功能类别：** Ⅲ类

水系水体： 曹娥江——曹娥江干流

所在市县： 绍兴市柯桥区

责任市县： 绍兴市柯桥区

断面位置： 江滨路滨海天达附近 19 米，坐标：E120.7239° ，N30.2237°

	2016 年	2017 年	2018 年	2019 年	2020 年	2021 年	2022 年	2023 年
水质状况	Ⅲ类	Ⅱ类	Ⅱ类	Ⅱ类	Ⅱ类	Ⅱ类	Ⅱ类	Ⅱ类
	历史主要污染指标：—							
自动站	站点名称：曹娥江大闸闸前							
	管理级别：国控							
	站点位置：手工断面右岸							
汇水区污染源	工业：共有涉水企业 270 家，每天废水产生量 40 万吨，排放废水全部纳管，经深度处理后排入钱塘江							
	生活：涉及 5 个镇，常住人口为 25 万人。生活污水基本纳管处理							
	农业：5 个镇街耕地面积为 6000 公顷，园地面积为 1300 公顷							
	其他：污水处理厂：无；上游支流：上游有三江大河汇入							

断面位置

自动站

断面上游

断面下游

汤浦水库

点位编码：2GA330604B0135

控制级别：省控　　**点位属性：**—

水体类型：水库　　**功能类别：**Ⅱ类

水系水体：曹娥江——汤浦水库

所在市县：绍兴市上虞区

责任市县：绍兴市上虞区、柯桥区

点位位置：汤浦水库坝前，坐标：E120.7794°，N29.8572°

断面二维码

	2016 年	2017 年	2018 年	2019 年	2020 年	2021 年	2022 年	2023 年
水质状况	Ⅱ类	Ⅱ类	Ⅱ类	Ⅱ类	Ⅰ类	Ⅱ类	Ⅱ类	Ⅱ类
	历史主要污染指标：—							
自动站	站点名称：汤浦水库							
	管理级别：省控							
	站点位置：手工断面东侧 800 米							
汇水区污染源	工业：无工业污染源							
	生活：涉及柯王坛镇的 6 个社区，总人口约 8000 人。生活污水均纳入管网处理							
	农业：涉及区域无农业污染源							
	其他：污水处理厂：无；上游支流：无							

点位位置

自动站

点位周边

点位周边

章镇上游

断面编码： 2GA330683A0024

控制级别： 省控　　**断面属性：** 县界

水体类型： 河流　　**功能类别：** Ⅲ类

水系水体： 曹娥江——曹娥江干流

所在市县： 绍兴市上虞区

责任市县： 绍兴市嵊州市

断面位置： 章镇曹娥江与隐潭溪交叉口，坐标：E120.8758°，N29.8149°

断面二维码

	2016 年	2017 年	2018 年	2019 年	2020 年	2021 年	2022 年	2023 年
水质状况	Ⅱ类	Ⅱ类	Ⅱ类	Ⅱ类	Ⅱ类	Ⅱ类	Ⅱ类	Ⅱ类
	历史主要污染指标：—							
自动站	站点名称：章镇上游							
	管理级别：省控							
	站点位置：位于手工采样断面上游 2.6 千米							
汇水区污染源	工业：断面省级高新园区共有一般工业企业 332 家，废水均实现纳管处理							
	生活：涉及 1 个乡镇，辖 19 个行政村（103 个自然村）和 1 个居委会，1.8 万户，5.7 万人。建有农村生活污水处理终端设施							
	农业：畜禽养殖场 2 家，养殖生猪 800 头。粮食作物播种面积为 34.5 万亩							
	其他：污水处理厂：2 家，设计处理量分别为 22.5 万吨、5 500 吨，距离断面分别为 25 千米、8.2 千米；上游支流：1 千米内有隐潭溪汇入。							

断面位置

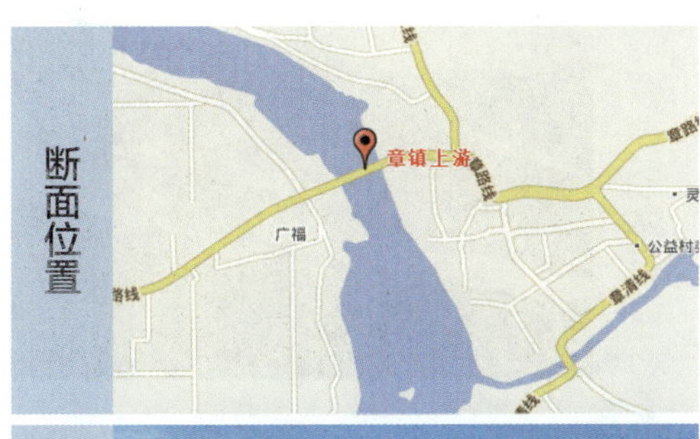

自动站

断面上游

断面下游

汤曹汇合口

断面二维码

断面编码： GG00S330600_0017A

控制级别： 国控 **断面属性：** 控制断面

水体类型： 河流 **功能类别：** Ⅲ类

水系水体： 曹娥江——曹娥江干流

所在市县： 绍兴市上虞区

责任市县： 绍兴市上虞区

断面位置： 小舜江与曹娥江交叉口，坐标：E120.8344°，N29.8958°

	2016 年	2017 年	2018 年	2019 年	2020 年	2021 年	2022 年	2023 年
水质状况	Ⅱ类	Ⅱ类	Ⅱ类	Ⅱ类	Ⅱ类	Ⅱ类	Ⅱ类	Ⅱ类
	历史主要污染指标：—							

自动站	站点名称：汤曹汇合口
	管理级别：国控
	站点位置：手工断面下游 0.95 千米

汇水区污染源	工业：断面共有 28 家工业企业，污水纳管处理
	生活：涉及 7 个乡镇，总人口近 12 万人。集中式污水排放企业 300 家，均为农村集中式污水处理设施
	农业：畜禽养殖场 42 家，生猪养殖 24692 头，禽类养殖 84500 只。农作物面积约为 1.6 万亩，水产养殖面积约为 400 公顷
	其他：污水处理厂：上游有污水处理厂 2 家，处理量分别为 14000 吨 / 日和 3 000 吨 / 日；上游支流：小舜江、下管溪、隐潭溪

断面位置

自动站

断面上游

断面下游

百官镇下游

断面编码： 2GA330604A0023

控制级别： 省控　　**断面属性：** 控制断面

水体类型： 河流　　**功能类别：** Ⅲ类

水系水体： 曹娥江——曹娥江干流

所在市县： 绍兴市上虞区

责任市县： 绍兴市上虞区

断面位置： 曹娥江与五甲渡大桥交叉口，坐标：E120.8169°，N30.0556°

断面二维码

	2016 年	2017 年	2018 年	2019 年	2020 年	2021 年	2022 年	2023 年
水质状况	Ⅲ类	Ⅱ类	Ⅱ类	Ⅱ类	Ⅱ类	Ⅱ类	Ⅱ类	Ⅱ类
	历史主要污染指标：—							
自动站	站点名称：百官镇下游							
	管理级别：省控							
	站点位置：与手工断面重合							
汇水区污染源	工业：涉及 32 家工业企业，污水纳管处理							
	生活：涉及 4 个乡镇，68 个行政村（社区、居委会），总人口约 10 万人。65 个行政村均已建设纳污管道							
	农业：涉及畜禽养殖场 28 家，生猪养殖 2 万余头，禽类养殖 6 万余只。农作物种植面积约为 1700 公顷，鱼塘养殖面积约为 1400 亩							
	其他：污水处理厂：上游有污水处理厂 2 家，处理量分别为 14000 吨 / 日和 3000 吨 / 日；上游支流：上游有 4 条支流汇入							

断面位置

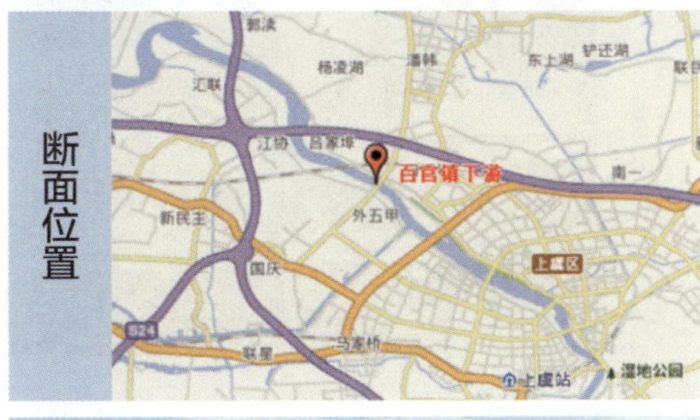

自动站

断面上游

断面下游

钦寸水库

断面二维码

断面编码： 2GA330624B0136

控制级别： 省控　　**点位属性：** —

水体类型： 水库　　**功能类别：** Ⅱ类

水系水体： 曹娥江——钦寸水库

所在市县： 绍兴市新昌县

责任市县： 绍兴市新昌县

断面位置： 钦寸水库坝前约 230 米，坐标：E121.0040°，N29.5170°

	2016 年	2017 年	2018 年	2019 年	2020 年	2021 年	2022 年	2023 年
水质状况	—	—	—	—	—	Ⅱ类	Ⅱ类	Ⅱ类
	历史主要污染指标：—							

自动站	
	站点名称：钦寸水库
	管理级别：省控
	站点位置：与手工断面重合

汇水区污染源	
	工业：水库有新昌高新园区大市聚区块，企业废水都纳管处理
	生活：涉及沙溪、沃洲、小将 3 个镇，共 36 个村，总人口约为 3.9 万人。农村生活污水均有村自建农村生活污水处理终端设施
	农业：水库集雨区基本为山区，沿河谷地有部分农耕地
	其他：污水处理厂：无；上游支流：无

断面位置

自动站

点位周边

点位周边

石门水库

断面二维码

断面编码： GG08S330600_2015A

控制级别： 国控　　**断面属性：** 控制断面

水体类型： 河流　　**功能类别：** Ⅱ类

水系水体： 曹娥江——夹溪

所在市县： 绍兴市新昌县

责任市县： 金华市磐安县

断面位置： 杭绍台高速石门潭东南 213 米，坐标：E120.7752°，N29.2830°

	2016 年	2017 年	2018 年	2019 年	2020 年	2021 年	2022 年	2023 年
水质状况	—	—	—	—	Ⅱ类	Ⅱ类	Ⅱ类	Ⅱ类
	历史主要污染指标：—							
自动站	站点名称：不具备建站条件							
	管理级别：—							
	站点位置：—							
汇水区污染源	工业：涉及区域无工业污染源							
	生活：涉及区域无生活污染源							
	农业：涉及区域无农业污染源							
	其他：污水处理厂：无；上游支流：上游 1 千米内无支流汇入							

断面位置

周边情况

断面上游

断面下游

长诏水库出口

断面二维码

断面编码： GG00S330600_0016A

控制级别： 国控　　**断面属性：** 控制断面

水体类型： 河流　　**功能类别：** Ⅱ类

水系水体： 曹娥江——新昌江

所在市县： 绍兴市新昌县

责任市县： 绍兴市新昌县

断面位置： 长诏水库下游前岸村新大线，坐标：E120.9807°，N29.43483°

	2016 年	2017 年	2018 年	2019 年	2020 年	2021 年	2022 年	2023 年
水质状况	Ⅰ类	Ⅰ类	Ⅱ类	Ⅰ类	Ⅱ类	Ⅱ类	Ⅰ类	Ⅰ类
	历史主要污染指标：—							
自动站	站点名称：长诏水库出口							
	管理级别：国控							
	站点位置：与手工断面重合							
汇水区污染源	工业：无工业污染源							
	生活：涉及沃洲镇、小将镇、儒岙镇共 35 个村，总人口约 2.7 万人。农村生活污水均有村自建农村生活污水处理终端设施							
	农业：水库集雨区基本为山区，沿河谷地有部分农耕地							
	其他：污水处理厂：无；上游支流：主要有小将溪、黄坛江、石磁溪 3 条支流汇入							

断面位置

自动站

断面上游

断面下游

安华

断面编码： 2GA330681A0019

控制级别： 省控　　**断面属性：** 控制断面

水体类型： 河流　　**功能类别：** Ⅲ类

水系水体： 钱塘江——浦阳江

所在市县： 绍兴市诸暨市

责任市县： 绍兴市诸暨市

断面位置： 浦阳江与安华水库大坝交叉口，坐标：E120.1245°，N29.5583°

断面二维码

	2016 年	2017 年	2018 年	2019 年	2020 年	2021 年	2022 年	2023 年
水质状况	Ⅲ类	Ⅱ类	Ⅱ类	Ⅲ类	Ⅱ类	Ⅱ类	Ⅱ类	Ⅲ类
	历史主要污染指标： 一							
自动站	**站点名称：** 安华							
	管理级别： 省控							
	站点位置： 与手工断面重合							
汇水区污染源	**工业：** 涉及区域无工业污染源							
	生活： 涉及区域无生活污染源							
	农业： 涉及区域无农业污染源							
	其他： 污水处理厂：无；上游支流：上游 1 千米内有大陈江支流							

断面位置

自动站

断面上游

断面下游

街亭

断面编码： GG14S330600_2011A

控制级别： 国控　　**断面属性：** 入河口

水体类型： 河流　　**功能类别：** Ⅲ类

水系水体： 钱塘江——开化江

所在市县： 绍兴市诸暨市

责任市县： 绍兴市诸暨市

断面位置： 街新线三江庭苑附近 38 米，坐标：E120.2683°，N29.6447°

断面二维码

	2016 年	2017 年	2018 年	2019 年	2020 年	2021 年	2022 年	2023 年
水质状况	Ⅱ类	Ⅱ类	Ⅱ类	Ⅱ类	Ⅱ类	Ⅱ类	Ⅱ类	Ⅱ类
	历史主要污染指标：—							

自动站	站点名称：街亭
	管理级别：省控
	站点位置：与手工断面重合

汇水区污染源	工业：璜山镇轴承轴瓦工业园区企业 33 家、浬浦镇盘山村工业集聚点企业 5 家，生产废水均已纳管处理
	生活：涉及 6 个乡镇（街道），汇水区所有污水处理厂都汇入开化江
	农业：实际养殖生猪约 1.5 万头、家禽约 7 万只。农作物种植面积约为 5000 亩
	其他：污水处理厂：璜山污水处理厂，排口距断面约 5 千米，2021 年排放量为 2555.6 吨 / 日；上游支流：上游 1 千米内有 2 条江支流汇入

断面位置

自动站

断面上游

断面下游

浣纱大桥

断面编码：2GA330681A0020

控制级别：省控　　**断面属性**：控制断面

水体类型：河流　　**功能类别**：Ⅲ类

水系水体：钱塘江——浦阳江

所在市县：绍兴市诸暨市

责任市县：绍兴市诸暨市

断面位置：暨阳区浦阳江与苎萝东路交叉口，坐标：E120.2330°，N29.7052°

断面二维码

	2016 年	2017 年	2018 年	2019 年	2020 年	2021 年	2022 年	2023 年
水质状况	Ⅱ类	Ⅱ类	Ⅱ类	Ⅱ类	Ⅱ类	Ⅱ类	Ⅱ类	Ⅱ类
	历史主要污染指标：—							
自动站	站点名称：浣纱大桥							
	管理级别：省控							
	站点位置：与手工断面重合							
汇水区污染源	工业：工业企业 170 余家，企业废水均已纳管处理							
	生活：涉及暨南街道，37 个行政村（社区、居委会），总计 2.5 万户，纳管率为 0							
	农业：存在大规模畜禽养殖和水产养殖。农作物种植面积约为 2000 亩							
	其他：污水处理厂：无；上游支流：上游 2 千米内有开化江支流汇入							

断面位置

自动站

断面上游

断面下游

湄池

断面二维码

断面编码： GG00S330600_2004A

控制级别： 国控　　**断面属性：** 控制断面

水体类型： 河流　　**功能类别：** Ⅲ类

水系水体： 钱塘江——浦阳江

所在市县： 绍兴市诸暨市

责任市县： 绍兴市诸暨市

断面位置： 店口镇湄池无名桥，坐标：E120.2928°，N29.9116°

	2016 年	2017 年	2018 年	2019 年	2020 年	2021 年	2022 年	2023 年
水质状况	Ⅲ类	Ⅱ类	Ⅲ类	Ⅲ类	Ⅲ类	Ⅲ类	Ⅲ类	Ⅲ类
	历史主要污染指标：—							

自动站	站点名称：湄池
	管理级别：国控
	站点位置：与手工断面重合

汇水区污染源	工业：涉及 12 个镇和街道，共 17 个产业园区和工业集聚区，400 家企业。企业废水均已纳管处理
	生活：涉及姚江镇 23 个行政村（社区、居委会），约 2 万户。纳管率为 4.3%
	农业：存在大规模畜禽养殖和水产养殖；农作物种植面积约为 3000 亩
	其他：污水处理厂：无；上游支流：上游 2 千米内有 2 条支流汇入

断面位置

自动站

断面上游

断面下游

环城公路桥

断面二维码

断面编码：GG14S330600_2008A

控制级别：国控　　**断面属性**：入河口

水体类型：河流　　**功能类别**：Ⅲ类

水系水体：曹娥江——长乐江

所在市县：绍兴市嵊州市

责任市县：绍兴市嵊州市

断面位置：卡尔路与长乐江交叉口，坐标：E120.7912°，N29.5817°

	2016年	2017年	2018年	2019年	2020年	2021年	2022年	2023年
水质状况	Ⅲ类	Ⅲ类	Ⅲ类	Ⅲ类	Ⅱ类	Ⅲ类	Ⅲ类	Ⅲ类
	历史主要污染指标：—							

自动站	站点名称：环城公路桥
	管理级别：省控
	站点位置：与手工断面重合

汇水区污染源	工业：2020年已完成工业园区的“污水零直排区”建设。断面周边工业企业较少，多为纺织业、造纸业等，且均已完成纳管
	生活：涉及9个街道（乡镇），总人口为33万人。其中3个镇尚未全面完成“污水零直排”建设
	农业：汇水区内涉及5个镇区，共养殖生猪8.6万头、家禽14.8万只；农用地为水田，面积为24.3万亩，旱地面积为10.3万亩、林地面积为58.4万亩
	其他：污水处理厂：三家污水处理厂，上游支流：上游10千米内有3条支流汇入

断面位置

自动站

断面上游

断面下游

黄泥桥

断面编码： 2GA330624A0025

控制级别： 省控　　**断面属性：** 县界

水体类型： 河流　　**功能类别：** Ⅲ类

水系水体： 曹娥江——新昌江

所在市县： 绍兴市嵊州市

责任市县： 绍兴市新昌县

断面二维码

断面位置： 新昌江与达利发路交叉口西北方 550 米，坐标：E120.8331° ，N29.5267°

	2016 年	2017 年	2018 年	2019 年	2020 年	2021 年	2022 年	2023 年
水质状况	Ⅱ类	Ⅲ类	Ⅲ类	Ⅲ类	Ⅲ类	Ⅲ类	Ⅲ类	Ⅲ类
	历史主要污染指标：—							
自动站	站点名称：黄泥桥							
	管理级别：省控							
	站点位置：手工断面对岸 40 米							
汇水区污染源	工业：涉及企业多为轴承、机械配件制造加工、原料药、食品添加剂、饲料及饲料添加剂、有机化工产品的生产等企业，企业废水全部纳管至下游的嵊新污水处理厂处理							
	生活：涉及新昌县城区 3 个街道，24 个社区，60 个村，共 26 万人。其中城区生活污水均已纳管处理，农村污水均有自建农村生活污水处理终端设施							
	农业：汇水区大型规模养殖场粪污处理设施装备配套率达 100%，全域采用干清粪工艺，畜禽粪污综合利用率达 98%。淡水养殖范围较小。耕地面积约为 7.4 万亩，林地面积约为 40.9 万亩，园地面积约为 0.6 万亩							
	其他：污水处理厂：无；上游支流：上游主要有 3 条支流汇入							

断面位置

自动站

断面上游

断面下游

新市

断面编码： GG00S330600_2007A

控制级别： 国控　　**断面属性：** 控制断面

水体类型： 河流　　**功能类别：** Ⅲ类

水系水体： 曹娥江——澄潭江

所在市县： 绍兴市嵊州市

责任市县： 绍兴市嵊州市

断面位置： 澄潭江与澄潭江桥交叉口北侧 470 米无名小桥，坐标：E120.7827° ，N29.5478°

断面二维码

水质状况	2016 年	2017 年	2018 年	2019 年	2020 年	2021 年	2022 年	2023 年
	Ⅱ类	Ⅱ类	Ⅱ类	Ⅱ类	Ⅱ类	Ⅱ类	Ⅱ类	Ⅱ类
	历史主要污染指标：—							

自动站	
	站点名称：新市
	管理级别：省控
	站点位置：与手工断面重合

汇水区污染源	
	工业：目前嵊州市工业企业污水统一纳管处理，但河道沿岸仍有部分排口
	生活：涉及 5 个乡镇（街道），共计人口约 10 万人，其中城市人口约 3.2 万人，农村人口约 7.1 万人。城镇生活污水收集率大于 92%，农村生活污水处理设施覆盖率大于 43%
	农业：农业种植污染较大，规模化养殖场和水产养殖均配套处理设施，养殖污染较小
	其他：污水处理厂：无；上游支流：上游 10 千米内有 2 条支流汇入

断面位置

自动站

断面上游

断面下游

全化大桥

断面编码：GG14S330600_2009A

控制级别：国控　　断面属性：入河口

水体类型：河流　　功能类别：Ⅲ类

水系水体：曹娥江——黄泽江

所在市县：绍兴市嵊州市

责任市县：绍兴市嵊州市

断面位置：G104（黄泽江大桥）上，坐标：E120.8629°，N29.5988°

断面二维码

	2016 年	2017 年	2018 年	2019 年	2020 年	2021 年	2022 年	2023 年
水质状况	Ⅱ类	Ⅱ类	Ⅱ类	Ⅱ类	Ⅲ类	Ⅱ类	Ⅱ类	Ⅱ类
	历史主要污染指标：—							
自动站	站点名称：全化大桥							
	管理级别：省控							
	站点位置：与手工断面重合							
汇水区污染源	工业：断面河段两侧有工业区分布，工业废水已全部纳管，与生活污水一并排放至嵊新首创的污水处理厂							
	生活：涉及嵊州市 4 个镇、新昌县 5 个镇，共计人口 8.4 万人。城镇污水处理率为 94%，农村污水处理终端设施覆盖率大于 43%							
	农业：汇水区畜禽养殖共有生猪约 6000 头、家禽约 14.3 万只。耕地面积为 7.9 万亩，以种植粮食、蔬菜、茶叶和水果为主							
	其他：污水处理厂：无；上游支流：上游 10 千米内有上东江支流汇入							

断面位置

自动站

断面上游

断面下游

屠家埠

断面编码： GG00S330600_2002A

控制级别： 国控　　**断面属性：** 控制断面

水体类型： 河流　　**功能类别：** Ⅲ类

水系水体： 曹娥江——曹娥江干流

所在市县： 绍兴市嵊州市

责任市县： 绍兴市嵊州市

断面位置： 屠家埠村浦溪线无名桥，坐标：E120.8323° ，N29.6567°

断面二维码

	2016 年	2017 年	2018 年	2019 年	2020 年	2021 年	2022 年	2023 年
水质状况	Ⅲ类	Ⅲ类	Ⅲ类	Ⅱ类	Ⅱ类	Ⅲ类	Ⅲ类	Ⅱ类
	历史主要污染指标：—							

自动站	
	站点名称：屠家埠
	管理级别：国控
	站点位置：手工断面左岸

汇水区污染源	
	工业：断面河段两侧有工业区分布，工业废水已全部纳管处理，与生活污水一并排放至嵊新首创的污水处理厂
	生活：涉及嵊州市与新昌县 7 个乡镇街道，嵊州市辖区内涉及人口共计 18 万人。城镇污水处理率为 94%，农村污水处理终端覆盖率大于 43%
	农业：汇水区畜禽养殖共有生猪约 6000 头、家禽 14.3 万只。耕地面积为 7.9 万亩，以种植粮食、蔬菜、茶叶和水果为主
	其他：污水处理厂：无；上游支流：上游 10 千米内有 4 条主要支流汇入

断面位置

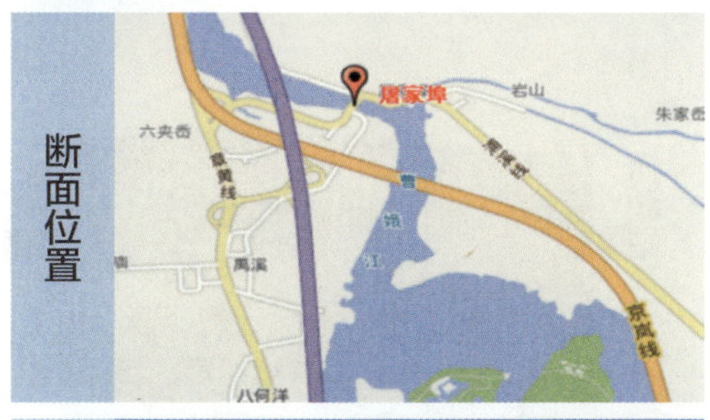

自动站

断面上游

断面下游

王家泾

断面二维码

断面编码： GG00S330600_2005A

控制级别： 国控　　**断面属性：** 控制断面

水体类型： 河流　　**功能类别：** Ⅲ类

水系水体： 萧绍平原河网——浙东运河

所在市县： 绍兴市上虞区

责任市县： 绍兴市上虞区、越城区

断面位置： 浙东运河与泾口村桥交叉口处，坐标：E120.7680°，N30.0074°

	2016 年	2017 年	2018 年	2019 年	2020 年	2021 年	2022 年	2023 年
水质状况	Ⅲ类	Ⅲ类	Ⅱ类	Ⅱ类	Ⅲ类	Ⅱ类	Ⅲ类	Ⅲ类
	历史主要污染指标：一							

自动站	站点名称：王家泾
	管理级别：国控
	站点位置：手工断面下游 1.0 千米

汇水区污染源	工业：涉及 13 家工业企业，涉水企业废水均进入城市污水处理厂
	生活：涉及 2 个乡镇，17 个行政村。17 个行政村均已建设纳污管道，污水接入农村污水处理终端设施处理
	农业：生猪养殖 68700 头，牛养殖 3000 头，羊养殖 24000 头，禽类养殖 27 万只。农作物种植面积为 1.4 万公顷
	其他：污水处理厂：无；上游支流：上游有 5 条支流汇入

断面位置

自动站

断面上游

断面下游

浙江省

金华市
断面图鉴

JINHUA SHI
DUANMIAN TUJIAN

金华市地表水国控、省控监测断面分布图

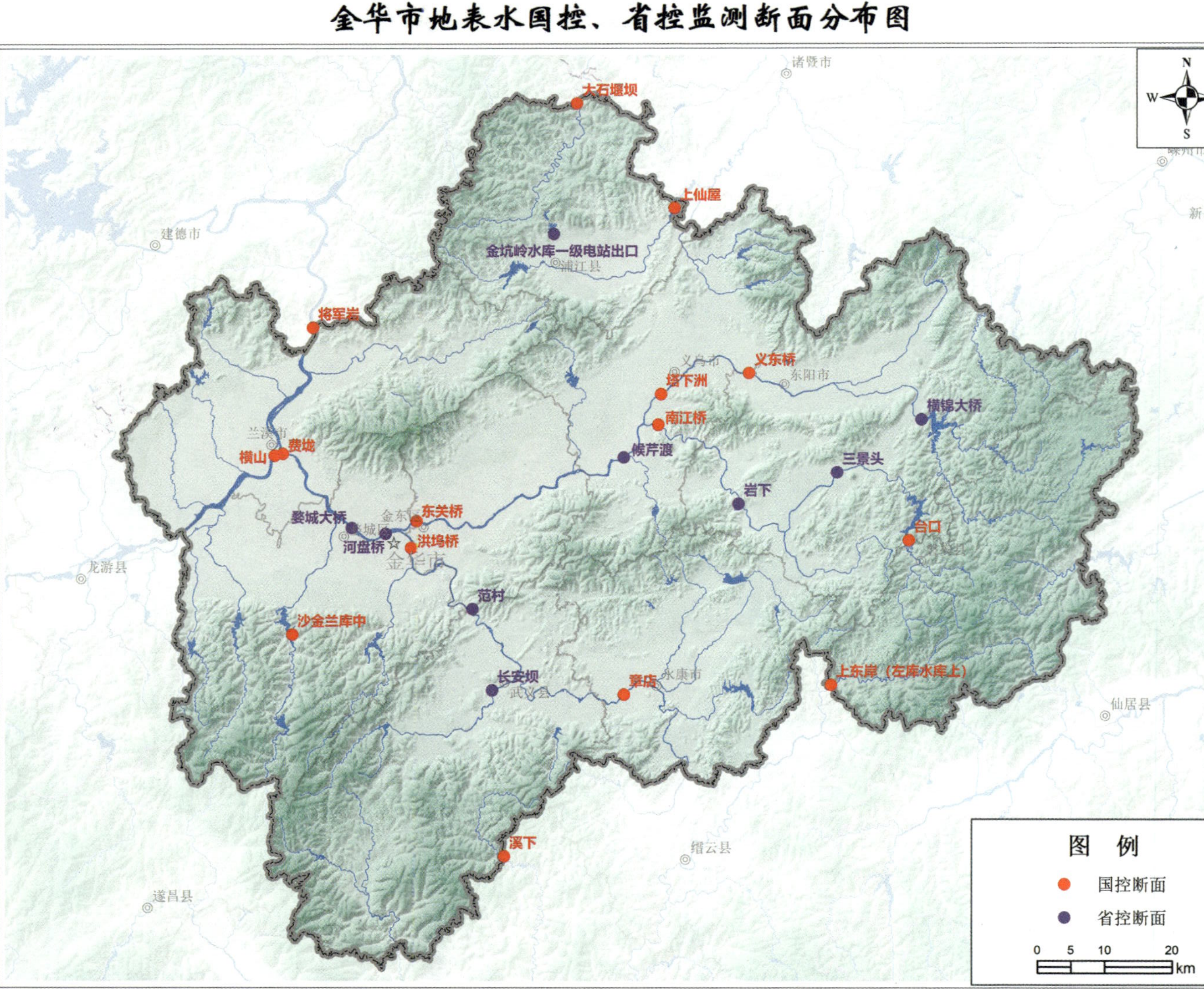

婺城大桥

断面编码： 2GA330702A0012

控制级别： 省控　　**断面属性：** 控制断面

水体类型： 河流　　**功能类别：** Ⅲ类

水系水体： 钱塘江——金华江

所在市县： 金华市婺城区

责任市县： 金华市婺城区

断面位置： 金华江与西二环北路交叉口，坐标：E119.5786°，N29.1014°

断面二维码

水质状况	2016 年	2017 年	2018 年	2019 年	2020 年	2021 年	2022 年	2023 年
	Ⅲ类	Ⅲ类	Ⅲ类	Ⅲ类	Ⅲ类	Ⅲ类	Ⅲ类	Ⅲ类
	历史主要污染指标：—							

自动站	
	站点名称：婺城大桥
	管理级别：省控
	站点位置：与手工断面重合

汇水区污染源	
	工业：汇水区范围内 3 个区 13 个镇（街道）800 多家企业工业废水均纳管汇入秋滨污水处理厂处理，其排放口位于婺城大桥断面上游 2.8 千米处
	生活：涉及 6 个乡镇（街道）约 14.8 万人，城镇人口约 6.4 万人，农村人口约 8.4 万人。部分污水纳管进入秋滨污水处理厂对断面有一定影响，农村生活污水处理终端设施约 260 处
	农业：汇水区 6 个乡镇（街道）生猪总存栏量 15 万头、家禽总出栏量 73 万羽。总淡水养殖面积约为 7000 亩，各乡镇（街道）耕地面积约为 11 万亩
	其他：污水处理厂：秋滨污水处理厂，处理量为 32 万吨 / 日；上游支流：1 千米内无支流汇入

断面位置

自动站

断面上游

断面下游

沙金兰库中

断面二维码

断面编码： GG00S330700_2017A

控制级别： 国控　　**断面属性：** 控制断面

水体类型： 河流　　**功能类别：** Ⅱ类

水系水体： 钱塘江——白沙溪

所在市县： 金华市婺城区

责任市县： 金华市婺城区

断面位置： 白门线下兰贝西南约 400 米妙康桥处，坐标：E119.4883°，N28.9589°

	2016 年	2017 年	2018 年	2019 年	2020 年	2021 年	2022 年	2023 年
水质状况	Ⅱ类	Ⅰ类	Ⅱ类	Ⅱ类	Ⅰ类	Ⅰ类	Ⅰ类	Ⅱ类
	历史主要污染指标：—							
自动站	站点名称：妙康桥							
	管理级别：省控							
	站点位置：手工断面上游 50 米							
汇水区污染源	工业：饮用水水源保护区无工业污染源							
	生活：涉及沙畈乡约 1.28 万人口，生活污水收集处理后回用生产或外运处置							
	农业：饮用水水源保护区无畜禽养殖和水产养殖							
	其他：污水处理厂：无；上游支流：上游 1 千米内无支流汇入							

断面位置

自动站

断面上游

断面下游

河盘桥

断面二维码

断面编码： 2GA330702A0011

控制级别： 省控　　**断面属性：** 控制断面

水体类型： 河流　　**功能类别：** Ⅲ类

水系水体： 钱塘江——金华江

所在市县： 金华市婺城区

责任市县： 金华市婺城区

断面位置： 金华江与龙渎河交叉口河盘大桥处，坐标：E119.6300°，N29.0939°

水质状况	2016 年	2017 年	2018 年	2019 年	2020 年	2021 年	2022 年	2023 年
	Ⅲ类	Ⅲ类	Ⅲ类	Ⅲ类	Ⅲ类	Ⅲ类	Ⅲ类	Ⅲ类
	历史主要污染指标：—							

自动站	
	站点名称：河盘桥
	管理级别：省控
	站点位置：与手工断重合

汇水区污染源	
	工业：涉及婺城区 5 个街道和金华市经济开发区 3 个街道 26 家企业，各街道工业企业废水均纳入秋滨污水处理厂处理
	生活：涉及 8 个街道约 27 万人，城镇人口约 25.4 万人，农村人口约 1.4 万人。生活污水纳入污水处理厂后未排入断面上游河道，有效农村生活污水处理终端设施运维数量为 18 个
	农业：耕地面积约为 2000 亩；生猪总存栏量 5500 头、家禽总存栏量 8 万羽；未涉及水产养殖
	其他：污水处理厂：金东污水处理厂，处理量为 4 万吨 / 日；上游支流：1 千米内无支流汇入

断面位置

自动站

断面上游

断面下游

东关桥

断面编码： GG14S330700_2004A

控制级别： 国控　　**断面属性：** 入河口

水体类型： 河流　　**功能类别：** Ⅲ类

水系水体： 钱塘江——东阳江

所在市县： 金华市金东区

责任市县： 金华市金东区

断面位置： 艾青文化公园边上 200 米桥下，坐标：E119.6771° ，N29.1109°

断面二维码

	2016 年	2017 年	2018 年	2019 年	2020 年	2021 年	2022 年	2023 年
水质状况	Ⅲ类	Ⅲ类	Ⅲ类	Ⅲ类	Ⅲ类	Ⅲ类	Ⅲ类	Ⅲ类
	历史主要污染指标：—							

自动站	站点名称：东关桥
	管理级别：国控
	站点位置：与手工断面重合

汇水区污染源	工业：涉及涉水工业企业 120 家，纳管率大于 99%
	生活：涉及城镇人口 33 万人，农村人口 31 万人。生活污染源废水接入管网，进入主城区处理排放。污水处理厂集中处理率大于 97%
	农业：果园果用瓜、蔬菜和花卉园艺种植面积分别约为 1.6 万亩、20 万亩和 1.2 万亩。水产养殖主要以洁水养殖为主，养殖品种为各类淡水鱼
	其他：污水处理厂：无；上游支流：孝顺溪、航慈溪

断面位置

自动站

断面上游

断面下游

洪坞桥

断面二维码

断面编码： GG14S330700_2010A

控制级别： 省控　　**断面属性：** 入河口

水体类型： 河流　　**功能类别：** Ⅲ类

水系水体： 钱塘江——武义江

所在市县： 金华市金东区

责任市县： 金华市金东区

断面位置： 环城南路下马滩洪坞大桥处，坐标：E119.6692°　，N29.0750°

	2016 年	2017 年	2018 年	2019 年	2020 年	2021 年	2022 年	2023 年
水质状况	Ⅲ类	Ⅲ类	Ⅲ类	Ⅲ类	Ⅲ类	Ⅲ类	Ⅲ类	Ⅲ类
	历史主要污染指标：—							
自动站	站点名称：洪坞桥							
	管理级别：国控							
	站点位置：与手工断面重合							
汇水区污染源	工业：岭下工业园、江东低丘缓坡工业园。废水均纳管处理							
	生活：涉及 13 个乡镇（街道），约 29 万人，生活污水均纳管处理							
	农业：粮食、蔬菜、花卉园艺、果用瓜和水果种植面积约为55万亩。水产养殖主要以洁水养殖为主，养殖品种为各类淡水鱼							
	其他：污水处理厂：无；上游支流：梅溪							

断面位置

自动站

断面上游

断面下游

溪下

断面编码： GG08S331100_2013A

控制级别： 国控　　**断面属性：** 市界

水体类型： 河流　　**功能类别：** Ⅱ类

水系水体： 瓯江——小安溪

所在市县： 金华市武义县

责任市县： 金华市武义县

断面位置： 长潭口西北约 550 米，坐标：E119.8116° ，N28.6662°

断面二维码

	2016 年	2017 年	2018 年	2019 年	2020 年	2021 年	2022 年	2023 年
水质状况	Ⅱ类	Ⅰ类	Ⅱ类	Ⅱ类	Ⅱ类	Ⅱ类	Ⅱ类	Ⅱ类
	历史主要污染指标：—							
自动站	站点名称：溪下							
	管理级别：省控							
	站点位置：与手工断面重合							
汇水区污染源	工业：无工业污染源							
	生活：涉及 9 个村镇，共有 70 处农村生活污水处理终端设施							
	农业：粮食、油料、蔬菜、药材、果园、花卉苗木、茶园种植面积约为 46 万亩，林田面积约为 2.3 万亩。水产养殖场 41 个，水产养殖面积约为 2250.7 亩							
	其他：污水处理厂：无；上游支流：少妃溪、大莱溪、沿溪、金岩溪							

断面位置

自动站

断面上游

断面下游

范村

断面编码： 2GA330723A0017

控制级别： 省控　　**断面属性：** 县界

水体类型： 河流　　**功能类别：** Ⅲ类

水系水体： 钱塘江——武义江

所在市县： 金华市武义县

责任市县： 金华市武义县

断面位置： 范村武义江与范村大桥交叉口，坐标：E119.7628° ，N28.9939°

断面二维码

	2016年	2017年	2018年	2019年	2020年	2021年	2022年	2023年
水质状况	Ⅲ类	Ⅲ类	Ⅲ类	Ⅲ类	Ⅲ类	Ⅲ类	Ⅲ类	Ⅱ类
	历史主要污染指标：—							

自动站	站点名称：范村
	管理级别：省控
	站点位置：与手工断面重合

汇水区污染源	工业：流域干流两岸工业集聚，部分工业园区污水未纳管处理，雨污分流不彻底
	生活：涉及武义县的11个乡镇（街道），约10万人
	农业：生猪养殖场约300个，肉鸡养殖场约30个，肉牛及肉羊养殖场约12个
	其他：污水处理厂：2座城镇污水处理厂，其中1座现已严重超负荷运行，另1座也接近满负荷运行；上游支流：上游无支流汇入

断面位置

自动站

断面上游

断面下游

长安坝

断面编码： 2GA330723A0075

断面二维码

控制级别： 省控　**断面属性：** 控制断面

水体类型： 河流　**功能类别：** Ⅲ类

水系水体： 钱塘江——熟溪

所在市县： 金华市武义县

责任市县： 金华市武义县

断面位置： 熟溪区熟溪与熟溪大桥交叉口，坐标：E119.7928°，N28.8856°

水质状况	2016 年	2017 年	2018 年	2019 年	2020 年	2021 年	2022 年	2023 年
	Ⅱ类	Ⅱ类	Ⅱ类	Ⅱ类	Ⅱ类	Ⅱ类	Ⅱ类	Ⅱ类
	历史主要污染指标：—							

自动站	
	站点名称：长安坝
	管理级别：省控
	站点位置：与手工断面重合

汇水区污染源	
	工业：无工业污染源
	生活：涉及 6 个乡镇（街道）共 70 个行政村，常住人口约 7.6 万人。约有 300 处农村生活污水处理终端设施
	农业：规模化畜禽养殖场约 30 个。粮食播种面积为 14 万亩，油料种植面积为 3.4 万亩，蔬菜种植面积为 9.3 万亩，药材播种面积为 1 万亩，果园种植面积为 3 万亩，茶园种植面积为 11 万亩
	其他：污水处理厂：王宅污水处理厂 1 座；上游支流：上游有 1 条支流汇入

断面位置

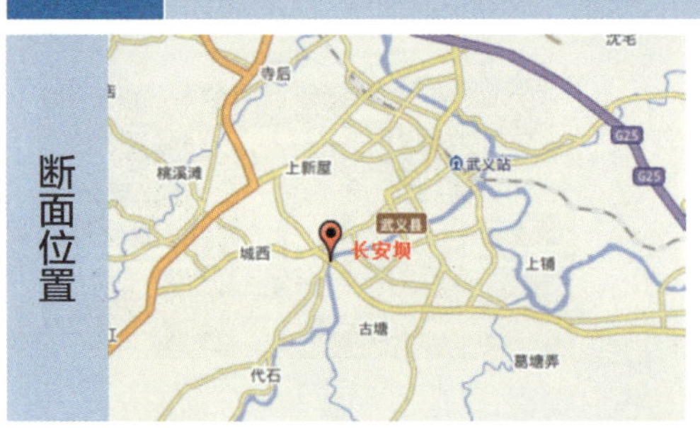

自动站

断面上游

断面下游

上仙屋

断面二维码

断面编码： GG09S330700_2008A

控制级别： 国控　　**断面属性：** 市界

水体类型： 河流　　**功能类别：** Ⅲ类

水系水体： 钱塘江——浦阳江

所在市县： 金华市浦江县

责任市县： 金华市浦江县

断面位置： 白马镇塘里村巡检司桥，坐标：E120.0707°，N29.5296°

水质状况	2016 年	2017 年	2018 年	2019 年	2020 年	2021 年	2022 年	2023 年
	Ⅲ类	Ⅲ类	Ⅲ类	Ⅲ类	Ⅲ类	Ⅲ类	Ⅲ类	Ⅲ类
	历史主要污染指标：—							

自动站	
	站点名称：上仙屋
	管理级别：国控
	站点位置：与手工断面重合

汇水区污染源	
	工业：涉及涉水企业 39 家，废水经自行处理后排入城镇污水处理厂
	生活：涉及 7 个乡镇，总人口约 40 万人，城镇生活污水全部纳管处理。农村生活污水处理终端设施 444 处，农村生活污水治理自然村覆盖率达到 97%，农户受益率达 95% 以上
	农业：有畜禽养殖场 1 家，养殖生猪 25000 余头
	其他：污水处理厂：城镇污水处理厂 3 家，距离断面分别为 14 千米、2 千米和 4 千米，排放量分别为 10 万吨 / 日、1.8 万吨 / 日和 4.5 万吨 / 日；上游支流：上游有 13 条支流汇入

断面位置

自动站

断面上游

断面下游

金坑岭水库一级电站出口

断面编码： 2GA330726A0021

控制级别： 省控　　**断面属性：** 控制断面

水体类型： 河流　　**功能类别：** Ⅱ类

水系水体： 钱塘江——浦阳江

所在市县： 金华市浦江县

责任市县： 金华市浦江县

断面位置： 金坑岭水库一级电站出口，坐标：E119.8861°，N29.4949°

断面二维码

	2016 年	2017 年	2018 年	2019 年	2020 年	2021 年	2022 年	2023 年
水质状况	Ⅰ类	Ⅰ类	Ⅰ类	Ⅰ类	Ⅰ类	Ⅰ类	Ⅰ类	Ⅰ类
	历史主要污染指标：—							

自动站	站点名称：金坑岭水库
	管理级别：省控
	站点位置：手工断面下游 150 米

汇水区污染源	工业：无工业污染源
	生活：涉及 1 个行政村，仙华村现有居民约 300 人，生活污水集中后外运处理
	农业：无畜禽水产养殖和农作物种植
	其他：污水处理厂：无；上游支流：“西水东调”从壶源江引水至金坑岭水库

断面位置

自动站

断面上游

断面下游

大石堰坝

断面编码： GG09S330700_2012A

控制级别： 国控　　**断面属性：** 控制断面

水体类型： 河流　　**功能类别：** Ⅲ类

水系水体： 钱塘江——壶源江

所在市县： 金华市浦江县

责任市县： 金华市浦江县

断面位置： 乡道 X813（城大线）福德庵西北 210 米，坐标：E119.9215°，N29.6712°

断面二维码

	2016 年	2017 年	2018 年	2019 年	2020 年	2021 年	2022 年	2023 年
水质状况	Ⅱ类	Ⅱ类	Ⅱ类	Ⅱ类	Ⅱ类	Ⅱ类	Ⅱ类	Ⅱ类
	历史主要污染指标：—							
自动站	站点名称：大石堰坝							
	管理级别：省控							
	站点位置：与手工断面重合							
汇水区污染源	工业：涉及涉水企业 1 家，废水经自行处理后排入城镇污水处理厂							
	生活：涉及 4 个乡镇，总人口约 3 万人。生活污水基本经农村集中式污水处理终端设施处理后排入外环境							
	农业：农作物播种面积约为 8000 公顷；生猪总存栏量约为 2.1 万头，牛羊总存栏量约为 800 头，家禽约为 2.8 万羽							
	其他：污水处理厂：无；上游支流：大元溪、中余溪、罗家源、黄坛源、双姑源、朱宅源、大楼源							

断面位置

自动站

断面上游

断面下游

台口

断面编码：GG00S330700_2006A

控制级别：国控　　断面属性：控制断面

水体类型：河流　　功能类别：Ⅲ类

水系水体：钱塘江——南江

所在市县：金华市磐安县

责任市县：金华市磐安县

断面位置：长庚村长庚休闲农庄旁，坐标：E120.4273°，N29.0849°

断面二维码

	2016 年	2017 年	2018 年	2019 年	2020 年	2021 年	2022 年	2023 年
水质状况	Ⅲ类	Ⅲ类	Ⅱ类	Ⅱ类	Ⅱ类	Ⅱ类	Ⅱ类	Ⅱ类
	历史主要污染指标：—							

自动站	站点名称：台口
	管理级别：国控
	站点位置：手工断面上游 20 米

汇水区污染源	工业：涉及 23 家企业，其中 3 家企业的废水直接排入南江，其他 20 家企业产生的废水排入磐安县城市污水处理有限公司处理
	生活：涉及 1 个乡镇（安文街道），17 个行政村（社区、居委会），总人口约 1 万人。安文街道污水全部纳管处理
	农业：耕地面积约为 2.6 万亩，主要种植粮食、中药材、茶叶、蔬菜、水果等。规模化畜禽养殖场排泄物综合利用率达 97% 以上
	其他：污水处理厂：1 家；上游支流：上游根溪、云山溪、深泽溪

断面位置

自动站

断面上游

断面下游

上东岸（左库水库上）

断面编码： GG09S330700_2014A

控制级别： 国控　　**断面属性：** 市界

水体类型： 河流　　**功能类别：** Ⅱ类

水系水体： 瓯江——好溪

所在市县： 金华市磐安县

责任市县： 金华市磐安县

断面位置： S219 花筑·汇森绘舍西 427 米，坐标：E120.3085°，N28.8926°

断面二维码

	2016 年	2017 年	2018 年	2019 年	2020 年	2021 年	2022 年	2023 年
水质状况	Ⅱ类	Ⅱ类	Ⅱ类	Ⅱ类	Ⅱ类	Ⅱ类	Ⅱ类	Ⅱ类
	历史主要污染指标：一							
自动站	站点名称：白竹							
	管理级别：省控							
	站点位置：手工断面下游 500 米							
汇水区污染源	工业：涉水企业 14 家，废水经自行处理后排入城镇污水处理厂							
	生活：涉及 3 个乡镇，49 个行政村，总人口约 4 万人。所有行政村均设立了纳污管道，纳管率在 90% 以上							
	农业：畜禽养殖场 14 家，养殖生猪 3800 头，鸡 19.3 万羽							
	其他：污水处理厂：上游 1 家污水处理厂（磐安县第二污水处理厂）；上游支流：好溪							

断面位置

自动站

断面上游

断面下游

横山

断面编码： GG00S330700_2009A

控制级别： 国控　　**断面属性：** 控制断面

水体类型： 河流　　**功能类别：** Ⅲ类

水系水体： 钱塘江——衢江

所在市县： 金华市兰溪市

责任市县： 金华市兰溪市

断面位置： 衢江横山路横山大桥，坐标：E119.4604°，N29.1972°

断面二维码

<table>
<tr><td rowspan="3">水质状况</td><td>2016 年</td><td>2017 年</td><td>2018 年</td><td>2019 年</td><td>2020 年</td><td>2021 年</td><td>2022 年</td><td>2023 年</td></tr>
<tr><td>Ⅱ类</td><td>Ⅱ类</td><td>Ⅱ类</td><td>Ⅱ类</td><td>Ⅱ类</td><td>Ⅱ类</td><td>Ⅱ类</td><td>Ⅱ类</td></tr>
<tr><td colspan="8">历史主要污染指标：—</td></tr>
<tr><td rowspan="3">自动站</td><td colspan="8">站点名称：横山</td></tr>
<tr><td colspan="8">管理级别：国控</td></tr>
<tr><td colspan="8">站点位置：手工断面上游 50 米</td></tr>
<tr><td rowspan="4">汇水区污染源</td><td colspan="8">工业：流域工业园区主要有游埠工业园，涉及工业企业 31 家，区域内企业废水均已纳管处理</td></tr>
<tr><td colspan="8">生活：涉及 5 个乡镇，450 处农村生活污水处理终端设施，生活污水主要通过分散式农村生活污水处理终端处理后排放</td></tr>
<tr><td colspan="8">农业：畜禽养殖场 154 家，养殖生猪约 3 万头，家禽约 200 万只，肉羊、肉牛约 7000 只</td></tr>
<tr><td colspan="8">其他：污水处理厂：2 家，合计处理量 1.0 万吨 / 日；上游支流：游埠溪、赤溪</td></tr>
</table>

断面位置

自动站

断面上游

断面下游

将军岩

断面编码： GG09S330700_0001A

控制级别： 国控　　**断面属性：** 控制断面

水体类型： 河流　　**功能类别：** Ⅲ类

水系水体： 钱塘江——兰江

所在市县： 金华市兰溪市

责任市县： 金华市兰溪市

断面位置： 胡宅村将军岩公交站正北方 300 米，坐标：E119.5183°，N29.3681°

断面二维码

	2016 年	2017 年	2018 年	2019 年	2020 年	2021 年	2022 年	2023 年
水质状况	Ⅲ类	Ⅲ类	Ⅲ类	Ⅲ类	Ⅱ类	Ⅱ类	Ⅱ类	Ⅱ类
	历史主要污染指标：—							
自动站	站点名称：将军岩							
	管理级别：国控							
	站点位置：手工断面上游 1 千米							
汇水区污染源	工业：流域内工业园区主要有兰溪经济开发区，园区内企业废水均已纳管处理，2 家五金企业废水未纳管处理							
	生活：涉及 9 个乡镇 577 处农村生活污水处理终端设施，生活污水主要通过分散式农村生活污水处理终端设施处理后排放							
	农业：养殖场 63 家，养殖生猪约 5 万头、家禽约 67.9 万只，肉羊约 2700 只							
	其他：污水处理厂：5 家；上游支流：上游有 3 条支流汇入							

断面位置

自动站

断面上游

断面下游

费垅

断面编码：GG14S330700_2005A

控制级别：国控　　断面属性：入河口

水体类型：河流　　功能类别：Ⅲ类

水系水体：钱塘江——金华江

所在市县：金华市兰溪市

责任市县：金华市兰溪市

断面位置：南门大桥下游 500 米，坐标：E119.4730° ，N29.1997°

断面二维码

	2016 年	2017 年	2018 年	2019 年	2020 年	2021 年	2022 年	2023 年
水质状况	Ⅲ类	Ⅲ类	Ⅲ类	Ⅲ类	Ⅲ类	Ⅲ类	Ⅲ类	Ⅲ类
	历史主要污染指标：—							

自动站	站点名称：费垅
	管理级别：国控
	站点位置：手工断面上游 600 米

汇水区污染源	工业：涉及涉水工业企业 21 家，其中 15 家企业废水直排，6 家企业废水纳管处理后排放
	生活：涉及 2 个乡镇 105 处农村生活污水处理终端设施，生活污水主要通过分散式农村生活污水处理终端处理后排放
	农业：共有畜禽养殖场 7 家，养殖生猪约 1 万头，家禽约 5 万只
	其他：污水处理厂：无；上游支流：马达溪、杨溪

断面位置

自动站

断面上游

断面下游

塔下洲

断面编码： GG00S330700_2003A

控制级别： 国控 **断面属性：** 控制断面

水体类型： 河流 **功能类别：** Ⅲ类

水系水体： 钱塘江——北江

所在市县： 金华市义乌市

责任市县： 金华市义乌市

断面位置： 江滨南路城隍庙边上靠河边 200 米，坐标：E120.0499° ，N29.2794°

断面二维码

	2016 年	2017 年	2018 年	2019 年	2020 年	2021 年	2022 年	2023 年
水质状况	Ⅲ类	Ⅲ类	Ⅲ类	Ⅲ类	Ⅲ类	Ⅲ类	Ⅲ类	Ⅲ类
	历史主要污染指标：—							
自动站	站点名称：塔下洲							
	管理级别：国控							
	站点位置：手工断面上游 400 米							
汇水区污染源	工业：涉及企业 72 家，废水纳入污水处理厂处理后排放							
	生活：涉及城镇人口 23 万人，9 个污水处理厂。4 个乡镇（街道）人口 4.8 万人，8 处农村已建生活污水处理终端设施							
	农业：涉及 4 个乡镇（街道），粮食播种面积为 1.7 万亩，蔬菜播种面积为 3.1 亩							
	其他：污水处理厂：上游有城镇污水处理厂 1 家，距离断面 14 千米，排放量为 12 万吨 / 日，上游支流：上游 2 千米内有 1 条支流汇入							

断面位置

自动站

断面上游

断面下游

候芹渡

断面二维码

断面编码： 2GA330782A0013

控制级别： 省控　**断面属性：** 控制断面

水体类型： 河流　**功能类别：** Ⅲ类

水系水体： 钱塘江——东阳江

所在市县： 金华市义乌市

责任市县： 金华市义乌市

断面位置： 东阳江与义乌江大桥交叉口，坐标：E119.9930° ，N29.1960°

	2016 年	2017 年	2018 年	2019 年	2020 年	2021 年	2022 年	2023 年
水质状况	Ⅲ类	Ⅲ类	Ⅲ类	Ⅲ类	Ⅲ类	Ⅲ类	Ⅲ类	Ⅲ类
	历史主要污染指标：—							

自动站	站点名称：候芹渡
	管理级别：省控
	站点位置：与手工断面重合

汇水区污染源	工业：涉及工业企业近 900 家，约 25% 的企业废水直接排入环境，75% 的企业废水排入污水处理厂处理
	生活：涉及 4 个乡镇（街道），生活污水纳入赤岸污水处理厂和稠江污水处理厂处理达标后排放，农村生活污水大部分纳入农村生活污水处理终端设施分散处理
	农业：汇水区存在大规模畜禽养殖和水产养殖，耕地种植面积约为 7 万亩
	其他：污水处理厂：上游有城镇污水厂 2 家，距离断面分别为 12 千米和 6 千米，排放量分别为 7 万吨 / 日和 15 万吨 / 日；上游支流：上游 1 千米内无支流汇入

断面位置

自动站

断面上游

断面下游

南江桥

断面编码： GG14S330700_2007A

控制级别： 国控　　**断面属性：** 入河口

水体类型： 河流　　**功能类别：** Ⅲ类

水系水体： 钱塘江——南江

所在市县： 金华市义乌市

责任市县： 金华市义乌市

断面位置： 佛堂镇佛堂路前佛堂大道无名桥，坐标：E120.0456° ，N29.2391°

断面二维码

<table>
<tr><td rowspan="3">水质状况</td><td>2016 年</td><td>2017 年</td><td>2018 年</td><td>2019 年</td><td>2020 年</td><td>2021 年</td><td>2022 年</td><td>2023 年</td></tr>
<tr><td>Ⅲ类</td><td>Ⅲ类</td><td>Ⅲ类</td><td>Ⅲ类</td><td>Ⅲ类</td><td>Ⅲ类</td><td>Ⅱ类</td><td>Ⅲ类</td></tr>
<tr><td colspan="8">历史主要污染指标：—</td></tr>
<tr><td rowspan="3">自动站</td><td colspan="8">站点名称：南江桥</td></tr>
<tr><td colspan="8">管理级别：国控</td></tr>
<tr><td colspan="8">站点位置：在手工断面上游 500 米</td></tr>
<tr><td rowspan="4">汇水区污染源</td><td colspan="8">工业：无工业污染源</td></tr>
<tr><td colspan="8">生活：涉及 6 个村，涉及常驻人口 4500 人。建有 7 处农村生活污水处理终端设施，生活污水经终端设施处理后排入南江</td></tr>
<tr><td colspan="8">农业：汇水区域内粮食播种面积约为 5000 亩，蔬菜播种面积约为 600 亩。汇水区域内无集中式畜禽养殖场</td></tr>
<tr><td colspan="8">其他：污水处理厂：无；上游支流：上游 1 千米内无支流汇入</td></tr>
</table>

断面位置

自动站

断面上游

断面下游

三景头

断面编码： 2GA330783A0016

控制级别： 省控　**断面属性：** 控制断面

水体类型： 河流　**功能类别：** Ⅲ类

水系水体： 钱塘江——南江

所在市县： 金华市东阳市

责任市县： 金华市东阳市

断面二维码

断面位置： 南江与环城北路交叉口东北侧 600 米，坐标：E120.3186° ，N29.1756°

水质状况	2016 年	2017 年	2018 年	2019 年	2020 年	2021 年	2022 年	2023 年
	Ⅱ类	Ⅱ类	Ⅱ类	Ⅱ类	Ⅱ类	Ⅱ类	Ⅱ类	Ⅱ类
	历史主要污染指标：—							

自动站	
	站点名称：三景头
	管理级别：省控
	站点位置：与手工断面重合

汇水区污染源	
	工业：无工业污染源
	生活：涉及湖溪镇 28 个行政村，人口约 4.2 万人。未纳管到污水站的村庄基本上都建有农村污水处理终端设施
	农业：农作物种植面积约为 8 万平方米
	其他：污水处理厂：湖溪镇污水处理站，距离断面 3.6 千米，排放量为 1500 吨 / 日；上游支流：上游 1 千米内无支流汇入

断面位置

自动站

断面上游

断面下游

横锦大桥

断面编码： 2GA330783A0014

断面二维码

控制级别： 省控　　**断面属性：** 控制断面

水体类型： 河流　　**功能类别：** Ⅲ类

水系水体： 钱塘江——东阳江

所在市县： 金华市东阳市

责任市县： 金华市东阳市

断面位置： 东阳江镇东阳江与横锦大桥交叉口，坐标：E120.4471° ，N29.2451°

	2016 年	2017 年	2018 年	2019 年	2020 年	2021 年	2022 年	2023 年
水质状况	Ⅱ类	Ⅱ类	Ⅱ类	Ⅰ类	Ⅰ类	Ⅰ类	Ⅱ类	Ⅱ类
	历史主要污染指标：—							
自动站	站点名称：横锦大桥							
	管理级别：省控							
	站点位置：与手工断面重合							
汇水区污染源	工业：无工业污染源							
	生活：涉及 14 个行政村，常住人口约 1.2 万人，已实现农村污水处理终端设施全覆盖							
	农业：农业种植面积约为 7000 亩；1 家养鱼场，占地面积约为 9000 为平方米							
	其他：污水处理厂：无；上游支流：上游 1 千米内无支流汇入							

断面位置

自动站

断面上游

断面下游

岩下

断面编码：2GA330783A0015

断面二维码

控制级别：省控　　**断面属性：**控制断面

水体类型：河流　　**功能类别：**Ⅲ类

水系水体：钱塘江——南江

所在市县：金华市东阳市

责任市县：金华市东阳市

断面位置：岩下村南江与岩下大桥交叉口，坐标：E120.1681°，N29.1341°

	2016 年	2017 年	2018 年	2019 年	2020 年	2021 年	2022 年	2023 年
水质状况	Ⅲ类	Ⅲ类	Ⅲ类	Ⅲ类	Ⅲ类	Ⅲ类	Ⅲ类	Ⅲ类
	历史主要污染指标：—							

自动站	站点名称：岩下
	管理级别：省控
	站点位置：与手工断面重合

汇水区污染源	工业：涉及工业企业 110 家，其中约 12.5% 的工业废水直排入环境，其余废水纳管处理
	生活：涉及人口约 18.8 万人，未纳管到污水厂的村庄基本上都建有农村污水处理终端设施
	农业：存在规模化畜禽养殖，约有生猪 2000 头，家禽 2.1 万羽；存在少量水产养殖；耕地面积约为 6 万亩
	其他：污水处理厂：南马镇西污水处理厂，距离断面 5 千米，排放量为 2 万吨 / 日；上游支流：上游 1 千米内无支流汇入

断面位置

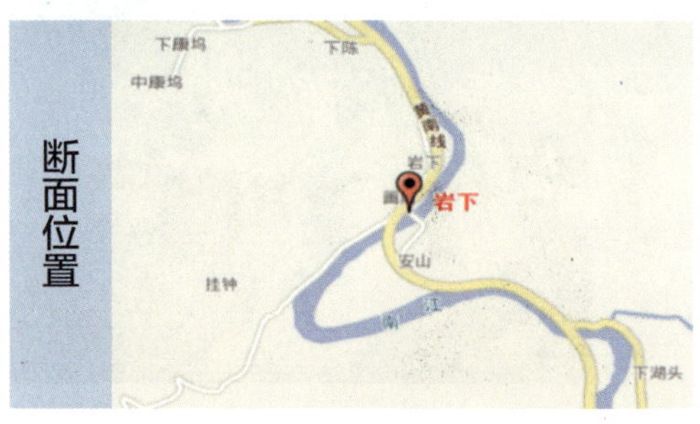

自动站

断面上游

断面下游

义东桥

断面编码：GG00S330700_2002A

控制级别：国控　　断面属性：控制断面

水体类型：河流　　功能类别：Ⅲ类

水系水体：钱塘江——北江

所在市县：金华市东阳市

责任市县：金华市东阳市

断面位置：东阳江和义东大桥交叉口，坐标：E120.1842°，N29.3077°

断面二维码

	2016 年	2017 年	2018 年	2019 年	2020 年	2021 年	2022 年	2023 年
水质状况	Ⅲ类	Ⅲ类	Ⅲ类	Ⅲ类	Ⅲ类	Ⅲ类	Ⅲ类	Ⅲ类
	历史主要污染指标：—							
自动站	站点名称：义东桥							
	管理级别：国控							
	站点位置：与手工断面重合							
汇水区污染源	工业：主要涉水企业 121 家，工业废水大部分纳管处理，小部分直排入环境							
	生活：涉及 4 个街道共 32 个社区，人口约 25.7 万人。全区所有生活污染源接入管网后经污水处理厂处理排放							
	农业：果园果用瓜、蔬菜和花卉园艺种植面积分别为 1.6 万亩、2.1 万亩和 1.2 万亩。水产养殖主要以洁水养殖为主，养殖品种为各类淡水鱼							
	其他：污水处理厂：东阳市污水处理有限公司，距离断面 2.5 千米，排放量为 11.9 万吨 / 日；上游支流：十里头溪							

断面位置

自动站

断面上游

断面下游

章店

断面编码： GG00S330700_2011A

控制级别： 国控　　**断面属性：** 控制断面

水体类型： 河流　　**功能类别：** Ⅲ类

水系水体： 钱塘江——永康江

所在市县： 金华市永康市

责任市县： 金华市永康市

断面位置： 下楼村沿溪心路前行 1 千米章店大桥，坐标：E119.9934° ，N28.8803°

断面二维码

	2016 年	2017 年	2018 年	2019 年	2020 年	2021 年	2022 年	2023 年
水质状况	Ⅲ类	Ⅲ类	Ⅲ类	Ⅲ类	Ⅲ类	Ⅲ类	Ⅲ类	Ⅲ类
	历史主要污染指标：—							

自动站	站点名称：章店
	管理级别：国控
	站点位置：与手工断面重合

汇水区污染源	工业：涉及涉水工业企业 76 家，大部分工业废水均已纳管处理，少部分工业废水直排入环境
	生活：涉及 10 个乡镇（街道），总人口 39 万人。大部分乡镇（街道）完成“污水零直排”建设和农村生活污水治理工程
	农业：主要农作物为谷物、蔬菜、果用瓜和薯类，农作物播种面积约为 1.6 万公顷；规模化畜禽养殖场 26 家，水产养殖主要以洁水养殖为主
	其他：污水处理厂：5 家，处理量分别为 16 万吨 / 日、3 万吨 / 日、0.5 万吨 / 日、0.2 万吨 / 日、1 万吨 / 日；上游支流：上游主要有 5 条支流汇入

断面位置

自动站

断面上游

断面下游

浙江省

衢州市
断面图鉴

QUZHOU SHI
DUANMIAN TUJIAN

衢州市地表水国控、省控监测断面分布图

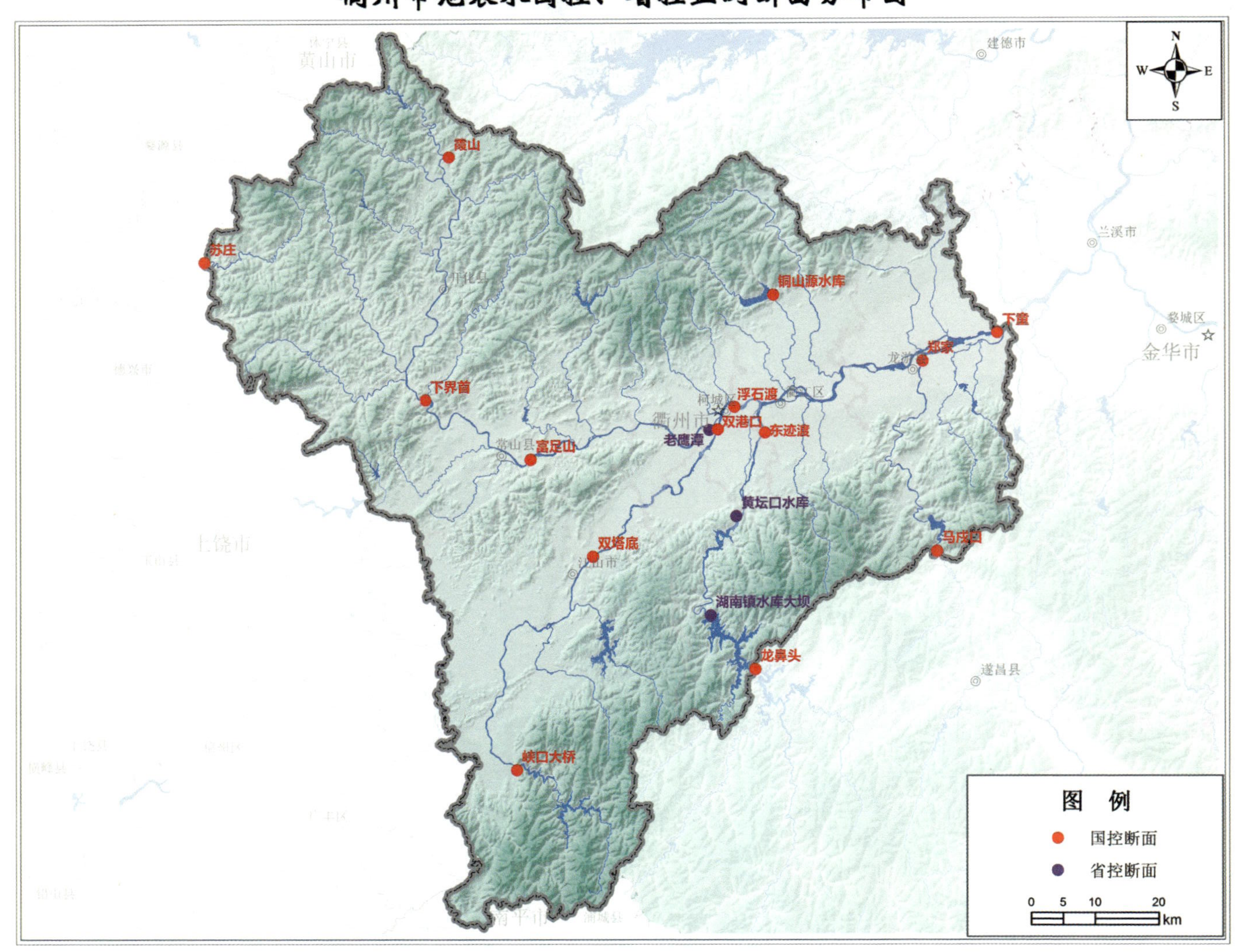

东迹渡

断面编码：GG14S330800_2010A

控制级别：国控　　**断面属性**：入河口

水体类型：河流　　**功能类别**：Ⅲ类

水系水体：钱塘江——乌溪江

所在市县：衢州市柯城区

责任市县：衢州市柯城区

断面位置：乌溪江与浙西大道桥交叉口，坐标：E118.9298°，N28.9413°

断面二维码

	2016年	2017年	2018年	2019年	2020年	2021年	2022年	2023年
水质状况	Ⅱ类	Ⅱ类	Ⅱ类	Ⅱ类	Ⅱ类	Ⅱ类	Ⅱ类	Ⅱ类
	历史主要污染指标：—							

自动站	站点名称：东迹渡
	管理级别：国控
	站点位置：与手工断面重合

汇水区污染源	工业：涉及大型企业共213家，其中纳管企业共计108家，经由污水处理设施净化后排入环境的企业有5家
	生活：涉及8个乡镇（街道），总人口约为12万人
	农业：规模化养殖场已完成整治，散养量也在逐渐减少。生猪约1万头、牛约4000头、羊约5000头、家禽约22万羽
	其他：污水处理厂：东迹渡断面汇水区污水处理厂有5家；上游支流：上游13千米内上要有2条支流汇入

断面位置

自动站

断面上游

断面下游

双港口

断面编码： GG14S330800_2005A

控制级别： 国控　**断面属性：** 入河口

水体类型： 河流　**功能类别：** Ⅲ类

水系水体： 钱塘江——江山港

所在市县： 衢州市柯城区

责任市县： 衢州市柯城区

断面二维码

断面位置： 江山港与常山港交叉口东侧岸边，坐标：E118.8539°，N28.9454°

水质状况	2016 年	2017 年	2018 年	2019 年	2020 年	2021 年	2022 年	2023 年
	Ⅱ类	Ⅱ类	Ⅱ类	Ⅱ类	Ⅱ类	Ⅱ类	Ⅱ类	Ⅱ类
	历史主要污染指标： —							
自动站	**站点名称：** 双港口							
	管理级别： 国控							
	站点位置： 与手工断面重合							
汇水区污染源	**工业：** 涉及排水企业 9 家，废水通过纳管或槽罐车输送至清泰污水处理厂处理后排放；衢州元立金属制品有限公司废水未纳管处理，废水通过高新大排渠排入江山港内							
	生活： 涉及 8 个乡镇，总人口约 24.7 万人							
	农业： 规模化养殖场已完成整治，散养量也在逐渐减少。生猪约 1 万头、牛约 1000 头、羊约 4000 只、家禽约 30 万羽							
	其他： 污水处理厂：双港口断面有 5 个集中生活污水处理终端设施；上游支流：断面所在江山港 10 千米内有 9 条支流（排水口）汇入							

断面位置

自动站

断面上游

断面下游

老鹰潭

断面二维码

断面编码：2GA330802A0001

控制级别：省控　　**断面属性**：控制断面

水体类型：河流　　**功能类别**：Ⅲ类

水系水体：钱塘江——常山港

所在市县：衢州市柯城区

责任市县：衢州市柯城区

断面位置：常山港与孙姜大桥交叉口，坐标：E118.8401°，N28.9445°

	2016年	2017年	2018年	2019年	2020年	2021年	2022年	2023年
水质状况	Ⅱ类	Ⅰ类	Ⅰ类	Ⅱ类	Ⅱ类	Ⅱ类	Ⅱ类	Ⅱ类
	历史主要污染指标：—							
自动站	站点名称：老鹰潭							
	管理级别：省控							
	站点位置：与手工断面重合							
汇水区污染源	工业：涉及企业共23家，其中航埠镇20家、双港街道2家、沟溪乡1家。均经城市污水处理厂处理后排放							
	生活：涉及柯城区农村污水处理设施72处，处理率为90%，覆盖人口约为4万人，经无动力地埋式污水处理池处理后排入常山港							
	农业：河道两岸周边耕地面积约为2500亩，主要种植柑橘，林地面积约为3600亩							
	其他：污水处理厂：航埠污水处理厂，处理量为3000吨/日，处理率为80%，排入常山港，上游支流：老排涝渠道4条，灌排生态渠道1条							

断面位置

自动站

断面上游

断面下游

龙鼻头

点位编码： GG00R331100_2018A

控制级别： 国控　　**点位属性：** —

水体类型： 水库　　**功能类别：** Ⅱ类

水系水体： 钱塘江——湖南镇水库

所在市县： 衢州市衢江区

责任市县： 丽水市遂昌县

点位位置： 钱乌溪江水库上，坐标：E118.9172°，N28.6107°

断面二维码

水质状况	2016 年	2017 年	2018 年	2019 年	2020 年	2021 年	2022 年	2023 年
	Ⅰ类	Ⅰ类	Ⅰ类	Ⅰ类	Ⅰ类	Ⅰ类	Ⅰ类	Ⅰ类
	历史主要污染指标：—							

自动站	
	站点名称：不具备建站条件
	管理级别：—
	站点位置：—

汇水区污染源	
	工业：无工业污染源
	生活：涉及遂昌县西部 11 个乡镇，人口为 8 万人
	农业：库区内规模网箱养殖企业 11 家，其他主要以农户分散型种植经济作物为主
	其他：污水处理厂：湖山、金竹 2 个集镇污水处理厂废水排入库区，其他行政村建有农村污水处理终端设施；上游支流：无

点位位置

周边情况

点位周边

点位周边

浮石渡

断面编码： GG00S330800_0001A

控制级别： 国控　**断面属性：** 控制断面

水体类型： 河流　**功能类别：** Ⅲ类

水系水体： 钱塘江——衢江

所在市县： 衢州市衢江区

责任市县： 衢州市柯城区

断面位置： 书院村省道 S305 无名桥，坐标：E118.8803°，N28.9778°

断面二维码

	2016 年	2017 年	2018 年	2019 年	2020 年	2021 年	2022 年	2023 年
水质状况	Ⅱ类	Ⅲ类	Ⅱ类	Ⅱ类	Ⅱ类	Ⅱ类	Ⅱ类	Ⅱ类
	历史主要污染指标：—							
自动站	站点名称：浮石渡							
	管理级别：国控							
	站点位置：与手工断面重合							
汇水区污染源	工业：常山县共有 6 家企业，涉水企业 2 家，污水经城市污水处理厂处理后外排，排放至常山港水体中							
	生活：涉及常山县 16 个乡镇，城镇人口为 19 万人，农村人口为 22 万人							
	农业：规模化养殖场已完成整治，散养量也在逐渐减少。约有生猪 1.4 万头、牛 2000 头、羊 1.1 万头、家禽 32 万羽							
	其他：污水处理厂：常山县 3 家，柯城区 3 家；上游支流：上游 18 千米内有 2 条支流汇入							

断面位置

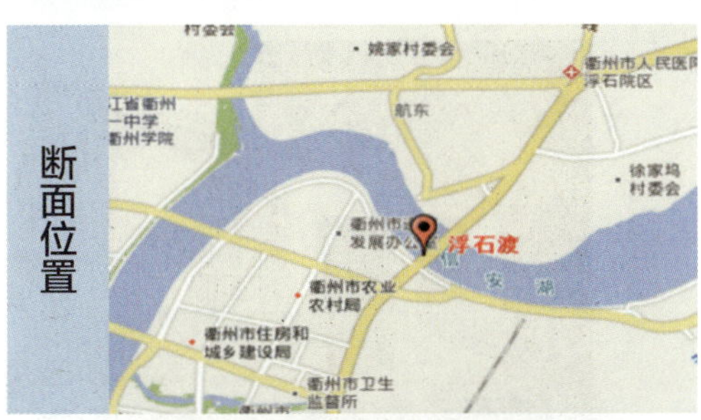

自动站

断面上游

断面下游

湖南镇水库大坝

点位编码： 2GA330803B0120

控制级别： 省控　　**点位属性：** —

水体类型： 水库　　**功能类别：** Ⅱ类

水系水体： 钱塘江——湖南镇水库

所在市县： 衢州市衢江区

责任市县： 衢州市衢江区

点位位置： 湖南镇水库前部距大坝 1 千米处，坐标：E118.8466°，N28.6806°

断面二维码

	2016 年	2017 年	2018 年	2019 年	2020 年	2021 年	2022 年	2023 年
水质状况	Ⅰ类	Ⅰ类	Ⅲ类	Ⅰ类	Ⅱ类	Ⅰ类	Ⅰ类	Ⅰ类
	历史主要污染指标：—							
自动站	站点名称：湖南镇水库大坝							
	管理级别：省控							
	站点位置：与手工断面重合							
汇水区污染源	工业：存在 1 个萤石矿项目，建设规模为年产 10 万吨萤石，开采方式为地下开采，预设矿山服务年限为 15.7 年							
	生活：涉及 2 个乡镇（举村乡、岭洋乡）18 个行政村，总人口约 2700 人。生活污水经污水处理终端设施处理达标后排入周边农田							
	农业：存在个体养殖户及村民散养畜禽的情况，养殖规模小，无规模化水产养殖。耕地面积约为 3600 亩							
	其他：污水处理厂：无；上游支流：无							

点位位置

自动站

点位周边

点位周边

铜山源水库

点位编码： GG00R330800_2009A

控制级别： 国控　　**点位属性：** —

水体类型： 水库　　**功能类别：** Ⅲ类

水系水体： 钱塘江——铜山源水库

所在市县： 衢州市衢江区

责任市县： 衢州市衢江区

点位位置： 铜山源水库内，坐标：E118.9410°，N29.1363°

断面二维码

水质状况	2016 年	2017 年	2018 年	2019 年	2020 年	2021 年	2022 年	2023 年
	Ⅲ类	Ⅱ类	Ⅲ类	Ⅱ类	Ⅱ类	Ⅱ类	Ⅱ类	Ⅱ类
	历史主要污染指标：—							

自动站	
	站点名称：铜山源水库
	管理级别：国控
	站点位置：与手工断面重合

汇水区污染源	
	工业：铜山源水库及上游暂无规模以上企业，个别“低、小、散”企业产生的污染对铜山源水库水质有轻微影响
	生活：涉及 3 个乡镇（杜泽镇、双桥乡、太真乡）17 个行政村，总人口约 4 万人
	农业：3 个乡镇涉及耕地面积约 2200 亩。铜山溪流经区域为禁养区，严格控制养殖规模和生猪存栏量，存在牛羊约 1500 头，家禽约 8 万羽
	其他：污水处理厂：无；上游支流：无

点位位置

自动站

点位周边

点位周边

黄坛口水库

点位编码：2GA330803B0121

控制级别：省控　　点位属性：—

水体类型：水库　　功能类别：Ⅱ类

水系水体：钱塘江——黄坛口水库

所在市县：衢州市衢江区

责任市县：衢州市衢江区

点位位置：黄坛口水库中部距大坝 1 200 米，坐标：E118.8848°，N28.8240°

断面二维码

	2016 年	2017 年	2018 年	2019 年	2020 年	2021 年	2022 年	2023 年
水质状况	Ⅰ类	Ⅰ类	Ⅰ类	Ⅰ类	Ⅱ类	Ⅱ类	Ⅱ类	Ⅰ类
	历史主要污染指标：—							
自动站	站点名称：黄坛口							
	管理级别：省控							
	站点位置：与手工断面重合							
汇水区污染源	工业：无工业污染源							
	生活：涉及 2 个乡镇（黄坛口乡、湖南镇）12 个行政村，总人口约 1.4 万人							
	农业：2 个乡镇涉及耕地面积约为 3000 亩							
	其他：污水处理厂：上游湖南镇污水处理厂，不排入黄坛口水库；上游支流：无							

点位位置

自动站

点位周边

点位周边

富足山

断面二维码

断面编码： GG00S330800_2002A

控制级别： 国控　　**断面属性：** 控制断面

水体类型： 河流　　**功能类别：** Ⅲ类

水系水体： 钱塘江——常山港

所在市县： 衢州市常山县

责任市县： 衢州市常山县

断面位置： 富足山村宋家渡大桥，坐标：E118.5528°，N28.9004°

水质状况	2016 年	2017 年	2018 年	2019 年	2020 年	2021 年	2022 年	2023 年
	Ⅱ类	Ⅱ类	Ⅱ类	Ⅱ类	Ⅱ类	Ⅱ类	Ⅱ类	Ⅱ类
	历史主要污染指标：—							

自动站	
	站点名称：富足山
	管理级别：国控
	站点位置：与手工断面重合

汇水区污染源	
	工业：涉水工业企业 32 家，30 家企业废水经污水处理厂处理后排入断面下游，对断面水质无影响
	生活：涉及 8 个乡镇和街道，104 个行政村（社区），总人口约 20 万人。接近 95% 的自然村纳管率在 95% 以上，其余均为村自建农村生活污水处理终端设施处理
	农业：养殖生猪约 2.9 万头，牛约 1300 头，羊约 4600 头，家禽约 7.7 万羽。耕地面积约为 11.7 万亩。水产养殖量鱼类约 4500 吨，虾蟹类约 100 吨
	其他：污水处理厂：无；上游支流：上游 1 千米之外有 5 条支流汇入

断面位置

自动站

断面上游

断面下游

霞山

断面二维码

断面编码： GG00S330800_2015A

控制级别： 国控　　**断面属性：** 控制断面

水体类型： 河流　　**功能类别：** Ⅱ类

水系水体： 钱塘江——齐溪

所在市县： 衢州市开化县

责任市县： 衢州市开化县

断面位置： 霞田村东北 531 米，坐标：E118.4161°，N29.3265°

	2016 年	2017 年	2018 年	2019 年	2020 年	2021 年	2022 年	2023 年
水质状况	Ⅱ类	Ⅱ类	Ⅱ类	Ⅱ类	Ⅰ类	Ⅰ类	Ⅰ类	Ⅰ类
	历史主要污染指标：—							

自动站	站点名称：霞山
	管理级别：省控
	站点位置：与手工断面重合

汇水区污染源	工业：涉及区域无工业污染源
	生活：涉及区域仅 1 个乡镇，生活污染源较小，存在小型的农村生活污水处理终端设施
	农业：主要为村庄零散的种植，没有集中的大型种植基地
	其他：污水处理厂：无；上游支流：上游 1 千米内无支流汇入

断面位置

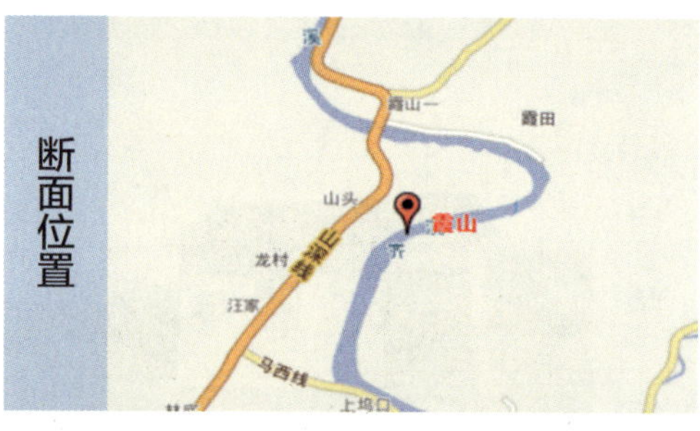

自动站

断面上游

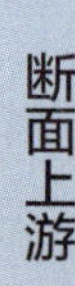

断面下游

下界首

断面编码： GG00S330800_2007A

控制级别： 国控　　**断面属性：** 控制断面

水体类型： 河流　　**功能类别：** Ⅲ类

水系水体： 钱塘江——马金溪

所在市县： 衢州市开化县

责任市县： 衢州市开化县

断面位置： 下界首村国道 G205 无名桥，坐标：E118.3827° ，N28.9828°

断面二维码

	2016 年	2017 年	2018 年	2019 年	2020 年	2021 年	2022 年	2023 年
水质状况	Ⅱ类	Ⅱ类	Ⅰ类	Ⅰ类	Ⅱ类	Ⅱ类	Ⅱ类	Ⅰ类
	历史主要污染指标：—							
自动站	站点名称：下界首							
	管理级别：国控							
	站点位置：与手工断面重合							
汇水区污染源	工业：开化县工业园区废水经处理达标后排入马金溪，会流经该断面							
	生活：作为开化县出境断面，上游生活源较集中，有 2 座污水处理厂							
	农业：开化县的各类农业污染源最终均流经该断面							
	其他：污水处理厂：1 座城市污水处理厂和 1 处集镇污水处理终端设施；上游支流：马尪溪、龙山溪、池淮溪、村头溪							

断面位置

自动站

断面上游

断面下游

苏庄

断面二维码

断面编码： FA06S330800_2013A

控制级别： 国控　　**断面属性：** 省界

水体类型： 河流　　**功能类别：** Ⅱ类

水系水体： 浙闽浙赣水系——苏庄溪

所在市县： 衢州市开化县

责任市县： 衢州市开化县

断面位置： 茗界线界首西南 671 米，坐标：E118.0241°，N29.1726°

	2016 年	2017 年	2018 年	2019 年	2020 年	2021 年	2022 年	2023 年
水质状况	—	—	—	—	Ⅱ类	Ⅱ类	Ⅰ类	Ⅱ类
	历史主要污染指标：—							
自动站	站点名称：苏庄							
	管理级别：国控							
	站点位置：与手工断面重合							
汇水区污染源	工业：无工业污染源							
	生活：涉及上游少数村庄，无大的生活污染源，存在小型的农村生活污水处理设施							
	农业：主要为村庄零散种植，没有集中的大型种植基地							
	其他：污水处理厂：无；上游支流：上游 1 千米内无支流汇入							

断面位置

自动站

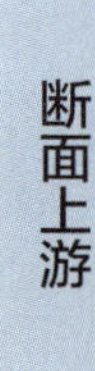
断面上游

断面下游

郑家

断面编码：GG14S330800_2006A

控制级别：国控　　断面属性：入河口

水体类型：河流　　功能类别：Ⅲ类

水系水体：钱塘江——灵山港

所在市县：衢州市龙游县

责任市县：衢州市龙游县

断面二维码

断面位置：灵山港与荣昌大道桥交叉口，坐标：E119.1822°，N29.0436°

	2016 年	2017 年	2018 年	2019 年	2020 年	2021 年	2022 年	2023 年
水质状况	Ⅱ类	Ⅱ类	Ⅱ类	Ⅱ类	Ⅱ类	Ⅱ类	Ⅱ类	Ⅱ类
	历史主要污染指标：—							

自动站	站点名称：郑家
	管理级别：国控
	站点位置：手工断面上游 1.9 千米

汇水区污染源	工业：涉水企业 3 家，其中造纸类 1 家，污水处理站 1 家，其他类 1 家
	生活：涉及 6 个乡镇（街道），常住人口 13.09 万人，2021 年全县纳管率在 62.1% 以上
	农业：畜禽养殖场 72 家，生猪存栏约 6 万头。农田面积约为 35 万亩
	其他：污水处理厂：断面上游有污水处理厂 1 家，距离断面 28.7 千米，处理量为 1500 吨 / 日；上游支流：上游有 2 条支流汇入

断面位置

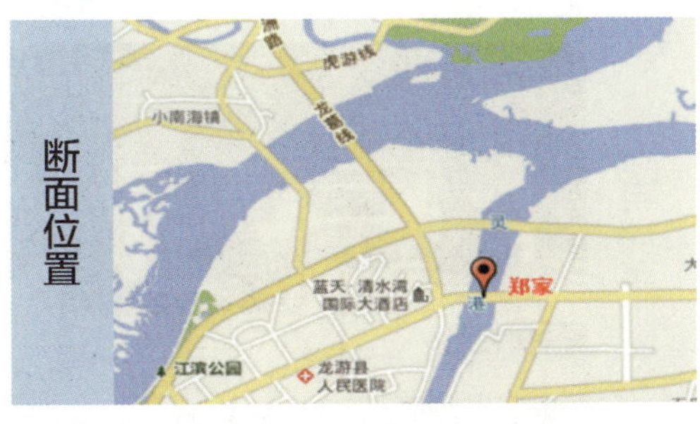

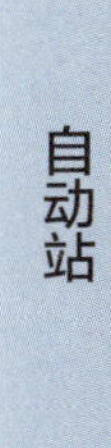

断面上游

马戍口

断面编码：GG08S330800_2012A

控制级别：国控　　**断面属性：**市界

水体类型：河流　　**功能类别：**Ⅲ类

水系水体：钱塘江——灵山港

所在市县：衢州市龙游县

责任市县：丽水市遂昌县

断面位置：G4012（溧宁高速）长沙堰东 527 米，坐标：E119.2078° ，N28.7774°

断面二维码

	2016 年	2017 年	2018 年	2019 年	2020 年	2021 年	2022 年	2023 年
水质状况	Ⅱ类	Ⅱ类	Ⅱ类	Ⅱ类	Ⅱ类	Ⅱ类	Ⅱ类	Ⅱ类
	历史主要污染指标：—							

自动站	站点名称：马戍口
	管理级别：省控
	站点位置：与手工断面重合

汇水区污染源	工业：3 千米处有竹制品 2 家，水泥厂 1 家，水泥制品企业 1 家，砂石厂 1 家，5 千米处有注塑企业 1 家
	生活：涉及北界、应村、高坪、新路湾四乡镇约 4 万人口
	农业：10 千米内有 4 家生猪养殖场，5 千米内桃溪沿岸有猕猴桃种植基地 500 亩
	其他：污水处理厂：上游 1 家污水处理厂，距离 1 千米，行政村建有农村污水处理终端设施；上游支流：上游有 3 条支流汇入

断面位置

自动站

断面上游

断面下游

下童

断面二维码

断面编码： GG09S330800_2008A

控制级别： 国控　　**断面属性：** 市界

水体类型： 河流　　**功能类别：** Ⅲ类

水系水体： 钱塘江——衢江

所在市县： 衢州市龙游县

责任市县： 衢州市龙游县

断面位置： 下童村边上 100 米河边，坐标：E119.3026° ，N29.0844°

	2016 年	2017 年	2018 年	2019 年	2020 年	2021 年	2022 年	2023 年
水质状况	Ⅱ类	Ⅱ类	Ⅱ类	Ⅱ类	Ⅱ类	Ⅱ类	Ⅱ类	Ⅱ类
	历史主要污染指标：—							

自动站	**站点名称：** 下童
	管理级别： 国控
	站点位置： 与手工断面重合

汇水区污染源	**工业：** 涉水企业 61 家，其中 55 家为园区纳管企业，污水处理厂 3 家，其他类涉水企业 2 家，废水均通过入河排污口排放
	生活： 涉及区域内城镇污水厂覆盖人口为 14.2 万人，农村污水处理设施覆盖人口为 1.9 万人。2021 年全县纳管率均在 62.1% 以上
	农业： 共有畜禽养殖场 269 家，农田面积合计 1.5 万亩，水产养殖面积合计 1.5 万亩
	其他： 污水处理厂：3 家，距离断面分别为 8.1 千米、5.1 千米、2.3 千米，处理量分别为 8 万吨 / 日、6 万吨 / 日、0.728 万吨 / 日；上游支流：上游 12 千米内有 4 条支流汇入

断面位置

自动站

断面上游

断面下游

双塔底

断面二维码

断面编码： GG00S330800_2004A

控制级别： 国控　　**断面属性：** 控制断面

水体类型： 河流　　**功能类别：** Ⅲ类

水系水体： 钱塘江——江山港

所在市县： 衢州市江山市

责任市县： 衢州市江山市

断面位置： 双塔街道迎宾大桥，坐标：E118.6550°，N28.7659°

水质状况	2016 年	2017 年	2018 年	2019 年	2020 年	2021 年	2022 年	2023 年
	Ⅱ类	Ⅱ类	Ⅱ类	Ⅱ类	Ⅱ类	Ⅱ类	Ⅱ类	Ⅱ类
	历史主要污染指标：一							
自动站	站点名称：双塔底							
	管理级别：国控							
	站点位置：手工断面上游 300 米							
汇水区污染源	工业：涉及企业 43 家，主要涉及金属制品业、化学原料和化学制品制造业等							
	生活：涉及 14 个乡镇，汇水范围总人口为 53 万人。95% 的行政村已建设纳污管道，接户率在 80% 以上							
	农业：规模化养殖场共计 14 家。家畜家禽存栏量猪约 12 万头，牛约 2600 头，羊约 7800 头，鸡约 550 万羽。耕地面积约为 58 万亩							
	其他：污水处理厂：江山市贺村污水处理厂，距离断面 15 千米，排放量为 1.82 万吨/日；上游支流：上游 40 千米内有 11 条支流汇入							

断面位置

自动站

断面上游

断面下游

峡口大桥

断面编码： GG00S330800_2014A

控制级别： 国控　　**断面属性：** 控制断面

水体类型： 河流　　**功能类别：** Ⅲ类

水系水体： 钱塘江——江山港

所在市县： 衢州市江山市

责任市县： 衢州市江山市

断面位置： 国道 G3（峡口大桥）峡里村西 270 米，坐标：E118.5369° ，N28.4660°

断面二维码

	2016 年	2017 年	2018 年	2019 年	2020 年	2021 年	2022 年	2023 年
水质状况	—	—	—	—	Ⅱ类	Ⅱ类	Ⅰ类	Ⅰ类
	历史主要污染指标：—							

自动站	站点名称：不具备建站条件
	管理级别：—
	站点位置：—
汇水区污染源	工业：无工业污染源
	生活：涉及峡东村，总人口为 2700 人，生活污水纳入集镇污水处理终端设施处理
	农业：农作物种植面积为 6870 平方米
	其他：污水处理厂：无；上游支流：主要为峡口水库水，无其他支流汇入

断面位置

周边情况

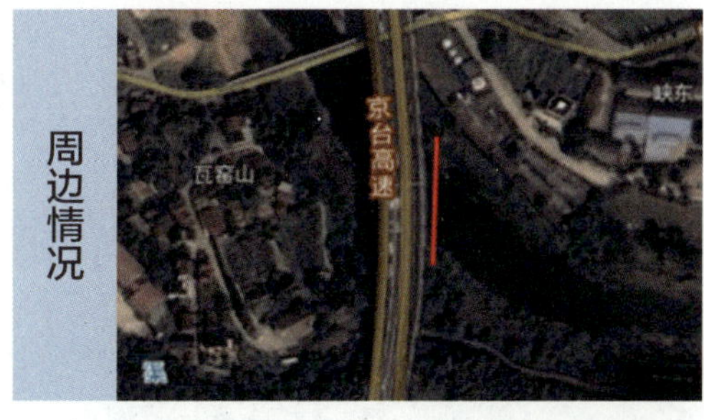

断面上游

断面下游

浙江省

舟山市断面图鉴

ZHOUSHAN SHI
DUANMIAN TUJIAN

舟山市地表水国控、省控监测断面分布图

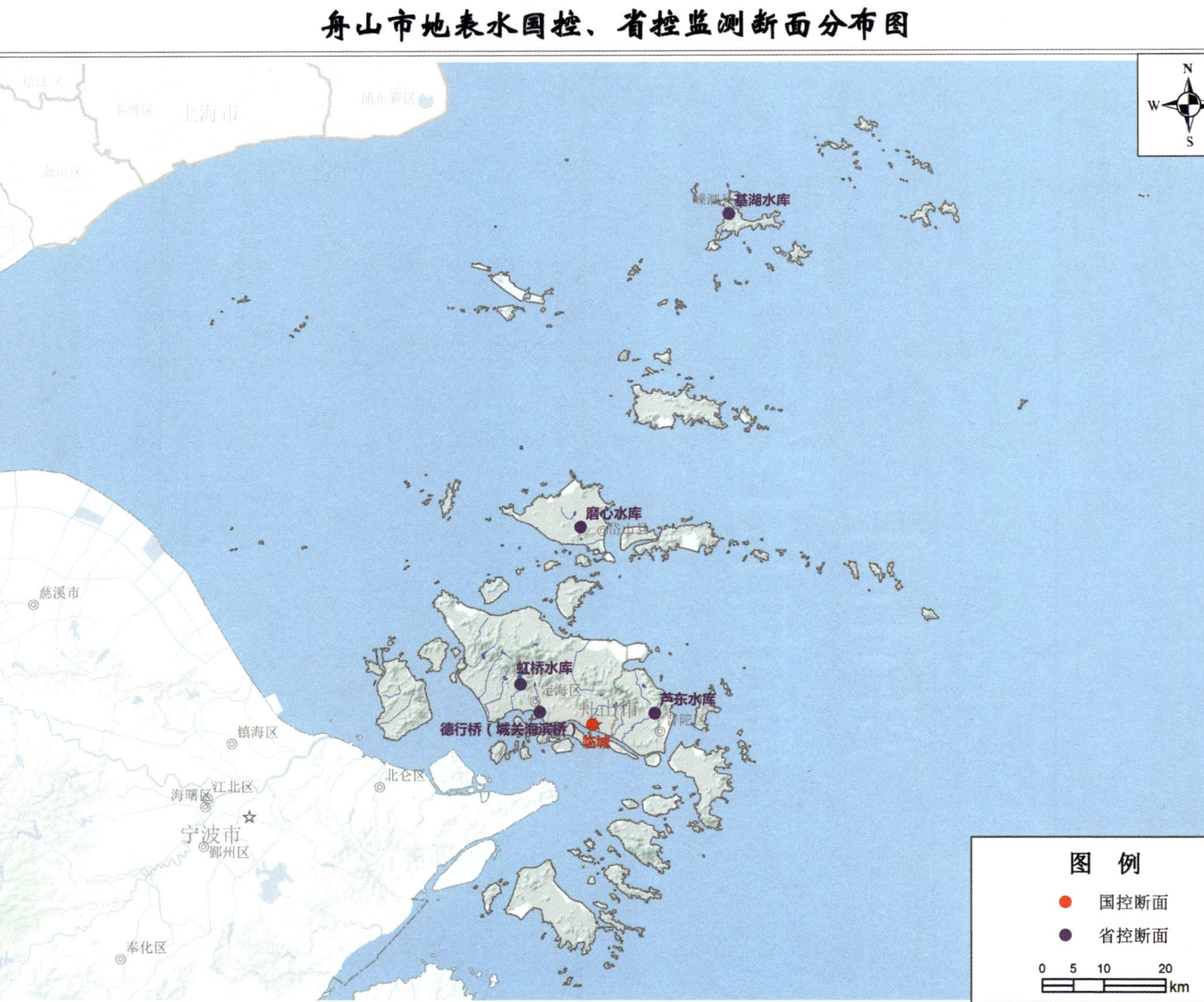

临城

断面编码： GG13S330900_2006A

控制级别： 国控　　**断面属性：** 入海口

水体类型： 河流　　**功能类别：** Ⅲ类

水系水体： 独流入海与海岛河流——临城河

所在市县： 舟山市定海区

责任市县： 舟山市定海区

断面位置： 海天大道与临城河交叉口东侧，坐标：E122.1980° ，N29.9874°

断面二维码

	2016 年	2017 年	2018 年	2019 年	2020 年	2021 年	2022 年	2023 年
水质状况	Ⅲ类	Ⅲ类	Ⅲ类	Ⅲ类	Ⅲ类	Ⅲ类	Ⅲ类	Ⅲ类
	历史主要污染指标：—							

自动站	站点名称：临城
	管理级别：国控
	站点位置：手工断面上游 10 米

汇水区污染源	工业：无工业污染源
	生活：涉及 2 个街道，6 个行政村（社区），周边人口合计约 9500 人，4 个社区均已建设污水管道，纳管率在 90% 以上
	农业：涉及区域无农业污染源
	其他：污水处理厂：无；上游支流：上游 1 千米内有长里河、广场西河、广场北河、广场南河支流汇入

断面位置

自动站

断面上游

断面下游

德行桥（城关海滨桥）

断面编码： 2GB330902A0150

控制级别： 省控　　**断面属性：** 控制断面

水体类型： 河流　　**功能类别：** Ⅳ类

水系水体： 独流入海与海岛河流——城关河道

所在市县： 舟山市定海区

责任市县： 舟山市定海区

断面位置： 城关河道与德行路交叉口，坐标：E122.1093°，N30.0169°

断面二维码

	2016年	2017年	2018年	2019年	2020年	2021年	2022年	2023年
水质状况	Ⅳ类	Ⅳ类	Ⅳ类	Ⅳ类	Ⅳ类	Ⅳ类	Ⅳ类	Ⅳ类
	历史主要污染指标：2016年总磷；2017年总磷、氨氮；2018年总磷、氨氮；2019年氨氮、总磷；2020年总磷；2021年氨氮、总磷；2022年氨氮、总磷；2023年总磷							
自动站	站点名称：德行桥（城关海滨桥）							
	管理级别：省控							
	站点位置：与手工断面重合							
汇水区污染源	工业：无工业污染源							
	生活：涉及3个街道、6个社区、1个村，人口约24500人，生活污水纳管处理							
	农业：断面汇水范围以城区为主，只有城乡接合部有少量的散养畜禽。沿河道分布有少部分耕地和园地							
	其他：污水处理厂：无；上游支流：上游1千米范围内无支流汇入							

断面位置

自动站

断面上游

断面下游

虹桥水库

点位编码： 2GB330902B0124

控制级别： 省控　　**点位属性：** —

水体类型： 水库　　**功能类别：** Ⅱ类

水系水体： 独流入海与海岛河流——虹桥水库

所在市县： 舟山市定海区

责任市县： 舟山市定海区

点位位置： 虹桥水库坝前，坐标：E122.0786°，N30.0478°

断面二维码

水质状况	2016 年	2017 年	2018 年	2019 年	2020 年	2021 年	2022 年	2023 年
	Ⅰ类	Ⅰ类	Ⅱ类	Ⅱ类	Ⅱ类	Ⅱ类	Ⅱ类	Ⅱ类
	历史主要污染指标：—							

自动站	
	站点名称：虹桥水库
	管理级别：省控
	站点位置：手工断面下游 20 米

汇水区污染源	
	工业：无工业污染源
	生活：涉及 2 个社区，4 个自然村，人口约 3634 人。农村生活污水采取纳管加自建农村生活污水处理终端设施结合的方式处理
	农业：流域内园地面积约为 885 亩，耕地面积约为 3600 亩，主要种植蔬菜、玉米等作物，园地主要种植杨梅等水果
	其他：污水处理厂：无；上游支流：无

点位位置

自动站

点位周边

点位周边

芦东水库

点位编码： 2GB330903B0145

控制级别： 省控　　**点位属性：** —

水体类型： 水库　　**功能类别：** Ⅱ类

水系水体： 独流入海与海岛河流——芦东水库

所在市县： 舟山市普陀区

责任市县： 舟山市普陀区

点位位置： 芦东水库坝前，坐标：E122.3034°，N30.0014°

断面二维码

	2016年	2017年	2018年	2019年	2020年	2021年	2022年	2023年
水质状况	—	Ⅱ类	Ⅱ类	Ⅱ类	Ⅰ类	Ⅱ类	Ⅱ类	Ⅱ类
	历史主要污染指标：—							

自动站	
	站点名称：芦东水库
	管理级别：省控
	站点位置：与手工断面重合

汇水区污染源	
	工业：无工业污染源
	生活：涉及35户原住村民，生活污水均纳管处理
	农业：无畜禽养殖和水产养殖，有少量农田
	其他：污水处理厂：无；上游支流：无

点位位置

自动站

点位周边

点位周边

磨心水库

点位编码： 2GB330921B0146

控制级别： 省控　　**点位属性：** —

水体类型： 水库　　**功能类别：** Ⅱ类

水系水体： 独流入海与海岛河流——磨心水库

所在市县： 舟山市岱山县

责任市县： 舟山市岱山县

点位位置： 磨心水库上水库大坝坝底，坐标：E122.1868° ，N30.2716°

断面二维码

水质状况	2016 年	2017 年	2018 年	2019 年	2020 年	2021 年	2022 年	2023 年
	Ⅱ类	Ⅱ类	Ⅲ类	Ⅱ类	Ⅱ类	Ⅱ类	Ⅱ类	Ⅱ类
	历史主要污染指标：—							

自动站	
	站点名称：磨心水库
	管理级别：省控
	站点位置：与手工断面重合

汇水区污染源	
	工业：涉及区域无工业污染源
	生活：涉及区域少量生活污水未纳管处理
	农业：涉及区域无农业污染源
	其他：污水处理厂：无；上游支流：无

点位位置

自动站

点位周边

点位周边

基湖水库

点位编码：2GB330922B0147

控制级别：省控　　**点位属性：**—

水体类型：水库　　**功能类别：**Ⅲ类

水系水体：独流入海与海岛河流——基湖水库

所在市县：舟山市嵊泗县

责任市县：舟山市嵊泗县

点位位置：基湖水库坝前，坐标：E122.4586°，N30.7136°

断面二维码

	2016 年	2017 年	2018 年	2019 年	2020 年	2021 年	2022 年	2023 年
水质状况	Ⅱ类	Ⅱ类	Ⅲ类	Ⅱ类	Ⅲ类	Ⅲ类	Ⅲ类	Ⅲ类
	历史主要污染指标：—							
自动站	站点名称：基湖水库							
	管理级别：省控							
	站点位置：与手工断面重合							
汇水区污染源	工业：涉及区域无工业污染源							
	生活：涉及区域少量生活污水未纳管处理							
	农业：涉及区域无农业污染源							
	其他：污水处理厂：无；上游支流：无							

点位位置

自动站

点位周边

点位周边

浙江省

台州市
断面图鉴

TAIZHOU SHI
DUANMIAN TUJIAN

台州市地表水国控、省控监测断面分布图

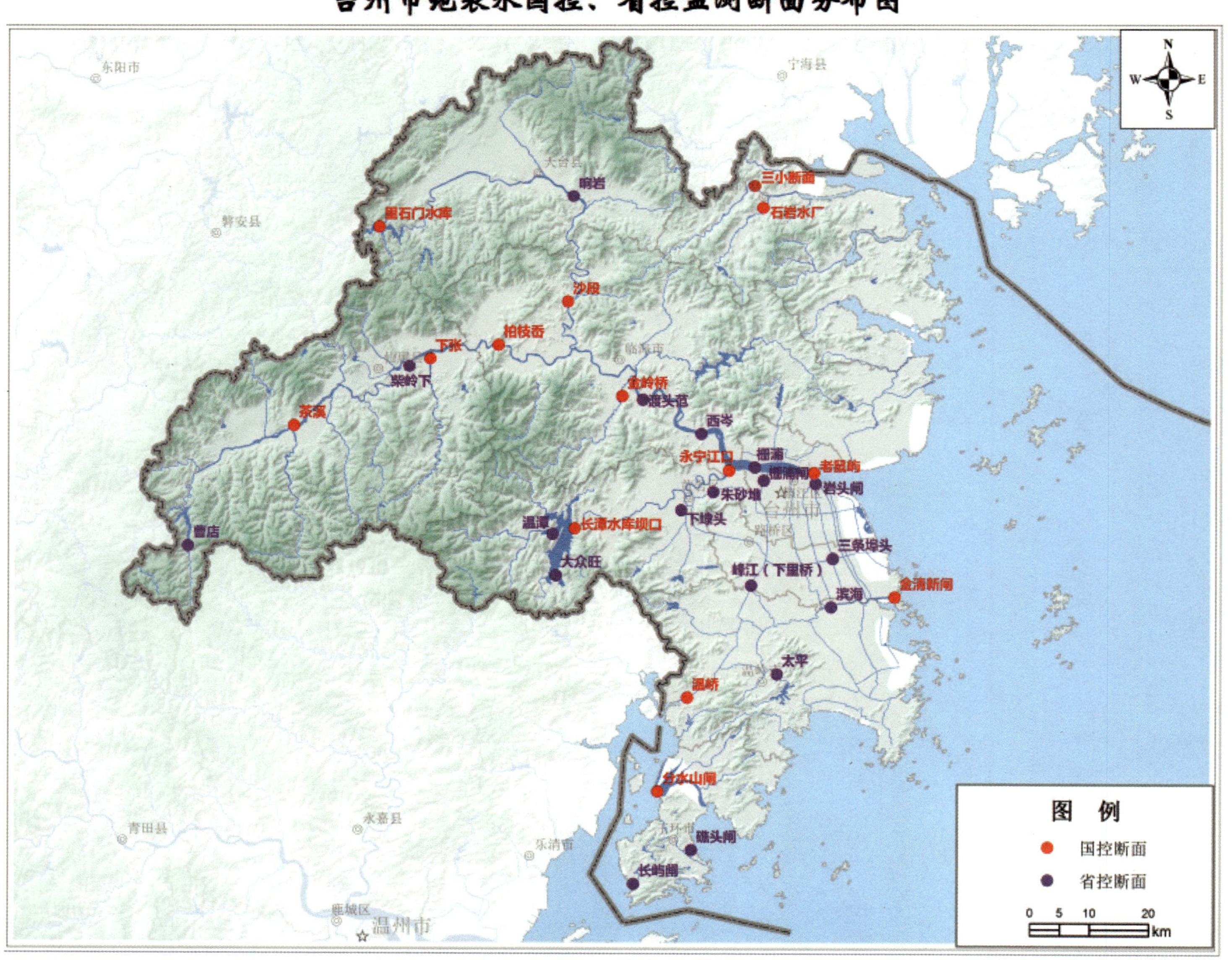

老鼠屿

断面编码： GG13S331000_0002A

控制级别： 国控　　**断面属性：** 入海口

水体类型： 河流　　**功能类别：** Ⅲ类

水系水体： 椒江——椒江干流

所在市县： 台州市椒江区

责任市县： 台州市椒江区

断面位置： 国道 G228 椒江二桥，坐标：E121.4737°，N28.6871°

断面二维码

	2016 年	2017 年	2018 年	2019 年	2020 年	2021 年	2022 年	2023 年
水质状况	Ⅲ类	Ⅲ类	Ⅲ类	Ⅲ类	Ⅲ类	Ⅲ类	Ⅲ类	Ⅲ类
	历史主要污染指标：—							
自动站	站点名称：老鼠屿							
	管理级别：国控							
	站点位置：手工断面上游 0.5 千米							
汇水区污染源	工业：涉河企业共有 4 家，主要以修、造船企业为主							
	生活：涉及 7 个街道，常住人口约 82.6 万人。生活污水基本完成管网全覆盖，并输送至城镇污水处理厂处理							
	农业：无直接影响的畜禽养殖、水产养殖及农作物种植							
	其他：污水处理厂：无；上游支流：上游 1 千米内无支流汇入							

断面位置

自动站

断面上游

断面下游

栅浦

断面二维码

断面编码： 2GB331002A0034

控制级别： 省控　　**断面属性：** 控制断面

水体类型： 河流　　**功能类别：** Ⅲ类

水系水体： 椒江——椒江干流

所在市县： 台州市椒江区

责任市县： 台州市椒江区

断面位置： 椒江杭绍台铁路桥，坐标：E121.3717° ，N28.6964°

	2016 年	2017 年	2018 年	2019 年	2020 年	2021 年	2022 年	2023 年
水质状况	Ⅲ类	Ⅲ类	Ⅲ类	Ⅲ类	Ⅲ类	Ⅲ类	Ⅲ类	Ⅲ类
	历史主要污染指标：—							
自动站	站点名称：栅浦							
	管理级别：省控							
	站点位置：与手工断面重合							
汇水区污染源	工业：4 个乡镇级及以上工业园区，以纺织服装、服饰业、专用设备制造业等为主							
	生活：涉及 265 个村、社区，人口约 34 万人							
	农业：种植面积约 168000 亩							
	其他：污水处理厂：江口污水处理厂尾水排入椒江，处理量为 12 万吨 / 日，涌泉镇污水处理厂尾水排入椒江，处理量为 0.2 万吨 / 日，沿江镇污水处理厂尾水排入椒江，处理量为 0.4 万吨 / 日							

断面位置

自动站

断面上游

断面下游

栅浦闸

断面二维码

断面编码： 2GB331002A0103

控制级别： 省控　　**断面属性：** 控制断面

水体类型： 河流　　**功能类别：** Ⅲ类

水系水体： 台州平原河网——永宁河

所在市县： 台州市椒江区

责任市县： 台州市椒江区

断面位置： 永宁河与黄海公路交叉口，坐标：E121.3867°，N28.6764°

	2016 年	2017 年	2018 年	2019 年	2020 年	2021 年	2022 年	2023 年
水质状况	劣Ⅴ类	Ⅳ类	Ⅲ类	Ⅲ类	Ⅲ类	Ⅲ类	Ⅲ类	Ⅲ类
	历史主要污染指标： 2016 年氨氮、总磷、溶解氧；2017 年五日生化需氧量、氨氮、化学需氧量							

自动站	**站点名称：** 栅浦闸
	管理级别： 省控
	站点位置： 与手工断面重合

汇水区污染源	**工业：** 8 个工业园区或聚集点，以塑料零件及其他塑料制品制造、模具制造等为主
	生活： 涉及葭沚街道和洪家街道，76 个村、社区，人口约为 27.9 万人
	农业： 种植面积约为 43700 亩
	其他： 污水处理厂：无；上游支流：无

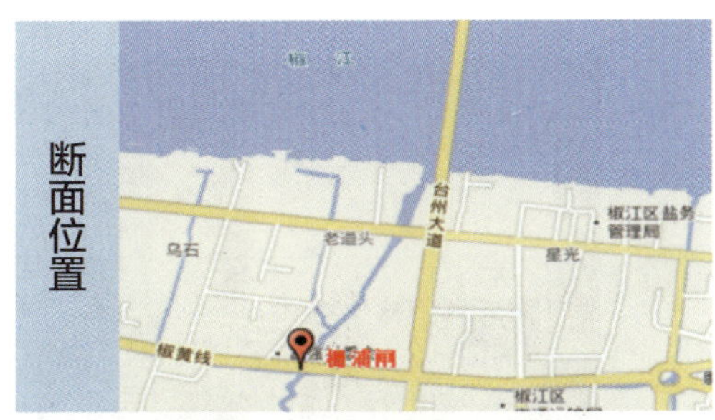

断面位置

自动站

断面上游

断面下游

岩头闸

断面编码： 2GB331002A0104

控制级别： 省控　　**断面属性：** 入河口

水体类型： 河流　　**功能类别：** Ⅳ类

水系水体： 台州平原河网——三条河

所在市县： 台州市椒江区

责任市县： 台州市椒江区

断面位置： 岩头村三条河岩头闸闸前 170 米，坐标：E121.4761°，N28.6708°

断面二维码

	2016 年	2017 年	2018 年	2019 年	2020 年	2021 年	2022 年	2023 年
水质状况	劣Ⅴ类	Ⅴ类	Ⅳ类	Ⅲ类	Ⅲ类	Ⅳ类	Ⅲ类	Ⅲ类
	历史主要污染指标：2016 年氨氮、总磷、五日生化需氧量；2017 年氨氮、总磷；2018 年化学需氧量；2021 年化学需氧量							

自动站	
	站点名称：岩头闸
	管理级别：省控
	站点位置：与手工断面重合

汇水区污染源	
	工业：18 个工业区或聚集点，以医化、机械零部件加工、塑料零件及其他塑料制品制造为主
	生活：涉及海门街道、下陈街道、海虹街道和三甲街道，人口约为 27.98 万人
	农业：无直接影响的畜禽养殖、水产养殖；农作物种植面积约为 69300 亩
	其他：污水处理厂：无；上游支流：1 千米内有 2 条支流汇入

断面位置

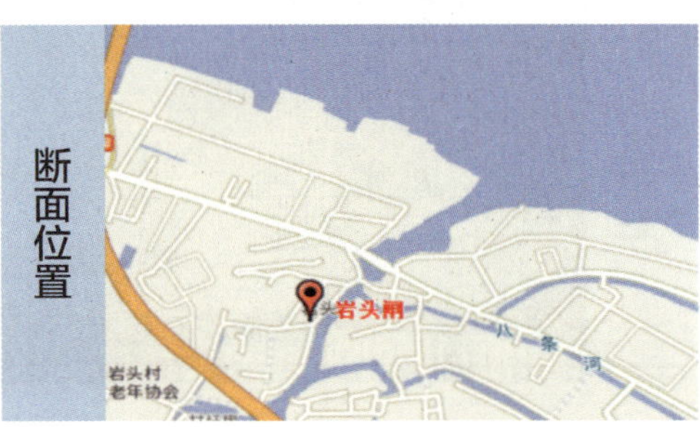

自动站

断面上游

断面下游

永宁江口

断面编码： GG14S331000_2007A

控制级别： 国控　　**断面属性：** 入河口

水体类型： 河流　　**功能类别：** Ⅲ类

水系水体： 椒江——永宁江

所在市县： 台州市黄岩区

责任市县： 台州市黄岩区

断面位置： 大闸路与永宁江交叉口，坐标：E121.3277°，N28.6919°

断面二维码

水质状况	2016 年	2017 年	2018 年	2019 年	2020 年	2021 年	2022 年	2023 年
	Ⅳ类	Ⅲ类	Ⅳ类	Ⅲ类	Ⅲ类	Ⅲ类	Ⅱ类	Ⅲ类
	历史主要污染指标：2016 年总磷；2018 年氨氮							

自动站	
	站点名称：江口
	管理级别：国控
	站点位置：手工断面上游右岸约 190 米

汇水区污染源	
	工业：涉及工业企业总 450 家，其中重点涉水企业 28 家（均有预处理设施），企业均以生活污水为主，均纳管处理
	生活：涉及 12 个乡镇（街道），总人口为 48 万人。11 个街道（乡镇）生活污水纳入污水处理厂，1 个乡镇生活污水纳入农村生活污水处理终端设施处理后排放
	农业：宁江口汇水断面约有水田面积 6000 公顷，旱地面积 900 公顷，园地面积 1 万亩。存在规模化畜禽养殖和水产养殖
	其他：污水处理厂：无；上游支流：上游有 69 条支流汇入

断面位置

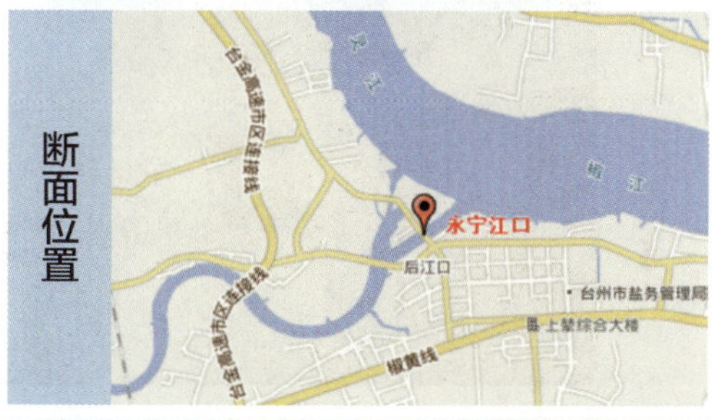

自动站

断面上游

断面下游

温潭

点位编码： 2GB331003B0122

控制级别： 省控　　**点位属性：** —

水体类型： 水库　　**功能类别：** Ⅱ类

水系水体： 椒江——长潭水库

所在市县： 台州市黄岩区

责任市县： 台州市黄岩区

点位位置： 长潭水库支流永宁江汇入口，坐标：E121.0231°，N28.5994°

断面二维码

	2016 年	2017 年	2018 年	2019 年	2020 年	2021 年	2022 年	2023 年
水质状况	Ⅰ类	Ⅱ类	Ⅱ类	Ⅱ类	Ⅱ类	Ⅱ类	Ⅱ类	Ⅱ类
	历史主要污染指标：—							
自动站	站点名称：温潭							
	管理级别：省控							
	站点位置：手工断面上游约 250 米							
汇水区污染源	工业：保护区内无工业企业和工业园区，准保护区内工业企业距离断面约 4 千米，污水均排至宁溪污水处理厂，并外引至库区外							
	生活：涉及宁溪镇和上郑乡，总人口约 4 万人。除宁溪镇镇区的农村生活污水均纳管至宁溪污水处理厂外，其余采用终端处理							
	农业：保护区内耕地面积约为 12500 亩，无畜禽养殖和畜禽散养							
	其他：污水处理厂：宁溪污水处理厂，尾水外引至库区外；上游支流：无							

点位位置

自动站

点位周边

点位周边

朱砂堆

断面编码：2GB331003A0101

控制级别：省控　　断面属性：控制断面

水体类型：河流　　功能类别：Ⅲ类

水系水体：台州平原河网——东官河

所在市县：台州市黄岩区

责任市县：台州市黄岩区

断面位置：南官河与劳动南路交叉口，坐标：E121.2597°，N28.6406°

断面二维码

水质状况	2016 年	2017 年	2018 年	2019 年	2020 年	2021 年	2022 年	2023 年
	Ⅳ类	Ⅳ类	Ⅳ类	Ⅳ类	Ⅲ类	Ⅲ类	Ⅲ类	Ⅲ类
	历史主要污染指标：2016 年总磷、溶解氧；2017 年氨氮、总磷、溶解氧；2018 年五日生化需氧量、氨氮、化学需氧量；2019 年化学需氧量、五日生化需氧量、总磷							

自动站	
	站点名称：朱砂堆
	管理级别：省控
	站点位置：与手工断面重合

汇水区污染源	
	工业：2.5 千米处涉及红三村和红四村工业集聚点，已完成“污水零直排”建设，以生活污水为主，均纳管处理
	生活：涉及东城街道、江口街道、西城街道，42 个村、社区，总人口约 13 万人。所有村、社区已建设截污纳管
	农业：涉及区域无农业污染源
	其他：污水处理厂：无；上游支流：上游有 7 条支流汇入

断面位置

自动站

断面上游

断面下游

长潭水库坝口

点位编码： GG16R331000_0012A

控制级别： 国控　**点位属性：** 出库口

水体类型： 水库　**功能类别：** Ⅱ类

水系水体： 椒江——长潭水库

所在市县： 台州市黄岩区

责任市县： 台州市黄岩区

点位位置： 长潭水库坝口，坐标：E121.0616°，N28.6074°

断面二维码

	2016 年	2017 年	2018 年	2019 年	2020 年	2021 年	2022 年	2023 年
水质状况	Ⅰ类	Ⅱ类	Ⅱ类	Ⅰ类	Ⅰ类	Ⅰ类	Ⅰ类	Ⅱ类
	历史主要污染指标：—							
自动站	站点名称：坝口							
	管理级别：国控							
	站点位置：与手工断面重合							
汇水区污染源	工业：保护区内无工业企业和工业园区，准保护区内工业企业距离断面约 8.5 千米，污水均排至宁溪污水处理厂，并外引至库区外							
	生活：涉及 7 个乡镇，常住人口约 5 万人，除宁溪镇区外其余镇区的农村生活污水至宁溪污水处理厂外引，其余均采用农村生活污水处理终端设施处理							
	农业：保护区内耕地面积约为 12500 亩，无畜禽养殖场和畜禽散养							
	其他：污水处理厂：宁溪污水处理厂，尾水外引至库区外；上游支流：无							

点位位置

自动站

点位周边

点位周边

大众旺

点位编码： 2GB331003B0123

控制级别： 省控　**点位属性：** —

水体类型： 水库　**功能类别：** Ⅱ类

水系水体： 椒江——长潭水库

所在市县： 台州市黄岩区

责任市县： 台州市黄岩区

点位位置： 长潭水库库头，坐标：E121.0281°，N28.5383°

断面二维码

	2016 年	2017 年	2018 年	2019 年	2020 年	2021 年	2022 年	2023 年
水质状况	Ⅰ类	Ⅱ类	Ⅱ类	Ⅱ类	Ⅱ类	Ⅱ类	Ⅱ类	Ⅱ类
	历史主要污染指标：							
自动站	站点名称：大众旺							
	管理级别：省控							
	站点位置：与手工断面重合							
汇水区污染源	工业：无工业污染源							
	生活：涉及上垟乡人口约 1 万人，生活污水均为农村生活污水处理终端设施处理							
	农业：均在长潭库区，与坝口断面相似，保护区内耕地面积约为 12500 亩，无畜禽养殖场和畜禽散养							
	其他：污水处理厂：无；上游支流：无							

点位位置

自动站

点位周边

点位周边

下埭头

断面二维码

断面编码： 2GB331003A0106

控制级别： 省控　**断面属性：** 控制断面

水体类型： 河流　**功能类别：** Ⅲ类

水系水体： 台州平原河网——中干渠

所在市县： 台州市黄岩区

责任市县： 台州市黄岩区

断面位置： 中干渠与黄石大道交叉口西南侧小桥，坐标：E121.2443°，N28.6335°

水质状况	2016 年	2017 年	2018 年	2019 年	2020 年	2021 年	2022 年	2023 年
	Ⅱ类	Ⅲ类	Ⅲ类	Ⅲ类	Ⅲ类	Ⅲ类	Ⅲ类	Ⅲ类
	历史主要污染指标：—							

自动站	
	站点名称：下埭头
	管理级别：省控
	站点位置：在手工断面上游 1700 米处

汇水区污染源	
	工业：涉及工业企业 200 家，以塑料制品、模具、机械电器、电摩、新能源、婴童等行业为主，均已完成“污水零直排”建设，纳管处理
	生活：涉及北洋镇、澄江街道、西城街道，67 个村、社区，总人口为 13.5 万人。所有村、社区污水已截污纳管处理
	农业：共有约 2.3 万亩的农田。无规模化畜禽养殖，存在少量散养鸡、鸭
	其他：污水处理厂：无；上游支流：上游有 26 条支流汇入

断面位置

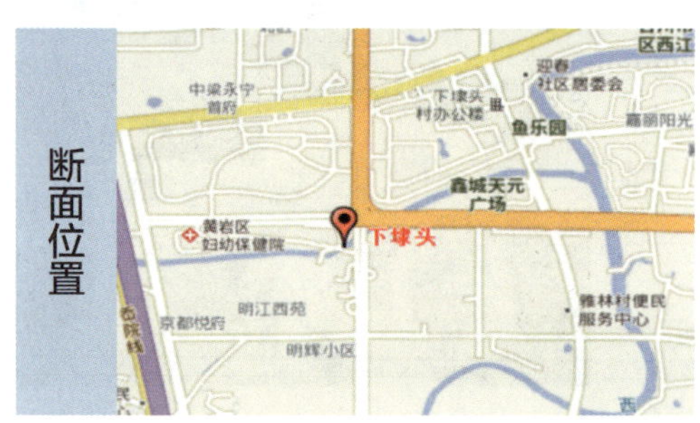

自动站

断面上游

断面下游

峰江（下里桥）

断面编码： 2GB331004A0107

控制级别： 省控　　**断面属性：** 控制断面

水体类型： 河流　　**功能类别：** Ⅲ类

水系水体： 台州平原河网——南官河

所在市县： 台州市路桥区

责任市县： 台州市路桥区

断面位置： 南官河与泽峰路交叉口，坐标：E121.3633° ，N28.5205°

断面二维码

	2016 年	2017 年	2018 年	2019 年	2020 年	2021 年	2022 年	2023 年
水质状况	Ⅳ类	Ⅴ类	Ⅴ类	Ⅳ类	Ⅳ类	Ⅲ类	Ⅲ类	Ⅲ类
	历史主要污染指标：2016 年石油类、氨氮、总磷；2017 年溶解氧、氨氮、总磷；2018 年氨氮、溶解氧、总磷；2019 年氨氮、化学需氧量、溶解氧；2020 年氨氮、化学需氧量、总磷							

自动站	站点名称：泽国
	管理级别：省控
	站点位置：与手工断面重合

汇水区污染源	工业：断面涉及村级以上工业园区共 14 个，涉及氮磷重点行业企业 1 家，排放的废水为工业废水及生活污水
	生活：涉及峰江街道，25 个行政村。上游城镇生活污水全部纳入路桥污水处理厂处理
	农业：涉及耕地面积约为 1700 亩，无规模畜禽养殖和渔业养殖
	其他：污水处理厂：1 家，距离断面 4.5 千米，排放量为 9 万吨 / 日；上游支流：上游有 3 条支流汇入

断面位置

周边情况

断面上游

断面下游

金清新闸

断面二维码

断面编码：GG13S331000_2003A

控制级别：国控　　断面属性：入海口

水体类型：河流　　功能类别：Ⅳ类

水系水体：台州平原河网——金清港

所在市县：台州市路桥区

责任市县：台州市路桥区

断面位置：金清港闸口内部，坐标：E121.6094°，N28.4998°

水质状况	2016 年	2017 年	2018 年	2019 年	2020 年	2021 年	2022 年	2023 年
	Ⅴ类	Ⅴ类	Ⅳ类	Ⅳ类	Ⅳ类	Ⅳ类	Ⅳ类	Ⅳ类
	历史主要污染指标：2016 年氨氮、总磷、石油类；2017 年氨氮、石油类、总磷；2018 年化学需氧量、氨氮、总磷；2019 年总磷；2020 年化学需氧量、氨氮；2021 年氨氮、化学需氧量；2022 年化学需氧量；2023 年化学需氧量							

自动站	
	站点名称：金清新闸
	管理级别：国控
	站点位置：手工断面上游 200 米

汇水区污染源	
	工业：涉及村级以上工业园区、工业集聚点共 282 个，氮磷重点行业企业共 116 家
	生活：涉及 38 个乡镇（街道），城镇生活污水进入污水处理厂处理，较偏远地区则进入农村生活污水处理终端设施处理
	农业：涉及保留的生猪和牛规模养殖场共 87 家，养鸭规模养殖场共 15 家。涉及耕地面积约 94 万亩
	其他：污水处理厂：断面上游存在 13 座污水处理厂；上游支流：上游有 42 条支流汇入

断面位置

自动站

断面上游

断面下游

三条埠头

断面编码： 2GB331004A0108

控制级别： 省控　**断面属性：** 控制断面

水体类型： 河流　**功能类别：** Ⅳ类

水系水体： 台州平原河网——青龙浦

所在市县： 台州市路桥区

责任市县： 台州市路桥区

断面位置： 青龙浦与三条河交叉口，坐标：E121.5045°，N28.5586°

断面二维码

	2016 年	2017 年	2018 年	2019 年	2020 年	2021 年	2022 年	2023 年
水质状况	劣Ⅴ类	Ⅴ类	Ⅳ类	Ⅳ类	Ⅳ类	Ⅲ类	Ⅲ类	Ⅲ类
	历史主要污染指标：主要污染指标：2016 年氨氮、溶解氧、总磷；2017 年氨氮、总磷、石油类；2018 年氨氮、总磷、化学需氧量；2019 年氨氮、总磷、化学需氧量；2020 年化学需氧量、氨氮、总磷							
自动站	站点名称：三条埠头							
	管理级别：省控							
	站点位置：与手工断面重合							
汇水区污染源	工业：涉及村级以上工业园区、工业集聚点共 21 个，涉及企业共计 7 家，排放的废水为工业废水及生活污水							
	生活：涉及 4 个乡镇（街道），95 个行政村。上游城镇生活污水全部纳入路桥污水处理厂或滨海污水处理厂处理							
	农业：涉及耕地面积约 7000 亩，无规模化畜禽养殖和渔业养殖							
	其他：污水处理厂：无；上游支流：上游有 2 条支流汇入							

断面位置

自动站

断面上游

断面下游

三小断面

断面编码： GG13S331000_2010A

控制级别： 国控　　**断面属性：** 入海口

水体类型： 河流　　**功能类别：** Ⅲ类

水系水体： 独流入海与海岛河流——珠游溪

所在市县： 台州市三门县

责任市县： 台州市三门县

断面位置： 环城路城中村东北 116 米，坐标：E121.3764°，N29.1247°

断面二维码

	2016 年	2017 年	2018 年	2019 年	2020 年	2021 年	2022 年	2023 年
水质状况	—	—	—	—	Ⅱ类	Ⅱ类	Ⅱ类	Ⅱ类
	历史主要污染指标：—							

自动站	
	站点名称：外国语小学
	管理级别：省控
	站点位置：与手工断面重合

汇水区污染源	
	工业：三小断面为海游西区工业区，共有涉水企业 2 家
	生活：涉及 2 个乡镇（街道），52 个行政村。上游城镇生活污水主要纳管处理，部分农村生活污水通过农村污水处理终端设施处理
	农业：涉及 5 家生猪规模养殖场，存栏量共计 4100 头；3 家蛋鸭规模养殖场，存栏量共计 13900 只。耕地面积约为 4 万亩
	其他：污水处理厂：无；上游支流：上游包括吴岙溪、珠岙溪、下叶坑溪等 14 条主要支流汇入

断面位置

自动站

断面上游

断面下游

石岩水厂

断面编码：GG13S331000_2002A

控制级别：国控　　断面属性：入海口

水体类型：河流　　功能类别：Ⅱ类

水系水体：独流入海与海岛河流——亭旁溪

所在市县：台州市三门县

责任市县：台州市三门县

断面位置：海游镇石岩村附近，坐标：E121.3906°，N29.0897°

断面二维码

	2016 年	2017 年	2018 年	2019 年	2020 年	2021 年	2022 年	2023 年
水质状况	—	—	—	—	Ⅱ类	Ⅱ类	Ⅱ类	Ⅱ类
	历史主要污染指标：—							

自动站	站点名称：石岩村
	管理级别：省控
	站点位置：手工断面上游 90 米
汇水区污染源	工业：涉及工业园区 1 个，共有一般工业企业 24 家，排放的废水主要为生活污水
	生活：涉及 2 个乡镇（街道），44 个行政村，其中 12 个村生活污水进入三门县城市污水处理厂处理，其他村为自建农村生活污水处理终端设施处理
	农业：涉及 4 家规模生猪养殖场，存栏量共计 6300 头，9 家蛋鸭、肉鸡规模养殖场，存栏量约 27 万只。耕地面积约为 63057.34 亩
	其他：污水处理厂：无；上游支流：上游有 8 条支流汇入

断面位置

自动站

断面上游

断面下游

里石门水库

点位编码： GG00R331000_2004A

控制级别： 国控　　**点位属性：** —

水体类型： 水库　　**功能类别：** Ⅱ类

水系水体： 椒江——里石门水库

所在市县： 台州市天台县

责任市县： 台州市天台县

断面二维码

点位位置： 里石门水库 S323 边上，坐标：E120.7278°，N29.0656°

	2016 年	2017 年	2018 年	2019 年	2020 年	2021 年	2022 年	2023 年
水质状况	Ⅱ类	Ⅱ类	Ⅱ类	Ⅱ类	Ⅰ类	Ⅱ类	Ⅱ类	Ⅱ类
	历史主要污染指标：—							

自动站	站点名称：里石门水库
	管理级别：国控
	站点位置：手工断面上游 400 米

汇水区污染源	工业：涉及工业园区面积约为 200 亩，入园企业 20 家，涉及工艺品、塑料塑胶、海绵、滤网布、纸浆制造等行业
	生活：涉及保护区范围内常住人口数约为 2 000 人，共建有 17 座农村污水处理终端设施，生活污水经过农村污水处理终端设施处理后用于农业灌溉或排入附近小溪
	农业：主要种植水稻、玉米、豆类、蔬菜、水果、茶树、香榧等，耕地和园地面积总计约 1 万亩
	其他：污水处理厂：金华市磐安县方前工业园区生产、生活污水仅靠 1 座小型污水处理站简单处理后排入到支流，离里石门断面约 3.8 千米；上游支流：无

点位位置

点位周边

自动站

点位周边

响岩

断面编码：2GB331023A0035

控制级别：省控　　断面属性：控制断面

水体类型：河流　　功能类别：Ⅲ类

水系水体：椒江——始丰溪

所在市县：台州市天台县

责任市县：台州市天台县

断面位置：始丰溪与南园大道交叉口东南方 2300 米无名小桥处，坐标：E121.0634° ，N29.1113°

断面二维码

	2016 年	2017 年	2018 年	2019 年	2020 年	2021 年	2022 年	2023 年
水质状况	Ⅲ类	Ⅲ类	Ⅲ类	Ⅲ类	Ⅱ类	Ⅱ类	Ⅱ类	Ⅱ类
	历史主要污染指标：—							
自动站	站点名称：响岩							
	管理级别：省控							
	站点位置：与手工断面重合							
汇水区污染源	工业：涉及 8 个工业园区 1800 余家企业，污水基本实现纳管处理							
	生活：涉及 3 个乡镇，3 个街道，总人口为 399871 人。农村生活污水处理终端设施覆盖率大于 91.4%，接户率约为 76.8%							
	农业：共有畜禽养殖场 49 家，养殖生猪 4 万头、家禽 135 万只。鱼塘养殖面积为 3100 亩							
	其他：污水处理厂：污水处理厂（公司）2 家，城区污水处理厂处理量为 8 万吨 / 日，排放口处于上游 800 米左右，另一家平桥污水处理厂处理量为 5000 吨 / 日，处于上游 16 千米左右；上游支流：上游有 3 条支流汇入							

茶溪

断面编码： GG00S331000_2006A

控制级别： 国控　　**断面属性：** 控制断面

水体类型： 河流　　**功能类别：** Ⅱ类

水系水体： 椒江——永安溪

所在市县： 台州市仙居县

责任市县： 台州市仙居县

断面位置： 茶溪村永安溪无名桥，坐标：E120.5796°，N28.7651°

断面二维码

	2016 年	2017 年	2018 年	2019 年	2020 年	2021 年	2022 年	2023 年
水质状况	Ⅱ类	Ⅱ类	Ⅱ类	Ⅱ类	Ⅱ类	Ⅱ类	Ⅱ类	Ⅰ类
	历史主要污染指标：—							
自动站	站点名称：不具备建站条件							
	管理级别：—							
	站点位置：—							
汇水区污染源	工业：主要有 3 个工业园区，分别为仙居县经济开发区横溪区块、横溪镇工业园区和埠头镇工业园区；涉及废水排放企业 34 家							
	生活：涉及人口数量为 14 万人。累计建设农村生活污水处理终端设施 162 处							
	农业：涉及 35 家规模化畜禽养殖场，鸡约 44 万只、生猪约 1 万头							
	其他：污水处理厂：城镇集中式污水处理厂 1 座，设计处理量为 0.5 万吨 / 日；上游支流：十三都坑							

断面位置

周边情况

断面上游

断面下游

柴岭下

断面二维码

断面编码： 2GB331024A0033

控制级别： 省控　　**断面属性：** 控制断面

水体类型： 河流　　**功能类别：** Ⅲ类

水系水体： 椒江——永安溪

所在市县： 台州市仙居县

责任市县： 台州市仙居县

断面位置： 永安溪与东上线交叉口北侧 100 米处，坐标：E120.7799°，N28.8542°

	2016 年	2017 年	2018 年	2019 年	2020 年	2021 年	2022 年	2023 年
水质状况	Ⅱ类	Ⅱ类	Ⅱ类	Ⅱ类	Ⅱ类	Ⅱ类	Ⅱ类	Ⅱ类
	历史主要污染指标：—							
自动站	站点名称：柴岭下							
	管理级别：省控							
	站点位置：与手工断面重合							
汇水区污染源	工业：涉及 1 个省级及以上开发区（仙居经济开发区）和 3 个其他特色工业集聚区，即官路镇工业园区、横溪镇工业园区、埠头镇工业园区。流域内共有工业企业 1542 家							
	生活：涉及人口总数约 4 万人。累计建设农村生活污水处理终端设施 291 处							
	农业：共有 56 家规模化养殖场，主要养殖鸡、生猪等。耕地面积约为 1.7 万公顷，果园面积约为 5000 公顷、林地面积约为 8 万公顷							
	其他：污水处理厂：4 座；上游支流：上游 1 千米内无支流汇入							

断面位置

自动站

断面上游

断面下游

下张

断面编码： GG14S331000_2008A

控制级别： 国控　　**断面属性：** 入河口

水体类型： 河流　　**功能类别：** Ⅲ类

水系水体： 椒江——朱溪

所在市县： 台州市仙居县

责任市县： 台州市仙居县

断面位置： 管铁线海源新型建材有限公司东 364 米，坐标：E120.8145° ，N28.8654°

断面二维码

水质状况	2016 年	2017 年	2018 年	2019 年	2020 年	2021 年	2022 年	2023 年
	Ⅱ类	Ⅱ类	Ⅱ类	Ⅱ类	Ⅱ类	Ⅱ类	Ⅱ类	Ⅱ类
	历史主要污染指标：—							

自动站	
	站点名称：下张
	管理级别：省控
	站点位置：与手工断面重合

汇水区污染源	
	工业：涉及乡镇工业企业 268 家，其中朱溪镇有 9 家，双庙乡有 32 家，下各镇有 206 家，大战乡有 21 家
	生活：涉及区域 76 个行政村生活污水接入农村生活污水处理终端设施或城镇污水处理厂处理
	农业：涉及规模化畜禽养殖 11 家，以生猪、肉鸡、奶牛、蛋鸭养殖为主。土地利用类型以耕地、旱地和园地为主，面积约为 54800 亩
	其他：污水处理厂：1 座；上游支流：1 千米内无支流汇入

断面位置

自动站

断面上游

断面下游

曹店

断面编码： 2GB331024A0032

控制级别： 省控　　**断面属性：** 控制断面

水体类型： 河流　　**功能类别：** Ⅰ类

水系水体： 椒江——永安溪

所在市县： 台州市仙居县

责任市县： 台州市仙居县

断面二维码

断面位置： 下岸水库上游麻车坑汇入口，坐标：E120.3964°，N28.5844°

水质状况	2016年	2017年	2018年	2019年	2020年	2021年	2022年	2023年
	Ⅰ类	Ⅰ类	Ⅰ类	Ⅰ类	Ⅰ类	Ⅰ类	Ⅰ类	Ⅰ类
	历史主要污染指标：—							

自动站	
	站点名称：曹店
	管理级别：省控
	站点位置：与手工断面重合

汇水区污染源	
	工业：无工业污染源
	生活：涉及金竹溪村、麻车坑村、塘弄村、安山村、大园村等生活污水接入农村生活污水处理终端
	农业：溪港乡金竹溪村、麻车坑村、丁埠头村、仁庄村、塘弄村、安山村等沿岸分布有大片农田，种植果蔬、谷物等农作物
	其他：污水处理厂：无；上游支流：上游1千米内无支流汇入

断面位置

自动站

断面上游

断面下游

滨海

断面二维码

断面编码： 2GB331081A0100

控制级别： 省控　**断面属性：** 控制断面

水体类型： 河流　**功能类别：** Ⅳ类

水系水体： 台州平原河网——金清港

所在市县： 台州市温岭市

责任市县： 台州市温岭市

断面位置： 金清港与锦湾路交叉口三角渡桥下，坐标：E121.5007°，N28.4863°

	2016 年	2017 年	2018 年	2019 年	2020 年	2021 年	2022 年	2023 年
水质状况	Ⅴ类	Ⅴ类	Ⅳ类	Ⅳ类	Ⅳ类	Ⅳ类	Ⅳ类	Ⅳ类
	历史主要污染指标：2016 年石油类、氨氮、总磷；2017 年氨氮、五日生化需氧量、总磷；2018 年氨氮、总磷、五日生化需氧量；2019 年氨氮、总磷；2020 年化学需氧量、氨氮；2021 年氨氮；2022 年氨氮、五日生化需氧量；2023 年氨氮							
自动站	站点名称：滨海							
	管理级别：省控							
	站点位置：与手工断面重合							
汇水区污染源	工业：涉及企业 369 家，行业类别主要为纺织面料鞋制造、泵及真空设备制造、皮鞋制造、塑料鞋制造等，计划于 2025 年全面完成“污水零直排”建设							
	生活：涉及 3 个村约 1 万人。生活污水已纳入农村污水处理终端设施处理							
	农业：断面沿河 1 千米无畜禽和水产等养殖场							
	其他：污水处理厂：新河镇污水处理厂，排放口距离断面 3.7 千米，排放量为 0.75 万吨 / 日；上游支流：上游 1 千米内有 8 条支流汇入							

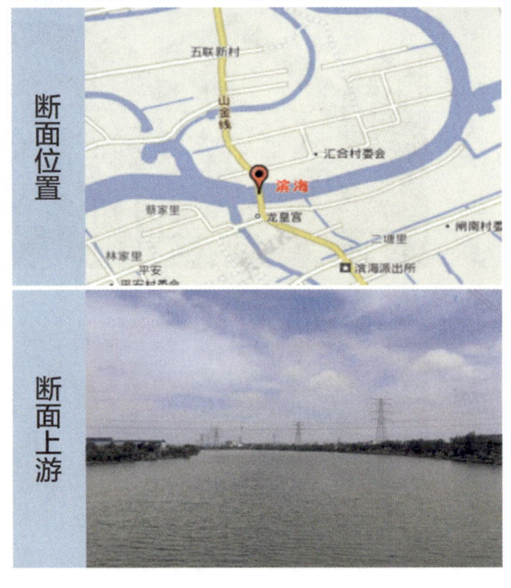

断面位置

断面上游

自动站

断面下游

太平

断面编码： 2GB331081A0102

控制级别： 省控　　**断面属性：** 控制断面

水体类型： 河流　　**功能类别：** Ⅲ类

水系水体： 台州平原河网——湖漫河

所在市县： 台州市温岭市

责任市县： 台州市温岭市

断面位置： 晋岙村湖漫河温岭市第六中学（新校区）东侧130米太平新桥处，坐标：E121.4061°，N28.3872°

断面二维码

	2016年	2017年	2018年	2019年	2020年	2021年	2022年	2023年
水质状况	Ⅳ类	Ⅳ类	Ⅳ类	Ⅲ类	Ⅲ类	Ⅲ类	Ⅲ类	Ⅱ类
	历史主要污染指标： 2016年石油类、五日生化需氧量；2017年石油类、五日生化需氧量、化学需氧量；2018年五日生化需氧量							
自动站	**站点名称：** 太平							
	管理级别： 省控							
	站点位置： 与手工断面重合							
汇水区污染源	**工业：** 涉及企业20家，行业类别主要为鞋业服装制造、摩托车零部件及配件制造和电工机械专用设备制造等，已完成“污水零直排”建设，工业废水达纳管标准后统一纳入观岙污水处理厂处理达标后排海							
	生活： 涉及4个村约7500人，生活污水已纳入城镇污水处理厂							
	农业： 断面沿河无畜禽和水产等养殖场							
	其他： 污水处理厂：无；上游支流：上游1千米内有多条小溪流汇入							

断面位置

自动站

断面上游

断面下游

温峤

断面二维码

断面编码： GG13S331000_2005A

控制级别： 国控　　**断面属性：** 入海口

水体类型： 河流　　**功能类别：** Ⅲ类

水系水体： 台州平原河网——江厦大港

所在市县： 台州市温岭市

责任市县： 台州市温岭市

断面位置： 半山村沿竹盖线前进 200 米，坐标：E121.2527°，N28.3533°

	2016 年	2017 年	2018 年	2019 年	2020 年	2021 年	2022 年	2023 年
水质状况	Ⅳ类	Ⅳ类	Ⅲ类	Ⅲ类	Ⅲ类	Ⅳ类	Ⅲ类	Ⅲ类
	历史主要污染指标：2016 年石油类、总磷、化学需氧量；2017 年石油类、化学需氧量、五日生化需氧量；2021 年化学需氧量							

自动站	
	站点名称：温峤
	管理级别：国控
	站点位置：手工断面上游 480 米

汇水区污染源	
	工业：断面沿河 1 千米处有 1 个工业企业，其排污口在下游支河
	生活：涉及 2 个村和 1 个工业区，总人口约为 3500 人。生活污水已纳入农村污水处理终端设施处理，目前正在接入城镇污水处理厂
	农业：断面沿河 1 千米内无畜禽和水产等养殖场
	其他：污水处理厂：无；上游支流：上游 1 千米内有 2 条支流汇入

断面位置

自动站

断面上游

断面下游

沙段

断面编码： GG00S331000_0001A

控制级别： 国控　　**断面属性：** 控制断面

水体类型： 河流　　**功能类别：** Ⅲ类

水系水体： 椒江——始丰溪

所在市县： 台州市临海市

责任市县： 台州市临海市

断面位置： 沙段村边上，坐标：E121.0525° ，N28.9502°

断面二维码

	2016 年	2017 年	2018 年	2019 年	2020 年	2021 年	2022 年	2023 年
水质状况	Ⅱ类	Ⅱ类	Ⅱ类	Ⅱ类	Ⅱ类	Ⅱ类	Ⅱ类	Ⅱ类
	历史主要污染指标：—							
自动站	站点名称：沙段							
	管理级别：国控							
	站点位置：与手工断面重合							
汇水区污染源	工业：无工业污染源							
	生活：涉及 2 个镇，总人口约为 5 万人。区域内已建设 58 处农村生活污水处理终端设施，纳管率在 90% 以上							
	农业：共有畜禽养殖场 2 家，养殖生猪存栏量为 950 头。农作物种植面积约为 600 平方千米							
	其他：污水处理厂：上游有城镇污水处理厂 1 家，2021 年排放量为 1257.66 吨 / 日；上游支流：上游有 8 条较大的主要支流汇入							

断面位置

自动站

断面上游

断面下游

柏枝岙

断面编码：GG00S331000_0013A

控制级别：国控　　**断面属性**：控制断面

水体类型：河流　　**功能类别**：Ⅲ类

水系水体：椒江——永安溪

所在市县：台州市临海市

责任市县：台州市临海市

断面位置：白水洋镇沿省道 S322 前进 4 千米，坐标：E120.9325°，N28.8861°

断面二维码

	2016 年	2017 年	2018 年	2019 年	2020 年	2021 年	2022 年	2023 年
水质状况	Ⅱ类	Ⅱ类	Ⅱ类	Ⅱ类	Ⅱ类	Ⅱ类	Ⅱ类	Ⅱ类
	历史主要污染指标：—							
自动站	站点名称：柏枝岙							
	管理级别：国控							
	站点位置：手工断面上游 5.5 千米							
汇水区污染源	工业：涉及一般工业企业 4 家，污水均已完成纳管，纳管至临海市白水洋镇污水处理厂处理							
	生活：涉及 1 个乡镇，总人口为 7.4 万人。已实施建设 124 处农村生活污水处理终端设施，纳管率在 90% 以上							
	农业：共有畜禽养殖场 32 家。农作物种植面积为 6000 公顷							
	其他：污水处理厂：1 家，距离断面约为 3 千米，设计处理量为 0.5 万吨 / 日；上游支流：1 千米内共有 1 条县级以上支流河道汇入							

断面位置

自动站

断面上游

断面下游

渡头范

断面编码： 2GB331082A0081

控制级别： 省控　　**断面属性：** 控制断面

水体类型： 河流　　**功能类别：** Ⅲ类

水系水体： 椒江——灵江

所在市县： 台州市临海市

责任市县： 台州市临海市

断面位置： 灵江与工业北路交叉口处，坐标：E121.1803° ，N28.8003°

断面二维码

	2016 年	2017 年	2018 年	2019 年	2020 年	2021 年	2022 年	2023 年
水质状况	Ⅲ类	Ⅲ类	Ⅲ类	Ⅲ类	Ⅲ类	Ⅲ类	Ⅲ类	Ⅲ类
	历史主要污染指标：—							
自动站	站点名称：渡头范							
	管理级别：省控							
	站点位置：与手工断面重合							
汇水区污染源	工业：涉及一般工业企业 5 家，主要为建材行业							
	生活：涉及总人口数为 4.4 万人。城镇生活污水主要通过临海市城市污水处理厂处理，农村生活污水纳管率在 90% 以上							
	农业：无规模以上畜禽养殖。农作物种植面积约为 3 万亩							
	其他：污水处理厂：1 家，距离断面约为 5 千米，设计处理量为 12 万吨 / 日；上游支流：上游 1 千米内有 1 条县级以上支流河道汇入							

断面位置

自动站

断面上游

断面下游

金岭桥

断面编码： GG14S331000_2009A

控制级别： 国控　　**断面属性：** 入河口

水体类型： 河流　　**功能类别：** Ⅲ类

水系水体： 椒江——义成港

所在市县： 台州市临海市

责任市县： 台州市临海市

断面位置： 义成港与金岭路交叉口，坐标：E121.1451°，N28.8058°

断面二维码

水质状况	2016 年	2017 年	2018 年	2019 年	2020 年	2021 年	2022 年	2023 年
	Ⅱ类	Ⅱ类	Ⅱ类	Ⅱ类	Ⅱ类	Ⅱ类	Ⅱ类	Ⅱ类
	历史主要污染指标：—							

自动站	
	站点名称：金岭桥
	管理级别：省控
	站点位置：与手工断面重合

汇水区污染源	
	工业：涉及一般工业企业 6 家，企业废水全部纳管处理
	生活：涉及 2 个乡镇，40 个行政村，总人口为 4 万人。约 72.5% 的自然村已建设纳污管道，纳管率在 90% 以上，大部分为村自建农村生活污水处理终端设施，小部分纳入市政污水管网
	农业：无规模以上畜禽养殖。农作物种植面积为 2500 平方米
	其他：污水处理厂：江南污水处理厂；上游支流：上游有 6 条支流汇入

断面位置

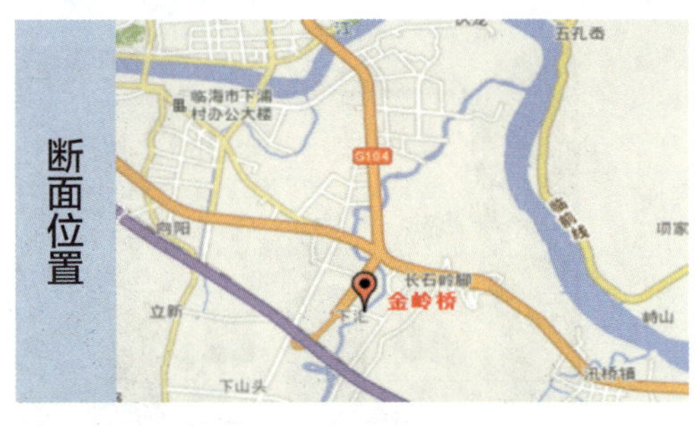

自动站

断面上游

断面下游

西岑

断面编码： 2GB331082A0082

控制级别： 省控　　**断面属性：** 控制断面

水体类型： 河流　　**功能类别：** Ⅲ类

水系水体： 椒江——灵江

所在市县： 台州市临海市

责任市县： 台州市临海市

断面位置： 临江镇灵江与灵江大桥交叉口西北侧直线距离 3500 米处，坐标：E121.2806°，N28.7483°

断面二维码

	2016 年	2017 年	2018 年	2019 年	2020 年	2021 年	2022 年	2023 年
水质状况	Ⅲ类	Ⅲ类	Ⅲ类	Ⅲ类	Ⅲ类	Ⅲ类	Ⅲ类	Ⅲ类
	历史主要污染指标：—							
自动站	站点名称：西岑							
	管理级别：省控							
	站点位置：与手工断面重合							
汇水区污染源	工业：涉及一般工业企业 7 家，除宏盛造船外其他企业废水全部纳管处理，涌泉镇共有一般工业企业 13 家，企业废水全部纳管处理							
	生活：涉及汛桥镇总人口约 4300 人，50% 的村镇污水经村自建农村生活污水处理终端设施，50% 的村镇污水纳入污水处理厂，纳管率在 90% 以上。涌泉镇总人口为 5 万人，95% 以上城镇生活污水纳入污水处理厂处理							
	农业：无规模以上畜禽养殖。农作物种植面积为 1.5 万亩							
	其他：污水处理厂：3 家；上游支流：上游有 4 条支流汇入							

断面位置

自动站

断面上游

断面下游

礁头闸

断面编码： 2GB331083A0148

控制级别： 省控　　**断面属性：** 入海口

水体类型： 河流　　**功能类别：** Ⅳ类

水系水体： 独流入海与海岛河流——城坎河

所在市县： 台州市玉环市

责任市县： 台州市玉环市

断面位置： 玉坎河礁头闸东侧距玉环中学东侧 360 米，坐标：E121.2575°，N28.1236°

断面二维码

	2016 年	2017 年	2018 年	2019 年	2020 年	2021 年	2022 年	2023 年
水质状况	Ⅳ类	Ⅳ类	Ⅳ类	Ⅳ类	Ⅲ类	Ⅲ类	Ⅲ类	Ⅲ类
	历史主要污染指标： 2016 年石油类、氨氮、总磷；2017 年石油类、总磷、氨氮；2018 年石油类、总磷、化学需氧量；2019 年化学需氧量、五日生化需氧量							
自动站	**站点名称：** 礁头闸							
	管理级别： 省控							
	站点位置： 手工断面上游 600 米							
汇水区污染源	**工业：** 断面下陡门、环礁区块共有“九小”企业 80 家							
	生活： 涉及 22 个社区（居委会），总人口为 10 万人。主城区“污水零直排”2021 年已全部完成；城南区块截污已到位，雨污混合纳管完成，未做“污水零直排”							
	农业： 涉及区域无农业污染源							
	其他： 污水处理厂：无；上游支流：上游 1 千米内有 5 条支流汇入							

断面位置

自动站

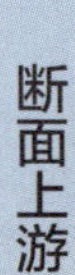

断面上游

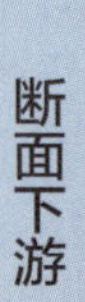

断面下游

长屿闸

断面编码：2GB331083A0149

控制级别：省控　　**断面属性：**入海口

水体类型：河流　　**功能类别：**Ⅳ类

水系水体：独流入海与海岛河流——庆澜河

所在市县：台州市玉环市

责任市县：台州市玉环市

断面位置：庆澜河长屿闸闸前，坐标：E121.1578°，N28.0733°

断面二维码

水质状况	2016 年	2017 年	2018 年	2019 年	2020 年	2021 年	2022 年	2023 年
	Ⅴ类	Ⅴ类	Ⅳ类	Ⅳ类	Ⅳ类	Ⅲ类	Ⅲ类	Ⅲ类
	历史主要污染指标：2016 年石油类、氨氮、总磷；2017 年石油类、氨氮、总磷；2018 年五日生化需氧量、化学需氧量、总磷；2019 年氨氮、化学需氧量、五日生化需氧量；2020 年五日生化需氧量、化学需氧量							

自动站	
	站点名称：长屿闸
	管理级别：省控
	站点位置：与手工断面重合

汇水区污染源	
	工业：涉及一般工业企业 200 家，存在生活污水错接、漏接，堆场不标准等问题
	生活：涉及 3 个社区（村）约 9000 人，纳管率约为 87%
	农业：存在小规模畜禽养殖，经济作物种植面积约为 2700 亩、果园面积约为 1700 亩
	其他：污水处理厂：1 家，距离断面 1.8 千米，排放量为 1.5 万吨 / 日；上游支流：上游 1 千米内有 2 条支流汇入

断面位置

自动站

断面上游

断面下游

分水山闸

断面编码： GG13S331000_2011A

控制级别： 国控　　**断面属性：** 入海口

水体类型： 河流　　**功能类别：** Ⅲ类

水系水体： 独流入海与海岛河流——玉环湖

所在市县： 台州市玉环市

责任市县： 台州市玉环市

断面位置： G228 漩门湾国家湿地公园内鹰公码头东北 374 米，

坐标：E121.2005°　，N28.2121°

断面二维码

	2016 年	2017 年	2018 年	2019 年	2020 年	2021 年	2022 年	2023 年
水质状况	—	—	—	—	Ⅳ类	Ⅳ类	Ⅲ类	Ⅳ类
	历史主要污染指标：2020 年化学需氧量；2021 年化学需氧量；2023 年化学需氧量							
自动站	站点名称：分水山泄水闸							
	管理级别：省控							
	站点位置：手工断面东南面 1000 米							
汇水区污染源	工业：涉及 35 家工业企业，零散地分布在建成区各村居内，企业以机械制造、水暖阀门、塑料制品、家具制造为主，基本无工业废水排放							
	生活：涉及 21 个村（社区），常住人口约 9 万人，外来常住人口约 4 万人。约 70% 的村（社区）已建设纳污管道							
	农业：南门河、北门河存在大量农田，总面积约为 1000 亩							
	其他：污水处理厂：无；上游支流：上游有 3 条支流汇入							

断面位置

自动站

断面上游

断面下游

浙江省

丽水市
断面图鉴

LISHUI SHI
DUANMIAN TUJIAN

丽水市地表水国控、省控监测断面分布图

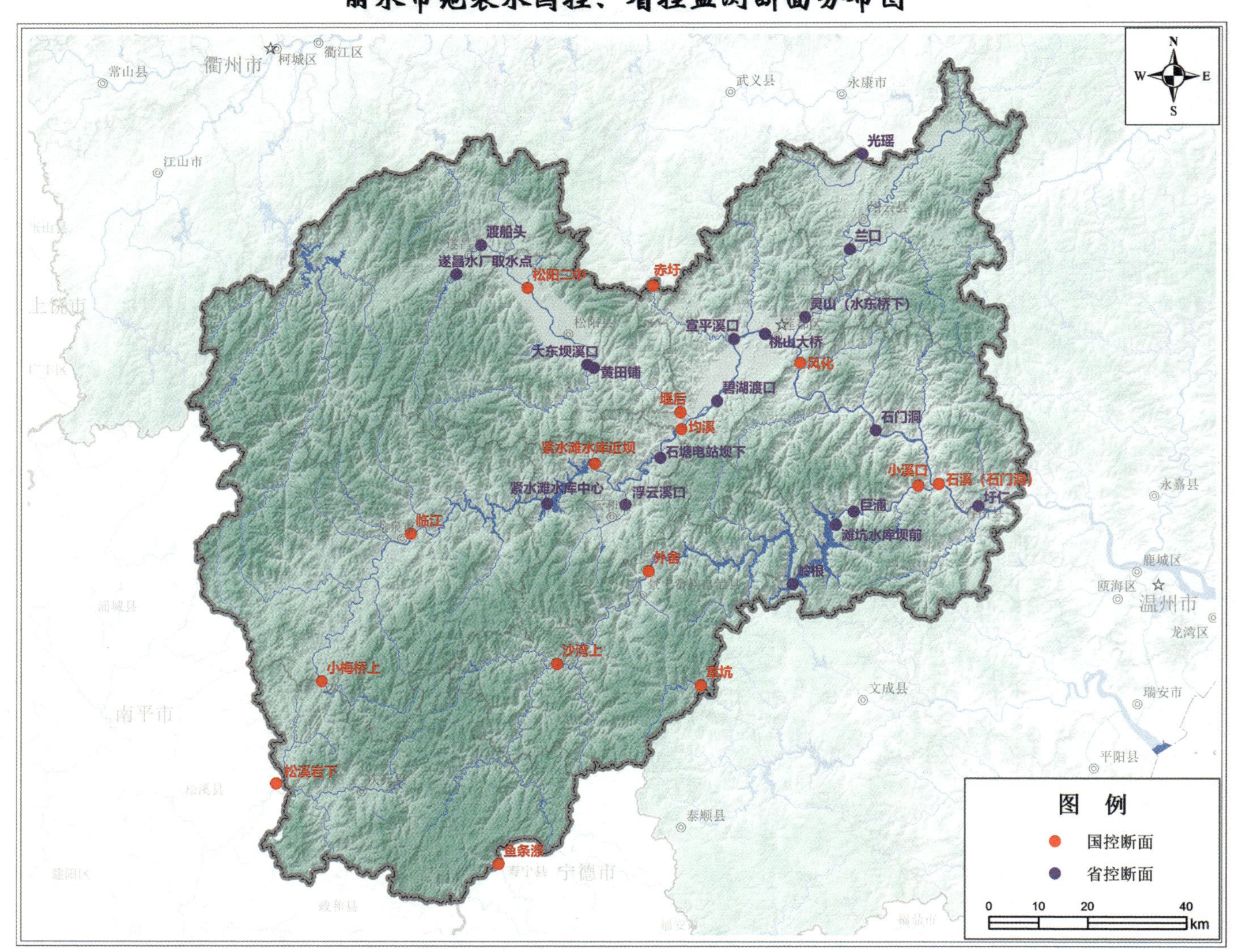

桃山大桥

断面编码： 2GB331102A0037

控制级别： 省控　　**断面属性：** 控制断面

水体类型： 河流　　**功能类别：** Ⅲ类

水系水体： 瓯江——大溪

所在市县： 丽水市莲都区

责任市县： 丽水市莲都区

断面位置： 大溪与桃山大桥交叉口；坐标：E119.8839°，N28.4531°

断面二维码

	2016 年	2017 年	2018 年	2019 年	2020 年	2021 年	2022 年	2023 年
水质状况	Ⅱ类	Ⅱ类	Ⅱ类	Ⅱ类	Ⅱ类	Ⅱ类	Ⅱ类	Ⅱ类
	历史主要污染指标： —							
自动站	**站点名称：** 桃山大桥							
	管理级别： 省控							
	站点位置： 与手工断面重合							
汇水区污染源	**工业：** 涉及 2 家工业园区，共有一般工业企业 1030 家，其中涉水企业 60 家，其余企业排放废水主要为生活污水							
	生活： 涉及 1 个街道、8 个乡镇共 153 个行政村，总人口 20 余万人。共有 440 处农村生活污水处理终端设施，纳管率在 90% 以上							
	农业： 共有畜禽养殖场 40 家，养殖生猪约 7 万头，家禽约 63 万只							
	其他： 污水处理厂：4 家，距离断面分别为 10 千米、22 千米、20 千米、17 千米，处理量分别为 10 万吨 / 日、1 万吨 / 日、3000 吨 / 日、6000 吨 / 日；上游支流：7 千米内有 2 条支流汇入							

断面位置

自动站

断面上游

断面下游

灵山（水东桥下）

断面编码： 2GB331102A0046

控制级别： 省控　　**断面属性：** 入河口

水体类型： 河流　　**功能类别：** Ⅲ类

水系水体： 瓯江——好溪

所在市县： 丽水市莲都区

责任市县： 丽水市莲都区

断面位置： 好溪与灵山大桥交叉口南侧 350 米，坐标：E119.9664° ，N28.4832°

断面二维码

水质状况	2016 年	2017 年	2018 年	2019 年	2020 年	2021 年	2022 年	2023 年
	Ⅱ类	Ⅱ类	Ⅲ类	Ⅲ类	Ⅱ类	Ⅲ类	Ⅱ类	Ⅲ类
	历史主要污染指标：—							

自动站	
	站点名称：灵山（水东桥下）
	管理级别：省控
	站点位置：与手工断面重合

汇水区污染源	
	工业：涉及 1 家水泥厂，仅涉及生活污水
	生活：涉及 1 个乡共 12 个行政村，总人口约 1 万人，纳管率在 90% 以上
	农业：涉及区域无农业污染源
	其他：污水处理厂：无；上游支流：上游 8 千米内有严溪支流汇入

断面位置

自动站

断面上游

断面下游

宣平溪口

断面编码：2GB331102A0050

控制级别：省控　　断面属性：入河口

水体类型：河流　　功能类别：Ⅲ类

水系水体：瓯江——宣平溪

所在市县：丽水市莲都区

责任市县：丽水市莲都区

断面位置：宣平溪与南明湖汇入口，坐标：E119.8195°，N28.4438°

断面二维码

	2016年	2017年	2018年	2019年	2020年	2021年	2022年	2023年
水质状况	Ⅱ类	Ⅱ类	Ⅱ类	Ⅱ类	Ⅱ类	Ⅱ类	Ⅱ类	Ⅱ类
	历史主要污染指标：—							
自动站	站点名称：宣平溪口							
	管理级别：省控							
	站点位置：与手工断面重合							
汇水区污染源	工业：无工业污染源							
	生活：涉及2个乡镇共20个行政村，总人口约27107人，共有75处农村污水处理终端设施，纳管率在90%以上							
	农业：共有畜禽养殖场7家，养殖生猪约3万头，家禽约3000只，种植用地面积约为1430亩							
	其他：污水处理厂：上游有污水处理厂1家，距离断面约为15千米，处理量为0.3万吨/日；上游支流：上游11千米内有1条支流汇入							

断面位置

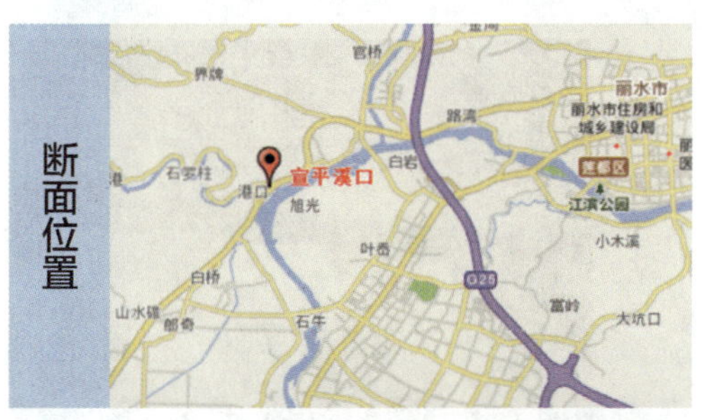

自动站

断面上游

断面下游

堰后

断面编码： GG14S331100_2007A

控制级别： 国控　**断面属性：** 入河口

水体类型： 河流　**功能类别：** Ⅲ类

水系水体： 瓯江——松阴溪

所在市县： 丽水市莲都区

责任市县： 丽水市松阳县

断面位置： 碧湖镇堰后村 222 省道桥上，坐标：E119.7088°，N28.3100°

断面二维码

	2016 年	2017 年	2018 年	2019 年	2020 年	2021 年	2022 年	2023 年
水质状况	Ⅱ类	Ⅱ类	Ⅱ类	Ⅱ类	Ⅱ类	Ⅱ类	Ⅱ类	Ⅱ类
	历史主要污染指标： —							

自动站	**站点名称：** 堰后
	管理级别： 国控
	站点位置： 手工断面下游约 500 米

汇水区污染源	**工业：** 涉及集聚区 6 个工业区块，涉及 5 个乡镇街道，总面积约为 24.35 平方千米。产业主要以先进装备制造、新材料（塑料合成革）、农产品精深加工（茶叶精深加工）为主
	生活： 涉及全县 23.91 万人，污水纳入城镇污水处理厂处理，其中农村居民 4.1 万户，纳入市政管网或进入农村集中式处理设施的约为 84%
	农业： 涉及 2 家集中式畜禽养殖场，存栏生猪 1 万余头；多家水产养殖场
	其他： 污水处理厂：松阳县富春紫光污水处理厂，距离黄田铺断面 5 千米，排放量为 4.5 万吨 / 日；上游支流：上游无支流汇入

断面位置

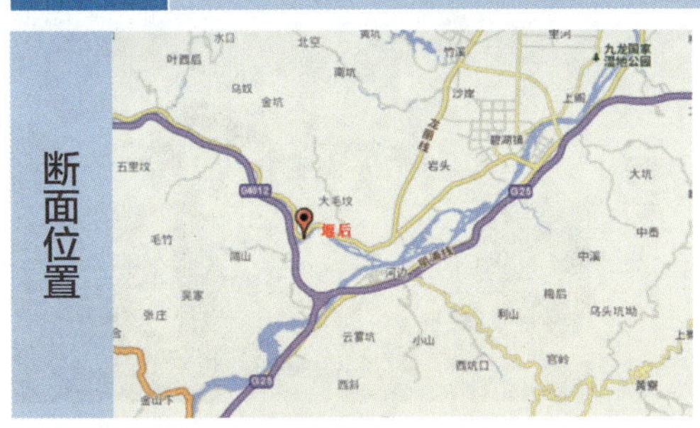

自动站

断面上游

断面下游

风化

断面编码： GG00S331100_2003A

控制级别： 国控　　**断面属性：** 控制断面

水体类型： 河流　　**功能类别：** Ⅲ类

水系水体： 瓯江——大溪

所在市县： 丽水市莲都区

责任市县： 丽水市莲都区

断面位置： 下风化沿 330 国道前进 1 千米，坐标：E119.9566° ，N28.3993°

断面二维码

水质状况	2016 年	2017 年	2018 年	2019 年	2020 年	2021 年	2022 年	2023 年
	Ⅱ类	Ⅱ类	Ⅱ类	Ⅱ类	Ⅱ类	Ⅱ类	Ⅱ类	Ⅱ类
	历史主要污染指标：—							

自动站	
	站点名称：风化
	管理级别：国控
	站点位置：手工断面下游约 600 米

汇水区污染源	
	工业：有 2 家工业园区；共有一般工业企业 1030 家，其中涉水企业 60 家，其余企业排放废水主要为生活污水
	生活：涉及 6 个街道、9 个乡镇，共 181 个行政村，总人口 42 万人，共有 553 处农村生活污水处理终端设施，纳管率在 90% 以上
	农业：共有畜禽养殖场 44 家，养殖生猪约 7 万头，家禽 105 万只
	其他：污水处理厂：4 家，距离断面分别为 10 千米、29 千米、34 千米和 32 千米，处理量分别为 10 万吨 / 日、1 万吨 / 日、3000 吨 / 日和 600 吨 / 日；上游支流：上游 6 千米内有好溪支流汇入

断面位置

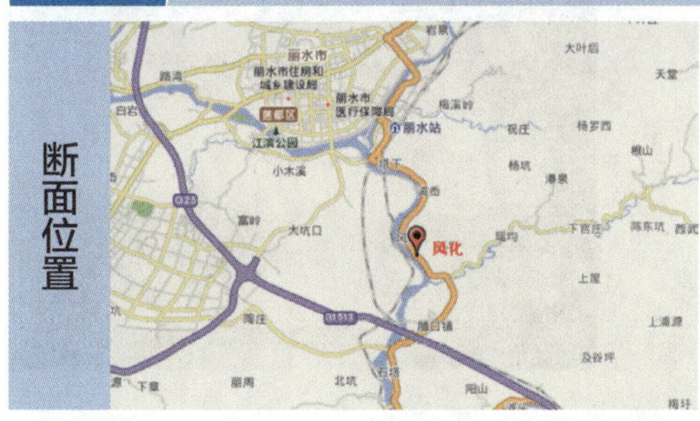

自动站

断面上游

断面下游

赤圩

断面二维码

断面编码： GG08S331100_2016A

控制级别： 国控　　**断面属性：** 市界

水体类型： 河流　　**功能类别：** Ⅲ类

水系水体： 瓯江——宣平溪

所在市县： 丽水市莲都区

责任市县： 金华市武义县

断面位置： 港前线丽水市莲都区山水间民宿客栈西北 410 米处，坐标：E119.6513°，N28.5400°

	2016 年	2017 年	2018 年	2019 年	2020 年	2021 年	2022 年	2023 年
水质状况	Ⅱ类	Ⅱ类	Ⅱ类	Ⅱ类	Ⅱ类	Ⅱ类	Ⅱ类	Ⅱ类
	历史主要污染指标：—							
自动站	站点名称：赤圩							
	管理级别：省控							
	站点位置：与手工断面重合							
汇水区污染源	工业：涉及区域无工业污染源							
	生活：涉及区域无生活污染源							
	农业：涉及区域无农业污染源							
	其他：污水处理厂：无；上游支流：上游 1 千米内无支流汇入							

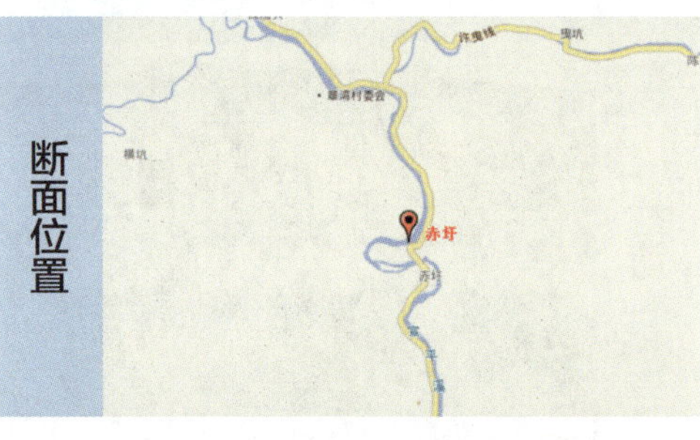

断面位置

自动站

断面上游

断面下游

均溪

断面编码： GG00S331100_0001A

控制级别： 国控　　**断面属性：** 控制断面

水体类型： 河流　　**功能类别：** Ⅱ类

水系水体： 瓯江——龙泉溪

所在市县： 丽水市莲都区

责任市县： 丽水市云和县

断面位置： 龙泉溪入玉溪水库口，坐标：E119.7112°，N28.2799°

断面二维码

	2016 年	2017 年	2018 年	2019 年	2020 年	2021 年	2022 年	2023 年
水质状况	Ⅰ类	Ⅰ类	Ⅰ类	Ⅱ类	Ⅰ类	Ⅰ类	Ⅱ类	Ⅰ类
	历史主要污染指标：—							
自动站	站点名称：均溪							
	管理级别：国控							
	站点位置：手工断面上游 1.1 千米							
汇水区污染源	工业：无工业污染源							
	生活：涉及云和县、庆元县和龙泉市约 40 万人口生产、生活							
	农业：涉及区域无农业污染源							
	其他：污水处理厂：无；上游支流：上游约 8 千米处有石塘坑溪支流汇入，上游约 6.5 千米处有朱村河流汇入							

断面位置

自动站

断面上游

断面下游

碧湖渡口

断面编码： 2GB331102A0038

控制级别： 省控　　**断面属性：** 控制断面

水体类型： 河流　　**功能类别：** Ⅱ类

水系水体： 瓯江——大溪

所在市县： 丽水市莲都区

责任市县： 丽水市莲都区

断面位置： 大溪与碧湖大桥交叉口南侧 770 米，坐标：E119.7850°，N28.3306°

断面二维码

	2016 年	2017 年	2018 年	2019 年	2020 年	2021 年	2022 年	2023 年
水质状况	Ⅱ类	Ⅱ类	Ⅱ类	Ⅱ类	Ⅱ类	Ⅱ类	Ⅱ类	Ⅱ类
	历史主要污染指标：—							
自动站	站点名称：碧湖渡口							
	管理级别：省控							
	站点位置：与手工断面重合							
汇水区污染源	工业：无工业污染源							
	生活：涉及 2 个乡镇，共 16 个行政村，总人口约 2000 人，共有 82 处农村生活污水处理终端设施，纳管率在 90% 以上							
	农业：共有畜禽养殖场 9 家，养殖生猪约 6000 头，种植面积约为 3530 亩							
	其他：污水处理厂：无；上游支流：上游 7 千米内有 1 条支流汇入							

断面位置

自动站

断面上游

断面下游

岭根

点位编码：2GB331127B0141

控制级别：省控　　**点位属性：**—

水体类型：水库　　**功能类别：**Ⅱ类

水系水体：瓯江——滩坑水库

所在市县：丽水市青田县

责任市县：丽水市景宁畲族自治县

点位位置：景宁畲族自治县滩坑水库库中，坐标：E119.9414°，N27.9990°

断面二维码

	2016 年	2017 年	2018 年	2019 年	2020 年	2021 年	2022 年	2023 年
水质状况	Ⅱ类	Ⅰ类	Ⅰ类	Ⅰ类	Ⅰ类	Ⅰ类	Ⅰ类	Ⅰ类
	历史主要污染指标：—							
自动站	站点名称：岭根							
	管理级别：省控							
	站点位置：手工断面下游 500 米							
汇水区污染源	工业：无工业污染源							
	生活：涉及 2 个乡镇，总户籍人口约 1.5 人，共有污水处理终端设施 18 处							
	农业：涉及区域无农业污染源							
	其他：污水处理厂：无；上游支流：无							

点位位置

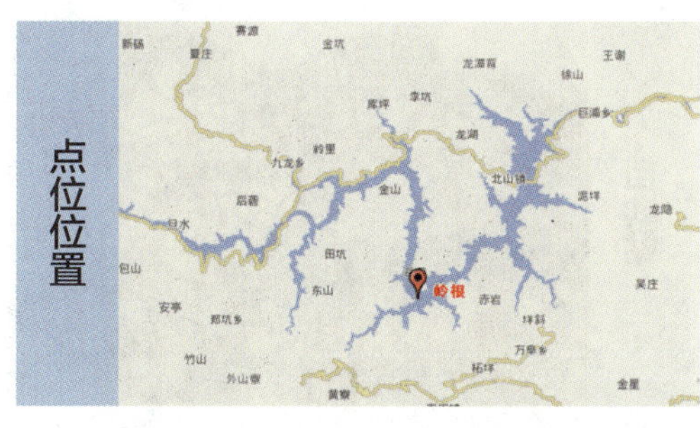

自动站

点位周边

点位周边

小溪口

断面编码： GG00S331100_2015A

控制级别： 国控　**断面属性：** 控制断面

水体类型： 河流　**功能类别：** Ⅱ类

水系水体： 瓯江——小溪

所在市县： 丽水市青田县

责任市县： 丽水市青田县

断面位置： 孙前大桥梅香寮东 818 米，坐标：E120.2003°，N28.1770°

断面二维码

水质状况	2016 年	2017 年	2018 年	2019 年	2020 年	2021 年	2022 年	2023 年
	Ⅱ类	Ⅱ类	Ⅱ类	Ⅰ类	Ⅱ类	Ⅰ类	Ⅰ类	Ⅰ类
	历史主要污染指标：—							

自动站	
	站点名称：小溪口
	管理级别：国控
	站点位置：手工断面上游 60 米

汇水区污染源	
	工业：无工业污染源
	生活：涉及 2 个乡镇，25 个行政村，常住人口约 1 万人，污水处理终端设施接户率约为 36%
	农业：涉及 15.4 万亩基本农田，播种水稻等粮食作物和甘蔗等经济作物
	其他：污水处理厂：无；上游支流：上游 5 千米内有大奕坑支流汇入

断面位置

自动站

断面上游

断面下游

石门洞

断面编码： 2GB331121A0039

控制级别： 省控　　**断面属性：** 控制断面

水体类型： 河流　　**功能类别：** Ⅱ类

水系水体： 瓯江——大溪

所在市县： 丽水市青田县

责任市县： 丽水市青田县

断面位置： 石门洞景区，坐标：E120.1127° ，N28.2780°

断面二维码

	2016 年	2017 年	2018 年	2019 年	2020 年	2021 年	2022 年	2023 年
水质状况	Ⅱ类	Ⅱ类	Ⅱ类	Ⅱ类	Ⅱ类	Ⅱ类	Ⅱ类	Ⅱ类
	历史主要污染指标：—							
自动站	站点名称：石门洞							
	管理级别：省控							
	站点位置：手工断面上游 4.5 千米							
汇水区污染源	工业：有石塔、海口南岸工业园区，共有涉水工业企业 1 家							
	生活：涉及 4 个乡镇，46 个行政村，常住人口约 4 万人，污水处理终端设施接户率约为 66%							
	农业：涉及生猪养殖场 4 家，存栏 770 余头；肉牛场 2 家，存栏 50 余头；山羊养殖场 5 家，存栏 280 余头；蛋鸡养殖场 1 家，存栏 2 万羽							
	其他：污水处理厂：上游有 1 家污水处理厂，排放量为 8 万吨 / 日，距离断面 25 千米；上游支流：上游 3 千米内有海溪源支流汇入							

断面位置

自动站

断面上游

断面下游

巨浦

断面二维码

断面编码： 2GB331121A0049

控制级别： 省控　　**断面属性：** 控制断面

水体类型： 河流　　**功能类别：** Ⅱ类

水系水体： 瓯江——小溪

所在市县： 丽水市青田县

责任市县： 丽水市青田县

断面位置： 小溪巨浦乡政府对面，坐标：E120.0672°，N28.1303°

	2016 年	2017 年	2018 年	2019 年	2020 年	2021 年	2022 年	2023 年
水质状况	Ⅰ类	Ⅰ类	Ⅰ类	Ⅰ类	Ⅰ类	Ⅰ类	Ⅰ类	Ⅰ类
	历史主要污染指标：—							

自动站	站点名称：巨浦
	管理级别：省控
	站点位置：与手工断面重合

汇水区污染源	工业：无工业污染源
	生活：涉及（巨浦、北山）2 个乡镇，25 个行政村，常住人口约 8000 人，污水处理终端设施接户率为 58.4%
	农业：涉及区域无农业污染源
	其他：污水处理厂：无；上游支流：上游 1 千米内无支流汇入

断面位置

自动站

断面上游

断面下游

石溪（石门洞）

断面编码： GG00S331100_0017A

控制级别： 国控　　**断面属性：** 控制断面

水体类型： 河流　　**功能类别：** Ⅱ类

水系水体： 瓯江——大溪

所在市县： 丽水市青田县

责任市县： 丽水市青田县

断面位置： 瓯江石溪闸闸口，坐标：E120.2431°，N28.1797°

断面二维码

水质状况	2016 年	2017 年	2018 年	2019 年	2020 年	2021 年	2022 年	2023 年
	Ⅱ类	Ⅱ类	Ⅱ类	Ⅱ类	Ⅱ类	Ⅱ类	Ⅱ类	Ⅱ类
	历史主要污染指标：—							

自动站	
	站点名称：石溪（石门洞）
	管理级别：国控
	站点位置：手工断面上游 90 米

汇水区污染源	
	工业：有五星、高湖、赤岩工业园区，共有涉水工业企业 14 家
	生活：涉及 4 个乡镇（街道），64 个行政村，总人口约 6 万，污水处理终端设施接户率为 64.2%
	农业：涉及生猪养殖 4 家，年出栏生猪 36100 头
	其他：污水处理厂，上游有 1 家污水处理厂，排放量为 2 万吨 / 日，距离断面 9 千米；上游支流，上游 10 千米内有 1 条支流汇入

断面位置

自动站

断面上游

断面下游

圩仁

断面编码： 2GB331121A0041

控制级别： 省控　　**断面属性：** 控制断面

水体类型： 河流　　**功能类别：** Ⅲ类

水系水体： 瓯江——瓯江干流

所在市县： 丽水市青田县

责任市县： 丽水市青田县

断面位置： 瓯江与前仓大桥交叉口东侧 1300 米，坐标：E120.3247°，N28.1397°

断面二维码

水质状况	2016 年	2017 年	2018 年	2019 年	2020 年	2021 年	2022 年	2023 年
	Ⅱ类	Ⅱ类	Ⅱ类	Ⅱ类	Ⅱ类	Ⅱ类	Ⅱ类	Ⅱ类
	历史主要污染指标：—							

自动站	
	站点名称：圩仁
	管理级别：省控
	站点位置：手工断面上游 2 千米

汇水区污染源	
	工业：有油竹工业园区，共有涉水工业企业 3 家
	生活：涉及 3 个街道，64 个行政村，常住人口约 12 万人，4 万户，污水处理终端设施接户率为 64.2%
	农业：生猪养殖场 3 家，年出栏生猪共 13 万头
	其他：污水处理厂：无；上游支流：上游 1 千米内无支流汇入

断面位置

自动站

断面上游

断面下游

滩坑水库坝前

断面二维码

点位编码： 2GB331121B0140

控制级别： 省控　　**点位属性：** 出库口

水体类型： 水库　　**功能类别：** Ⅱ类

水系水体： 瓯江——滩坑水库

所在市县： 丽水市青田县

责任市县： 丽水市青田县

点位位置： 滩坑水库坝前南部 1270 米，坐标：E120.0308° ，N28.1058°

	2016 年	2017 年	2018 年	2019 年	2020 年	2021 年	2022 年	2023 年
水质状况	Ⅱ类	Ⅰ类	Ⅰ类	Ⅰ类	Ⅰ类	Ⅰ类	Ⅰ类	Ⅰ类
	历史主要污染指标：—							
自动站	站点名称：滩坑水库坝前							
	管理级别：省控							
	站点位置：与手工断面重合							
汇水区污染源	工业：无工业污染源							
	生活：涉及 2 个乡镇，23 个行政村，常住人口为 8300 人，污水处理终端设施接户率为 37.4%							
	农业：生猪养殖场 1 家，年存栏量猪 500 头，年出栏量猪 1 200 头							
	其他：污水处理厂：无；上游支流：无							

点位位置

自动站

点位周边

点位周边

光瑶

断面编码：2GA331122A0018

控制级别：省控　　**断面属性：**市界

水体类型：河流　　**功能类别：**Ⅲ类

水系水体：钱塘江——武义江

所在市县：金华市永康市

责任市县：丽水市缙云县

断面位置：光瑶村北侧南溪无名小桥处，坐标：E120.0889°，N28.7879°

断面二维码

	2016 年	2017 年	2018 年	2019 年	2020 年	2021 年	2022 年	2023 年
水质状况	—	—	—	—	—	Ⅲ类	Ⅲ类	Ⅲ类
	历史主要污染指标：—							

自动站	**站点名称：**光瑶
	管理级别：省控
	站点位置：手工断面上游约 380 米

汇水区污染源	**工业：**有缙云经济开发区、洋山工业小区，共有涉水企业 71 家
	生活：涉及 4 个乡镇（街道），常住人口约 13.5 万人。建有农村污水处理终端设施 174 处
	农业：共有畜禽养殖户 150 家，生猪存栏量约 1.2 万头；鸡存栏量约 13.8 万羽；鸭存栏量约 22 万羽。茭白种植面积为 4813 亩
	其他：污水处理厂：2 家，距离断面分别为 2 千米和 8 千米，排放量分别为 2 万吨 / 日和 1 吨 / 日；上游 10 千米内有 4 条支流汇入

断面位置

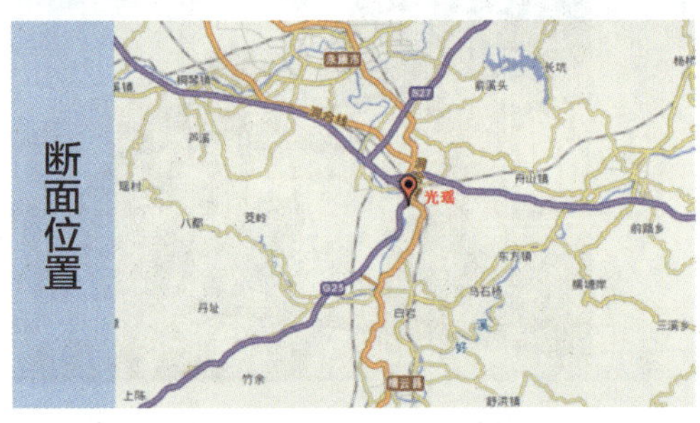

自动站

断面上游

断面下游

兰口

断面编码： 2GB331122A0047

控制级别： 省控　　**断面属性：** 控制断面

水体类型： 河流　　**功能类别：** Ⅲ类

水系水体： 瓯江——好溪

所在市县： 丽水市缙云县

责任市县： 丽水市缙云县

断面位置： 东渡镇兰口村马石岸桥口，坐标：E120.0587°，N28.6178°

断面二维码

	2016 年	2017 年	2018 年	2019 年	2020 年	2021 年	2022 年	2023 年
水质状况	Ⅲ类	Ⅱ类	Ⅲ类	Ⅲ类	Ⅲ类	Ⅲ类	Ⅲ类	Ⅲ类
	历史主要污染指标：							
自动站	站点名称：兰口							
	管理级别：省控							
	站点位置：与手工断面重合							
汇水区污染源	工业：涉及 5 个工业重点镇，有企业近 1000 家。岩腰工业小区、锦绣工业园区和丽缙高新区共有涉水企业 9 家							
	生活：涉及 5 个乡镇（街道），总人口约 18.4 万人，支流涉及多个乡镇。建有农村污水处理终端设施 249 处							
	农业：共有畜禽养殖户 139 家，生猪存栏量约 3.1 万头；家禽存栏量约 12 万羽。壶镇镇、前路乡等乡镇茭白种植面积近 1 万余亩							
	其他：污水处理厂：1 家，距离断面 25 千米，排放量为 2 万吨 / 日；上游支流：40 千米内有 15 条支流汇入							

断面位置

自动站

断面上游

断面下游

渡船头

断面编码： 2GB331123A0044

控制级别： 省控　　**断面属性：** 控制断面

水体类型： 河流　　**功能类别：** Ⅲ类

水系水体： 瓯江——松阴溪

所在市县： 丽水市遂昌县

责任市县： 丽水市遂昌县

断面位置： 松阴溪与溧宁高速交叉口北侧 220 米处，坐标：E119.2950° ，N28.6144°

断面二维码

	2016 年	2017 年	2018 年	2019 年	2020 年	2021 年	2022 年	2023 年
水质状况	Ⅱ类	Ⅱ类	Ⅱ类	Ⅱ类	Ⅱ类	Ⅱ类	Ⅱ类	Ⅱ类
	历史主要污染指标：—							

自动站	站点名称：渡船头
	管理级别：省控
	站点位置：与手工断面重合

汇水区污染源	工业：100 米处有化工企业 1 家，污水已纳管处理；7 千米处工业园区主要企业有 3 家，10 千米处有竹制品及多家食品加工小企业
	生活：涉及遂昌县县城主城区，常住人口为 10 万人，纳管率为 70%
	农业：流域汇水区，以羊、生猪、牛、家禽养殖为主；水产养殖面积为 533 公顷，设施化率达 27%；汇水区乡镇、街道耕地面积为 1.1 万亩
	其他：污水处理厂：凯恩造纸污水处理站，排放量达 1 万吨 / 日，妙高城区周边城郊行政村建有农村污水处理终端；上游支流：上游 3 千米处有北溪、南溪

断面位置

自动站

断面上游

断面下游

遂昌水厂取水点

断面编码： 2GB331123A0042

控制级别： 省控　　**断面属性：** 控制断面

水体类型： 河流　　**功能类别：** Ⅱ类

水系水体： 瓯江——松阴溪

所在市县： 丽水市遂昌县

责任市县： 丽水市遂昌县

断面位置： 松阴溪遂昌水厂取水点，坐标：E119.2442°，N28.5597°

断面二维码

水质状况	2016 年	2017 年	2018 年	2019 年	2020 年	2021 年	2022 年	2023 年
	Ⅰ类	Ⅰ类	Ⅰ类	Ⅰ类	Ⅰ类	Ⅰ类	Ⅰ类	Ⅰ类
	历史主要污染指标：—							

自动站	
	站点名称：遂昌水厂取水点
	管理级别：省控
	站点位置：与手工断面重合

汇水区污染源	
	工业：无工业污染源
	生活：涉及 1 个垵口乡、1 个乡镇，17 个行政村，总人口为 4120 人，建制村都建有农村生活污水处理终端设施，水库入库上游建有 1 个漂流基地，每年 5—10 月开放
	农业：无规模化养殖、种植企业，主要以农户分散型种植经济作物为主
	其他：污水处理厂：无；上游支流：上游无人支流汇入

断面位置

自动站

断面上游

断面下游

黄田铺

断面二维码

断面编码： 2GB331124A0045

控制级别： 省控　　**断面属性：** 控制断面

水体类型： 河流　　**功能类别：** Ⅲ类

水系水体： 瓯江——松阴溪

所在市县： 丽水市松阳县

责任市县： 丽水市松阳县

断面位置： 松阴溪港府食苑公交车站附近，坐标：E119.5300° ，N28.3897°

水质状况	2016 年	2017 年	2018 年	2019 年	2020 年	2021 年	2022 年	2023 年
	Ⅱ类	Ⅱ类	Ⅱ类	Ⅱ类	Ⅱ类	Ⅱ类	Ⅱ类	Ⅱ类
	历史主要污染指标：—							

自动站	
	站点名称：黄田铺
	管理级别：省控
	站点位置：手工断面上游约 500 米

汇水区污染源	
	工业：有 3 家不锈钢废水处理厂，均纳管排放
	生活：涉及 3 个街道、6 个乡镇，总人口 13 余万人。二中断面、溪口断面上游存在生活污染源
	农业：2 家集中式畜禽养殖场，存栏生猪 1 万余头；多家水产养殖场
	其他：污水处理厂：松阳县富春紫光污水处理厂，距离黄田铺断面 5 千米，排放量为 4.5 万吨 / 日；上游支流：上游 1 千米内有 1 条支流汇入

断面位置

自动站

断面上游

断面下游

松阳二中

断面编码： GG00S331100_2006A

控制级别： 国控　　**断面属性：** 控制断面

水体类型： 河流　　**功能类别：** Ⅲ类

水系水体： 瓯江——松阴溪

所在市县： 丽水市松阳县

责任市县： 丽水市松阳县

断面位置： 松阳上安村古新路边，坐标：E119.3913° ，N28.5350°

断面二维码

	2016 年	2017 年	2018 年	2019 年	2020 年	2021 年	2022 年	2023 年
水质状况	Ⅲ类	Ⅲ类	Ⅱ类	Ⅱ类	Ⅱ类	Ⅱ类	Ⅱ类	Ⅱ类
	历史主要污染指标：—							
自动站	站点名称：松阳二中							
	管理级别：国控							
	站点位置：与手工断面重合							
汇水区污染源	工业：上游赤寿乡生态工业区，6 家规模以上不锈钢企业，均纳管排放							
	生活：涉及 2 个乡镇，总人口约 6 万人							
	农业：涉及区域无农业污染源							
	其他：污水处理厂：1 家，处理量为 2.5 万吨 / 日；上游支流：上游 1 千米内有梧桐源、谢村源 2 条支流汇入							

断面位置

自动站

断面上游

断面下游

大东坝溪口

断面编码： 2GB331124A0083

控制级别： 省控　　**断面属性：** 控制断面

水体类型： 河流　　**功能类别：** Ⅲ类

水系水体： 瓯江——小港

所在市县： 丽水市松阳县

责任市县： 丽水市松阳县

断面位置： 小港竹棚头公交车站附近，坐标：E119.5164° ，N28.3953°

断面二维码

	2016 年	2017 年	2018 年	2019 年	2020 年	2021 年	2022 年	2023 年
水质状况	Ⅱ类	Ⅱ类	Ⅱ类	Ⅱ类	Ⅱ类	Ⅰ类	Ⅱ类	Ⅰ类
	历史主要污染指标：—							
自动站	站点名称：大东坝溪口							
	管理级别：省控							
	站点位置：手工断面上游约 1.5 千米							
汇水区污染源	工业：有 1 家涉水企业							
	生活：涉及 4 个乡镇，总人口 2 万余人							
	农业：涉及区域无农业污染源							
	其他：污水处理厂：无；上游支流：上游 1 千米内无支流汇入							

断面位置

自动站

断面上游

断面下游

浮云溪口

点位编码： 2GB331125A0051

控制级别： 省控　　**断面属性：** 控制断面

水体类型： 河流　　**功能类别：** Ⅲ类

水系水体： 瓯江——浮云溪

所在市县： 丽水市云和县

责任市县： 丽水市云和县

点位位置： 浮云溪嘉瑞·云庐小区西侧，坐标：E119.5967° ，N28.1422°

断面二维码

水质状况	2016 年	2017 年	2018 年	2019 年	2020 年	2021 年	2022 年	2023 年
	Ⅱ类	Ⅱ类	Ⅱ类	Ⅲ类	Ⅲ类	Ⅲ类	Ⅲ类	Ⅱ类
	历史主要污染指标：—							

自动站	
	站点名称：浮云溪口
	管理级别：省控
	站点位置：手工断面下游 1.6 千米

汇水区污染源	
	工业：有云和县省级工业园区
	生活：涉及县城居民人口约 8 万人
	农业：涉及区域无农业污染源
	其他：污水处理厂：云和县城市污水处理厂（合计处理量 2 万吨 / 日）排放口位于浮云溪口断面上游约 1.2 千米；上游支流：上游约 1 千米处有云坛溪支流汇入

断面位置

自动站

断面上游

断面下游

紧水滩水库近坝

点位编码：GG00R331100_2012A

控制级别：国控　　点位属性：—

水体类型：水库　　功能类别：Ⅱ类

水系水体：瓯江——紧水滩水库

所在市县：丽水市云和县

责任市县：丽水市云和县

点位位置：局龙线云和湖仙宫景区内紧水滩水库东北 290 米，坐标：E119.5328°，N28.2158°

断面二维码

<table>
<tr><td rowspan="3">水质状况</td><td>2016 年</td><td>2017 年</td><td>2018 年</td><td>2019 年</td><td>2020 年</td><td>2021 年</td><td>2022 年</td><td>2023 年</td></tr>
<tr><td>Ⅱ类</td><td>Ⅱ类</td><td>Ⅱ类</td><td>Ⅱ类</td><td>Ⅱ类</td><td>Ⅱ类</td><td>Ⅰ类</td><td>Ⅱ类</td></tr>
<tr><td colspan="8">历史主要污染指标：—</td></tr>
<tr><td rowspan="3">自动站</td><td colspan="8">站点名称：不具备建站条件</td></tr>
<tr><td colspan="8">管理级别：—</td></tr>
<tr><td colspan="8">站点位置：—</td></tr>
<tr><td rowspan="4">汇水区污染源</td><td colspan="8">工业：无工业污染源</td></tr>
<tr><td colspan="8">生活：涉及龙泉来水和赤石乡、紧水滩镇少量分散居住的人口</td></tr>
<tr><td colspan="8">农业：涉及区域无农业污染源</td></tr>
<tr><td colspan="8">其他：污水处理厂：无；上游支流：无</td></tr>
</table>

点位位置

周边情况

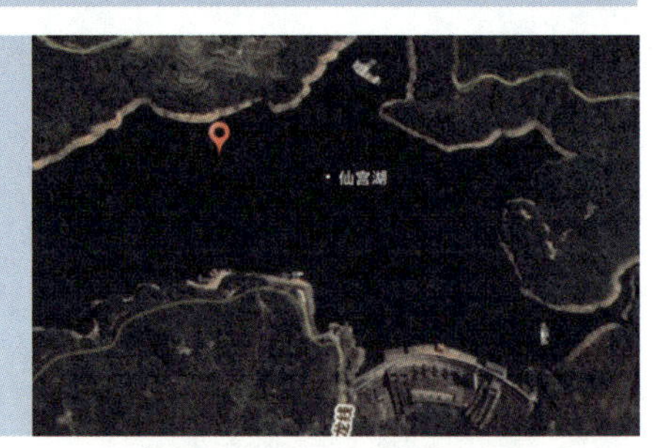

点位周边

点位周边

石塘电站坝下

断面编码： 2GB331125A0036

控制级别： 省控　　**断面属性：** 控制断面

水体类型： 河流　　**功能类别：** Ⅱ类

水系水体： 瓯江——龙泉溪

所在市县： 丽水市云和县

责任市县： 丽水市云和县

断面位置： 石塘水库电站坝下约 360 米处，坐标：E119.6678° ，N28.2272°

断面二维码

	2016 年	2017 年	2018 年	2019 年	2020 年	2021 年	2022 年	2023 年
水质状况	Ⅱ类	Ⅱ类	Ⅱ类	Ⅱ类	Ⅱ类	Ⅱ类	Ⅰ类	Ⅱ类
	历史主要污染指标：—							
自动站	站点名称：石塘电站坝下							
	管理级别：省控							
	站点位置：与手工断面重合							
汇水区污染源	工业：涉及区域无工业污染源							
	生活：涉及区域无生活污染源							
	农业：涉及区域无农业污染源							
	其他：污水处理厂：无；上游支流：上游约 17 千米处为县城浮云溪流经过浮云溪口的水和紧水滩水水库近坝来水的汇合处							

断面位置

自动站

断面上游

断面下游

紧水滩水库中心

点位编码： 2GB331125B0134

控制级别： 省控　　**点位属性：** —

水体类型： 水库　　**功能类别：** Ⅱ类

水系水体： 瓯江——紧水滩水库

所在市县： 丽水市云和县

责任市县： 丽水市云和县

点位位置： 紧水滩水库中心，坐标：E119.4347° ，N28.1431°

断面二维码

水质状况	2016 年	2017 年	2018 年	2019 年	2020 年	2021 年	2022 年	2023 年
	Ⅱ类	Ⅱ类	Ⅱ类	Ⅱ类	Ⅱ类	Ⅱ类	Ⅰ类	Ⅱ类
	历史主要污染指标：—							

自动站	
	站点名称：赤石
	管理级别：省控
	站点位置：手工断面上游 2.7 千米

汇水区污染源	
	工业：无工业污染源
	生活：涉及龙泉来水和赤石乡少量分散居住的人口
	农业：涉及区域无农业污染源
	其他：污水处理厂：无；上游支流：无

点位位置

自动站

点位周边

点位周边

鱼条漈

断面编码：GG06S331100_2020A

控制级别：国控　　断面属性：省界

水体类型：河流　　功能类别：Ⅱ类

水系水体：浙闽浙赣水系——八炉溪

所在市县：丽水市庆元县

责任市县：丽水市庆元县

断面位置：岗双线地头仔西南403米，坐标：E119.3393°，N27.4909°

断面二维码

	2016年	2017年	2018年	2019年	2020年	2021年	2022年	2023年
水质状况	—	—	—	—	Ⅱ类	Ⅰ类	Ⅰ类	Ⅰ类
	历史主要污染指标：—							
自动站	站点名称：鱼条漈							
	管理级别：省控							
	站点位置：与手工监测断面重合							
汇水区污染源	工业：无工业污染源							
	生活：涉及岭头乡1个乡镇，存在少量生活污染源							
	农业：有农作物播种面积，存在少量农业污染源							
	其他：污水处理厂：无；上游支流：上游1千米范围内无支流汇入							

断面位置

自动站

断面上游

断面下游

沙湾上

断面编码： GG00S331100_2008A

控制级别： 国控　　**断面属性：** 控制断面

水体类型： 河流　　**功能类别：** Ⅱ类

水系水体： 瓯江——小溪

所在市县： 丽水市景宁畲族自治县

责任市县： 丽水市景宁畲族自治县

断面位置： 沙湾镇七里村沿后交线前行 400 米无名桥，
坐标：E119.4569° ，N27.8534°

断面二维码

水质状况	2016 年	2017 年	2018 年	2019 年	2020 年	2021 年	2022 年	2023 年
	Ⅱ类	Ⅰ类	Ⅱ类	Ⅰ类	Ⅰ类	Ⅰ类	Ⅰ类	Ⅰ类
	历史主要污染指标：—							

自动站	站点名称：沙湾上
	管理级别：国控
	站点位置：手工断面上游约 400 米

汇水区污染源	工业：无工业污染源
	生活：涉及 6 个乡镇，总人口约 5.8 万人，污水处理终端设施 85 处
	农业：涉及区域无农业污染源
	其他：污水处理厂：无；上游支流：上游 3 千米内有英川溪支流

断面位置

自动站

断面上游

断面下游

章坑

断面编码： GG09S331100_2019A

控制级别： 国控　　**断面属性：** 市界

水体类型： 河流　　**功能类别：** Ⅱ类

水系水体： 飞云江——三插溪

所在市县： 丽水市景宁畲族自治县

责任市县： 丽水市景宁畲族自治县

断面位置： 景宁畲族自治县 G322 溪尾东南 111 米，坐标：E119.7535° ，N27.8155°

断面二维码

水质状况	2016 年	2017 年	2018 年	2019 年	2020 年	2021 年	2022 年	2023 年
	—	—	—	—	Ⅱ类	Ⅱ类	Ⅱ类	Ⅱ类
	历史主要污染指标：—							
自动站	站点名称：不具备建站条件							
	管理级别：—							
	站点位置：—							
汇水区污染源	工业：无工业污染源							
	生活：涉及东坑镇，总人口约为 9000 人，污水处理终端 22 个							
	农业：实际共有畜禽养殖场 3 家，养殖生猪约 800 头							
	其他：污水处理厂：上游有东坑镇污水处理厂，距离断面 10 千米，设计处理量为 500 吨 / 日；上游支流：上游 1 千米内无支流汇入							

断面位置

周边情况

断面上游

断面下游

外舍

断面二维码

断面编码： GG00S331100_2009A

控制级别： 国控　　**断面属性：** 控制断面

水体类型： 河流　　**功能类别：** Ⅲ类

水系水体： 瓯江——小溪

所在市县： 丽水市景宁畲族自治县

责任市县： 丽水市景宁畲族自治县

断面位置： 景宁畲族自治县红星街道外舍区块沿省道 S228 前进 1 千米无名桥，坐标：E119.6443° ，N28.0215°

	2016 年	2017 年	2018 年	2019 年	2020 年	2021 年	2022 年	2023 年
水质状况	Ⅱ类	Ⅱ类	Ⅱ类	Ⅱ类	Ⅱ类	Ⅰ类	Ⅰ类	Ⅰ类
	历史主要污染指标：—							
自动站	站点名称：外舍							
	管理级别：国控							
	站点位置：手工断面下游约 300 米							
汇水区污染源	工业：无工业污染源							
	生活：涉及 8 个乡镇、2 个街道，总人口约 8 万人，共有污水处理终端设施 154 处							
	农业：涉及区域无农业污染源							
	其他：污水处理厂：无，下游 700 米有外舍污水处理厂，排放量为 3 万吨 / 日，存在库区倒流；上游支流：上游 3 千米内有鹤溪河支流汇入，1 千米内有王金洋坑支流汇入							

断面位置

自动站

断面上游

断面下游

小梅桥上

断面二维码

断面编码： GG00S331100_2014A

控制级别： 国控　　**断面属性：** 控制断面

水体类型： 河流　　**功能类别：** Ⅲ类

水系水体： 瓯江——梅溪

所在市县： 丽水市龙泉市

责任市县： 丽水市龙泉市

断面位置： 龙泉市省道 S229（延庆路）与梅溪交叉口东南侧 50 米，坐标：E118.9729°，N27.8189°

	2016 年	2017 年	2018 年	2019 年	2020 年	2021 年	2022 年	2023 年
水质状况	Ⅰ类	Ⅰ类	Ⅰ类	Ⅰ类	Ⅰ类	Ⅰ类	Ⅰ类	Ⅰ类
	历史主要污染指标：—							
自动站	站点名称：小梅桥上							
	管理级别：省控							
	站点位置：与手工断面一致							
汇水区污染源	工业：无工业污染源							
	生活：涉及 1 个乡镇，居民人数约 1000 人							
	农业：涉及区域无农业污染源							
	其他：污水处理厂：无；上游支流：上游 1 千米内无支流汇入							

断面位置

自动站

断面上游

断面下游

临江

断面二维码

断面编码： GG00S331100_2005A

控制级别： 国控　**断面属性：** 控制断面

水体类型： 河流　**功能类别：** Ⅲ类

水系水体： 瓯江——龙泉溪

所在市县： 丽水市龙泉市

责任市县： 丽水市龙泉市

断面位置： 临江村沿乡道 X107 前进 400 米，坐标：E119.1535° ，N28.0868°

	2016 年	2017 年	2018 年	2019 年	2020 年	2021 年	2022 年	2023 年
水质状况	Ⅱ类	Ⅱ类	Ⅱ类	Ⅱ类	Ⅱ类	Ⅱ类	Ⅱ类	Ⅱ类
	历史主要污染指标：—							

自动站	
	站点名称：临江
	管理级别：国控
	站点位置：手工断面下游 2.6 千米

汇水区污染源	
	工业：无工业污染源
	生活：涉及 3 个街道、10 个乡镇，居住人口约 20 万。城镇生活污水均纳入龙泉海元水处理有限公司，其余乡镇的生活污水均纳入农村生活污水处理终端设施处理后排放
	农业：存在大量畜禽养殖场、粮食种植基地、养鱼场等
	其他：污水处理厂：城镇污水处理厂排放口位于断面下游；上游支流：上游 1 千米内无支流汇入

断面位置

自动站

断面上游

断面下游

松溪岩下

断面编码： GG05S350700_2009A

断面二维码

控制级别： 国控　　**断面属性：** 省界

水体类型： 河流　　**功能类别：** Ⅲ类

水系水体： 浙闽浙赣水系——松溪

所在市县： 福建省南平市

责任市县： 丽水市庆元县

断面位置： 岩下村松溪段上游约 200 米处，坐标：E118.8809° ，N27.6336°

	2016 年	2017 年	2018 年	2019 年	2020 年	2021 年	2022 年	2023 年
水质状况	Ⅱ类	Ⅱ类	Ⅱ类	Ⅱ类	Ⅱ类	Ⅱ类	Ⅱ类	Ⅱ类
	历史主要污染指标：—							

自动站	站点名称：松溪岩下
	管理级别：国控
	站点位置：与手工监测断面重合

汇水区污染源	工业：涉水企业 7 家，涉水企业工业污水经循环使用或经企业预处理后纳入污水管网排入庆元县污水处理厂处理达标后直接或间接排入松源溪
	生活：涉及汇水区 9 个乡镇，生活污水集中排入污水处理厂或各村的农村生活污水处理终端设施后排放
	农业：有农作物播种面积，存在农业污染源
	其他：污水处理厂：3 座，距离断面分别为 8 千米、12 千米、16 千米，设计排放量分别为 1.5 万吨 / 日、0.7 万吨 / 日、0.5 万吨 / 日；上游支流：上游 10 千米内有 2 条支流汇入

断面位置

自动站

断面上游

断面下游

浙江省 296 个省控地表水断面信息表

序号	断面名称	控制级别	考核市县	断面属性	水系	水体
1	顾家桥	国控	杭州市上城区	控制断面	京杭运河	京杭运河
2	七堡	国控	杭州市上城区	入海口	钱塘江	钱塘江
3	清泰门	省控	杭州市上城区	控制断面	杭嘉湖平原河网	贴沙河
4	半山桥	省控	杭州市拱墅区	控制断面	杭嘉湖平原河网	上塘河
5	义桥	省控	杭州市拱墅区、余杭区	控制断面	京杭运河	京杭运河
6	闸口	国控	杭州市上城区、西湖区、滨江区	控制断面	钱塘江	钱塘江
7	西湖湖心	国控	杭州市西湖区	—	湖库	西湖
8	西里湖北	省控	杭州市西湖区	—	湖库	西湖
9	少年宫	省控	杭州市西湖区	—	湖库	西湖
10	风情大桥	省控	杭州市滨江区	县界	萧绍平原河网	北塘河
11	浦阳江出口	国控	杭州市萧山区	入河口	钱塘江	浦阳江
12	萧山出口	省控	杭州市萧山区	市界	萧绍平原河网	萧绍运河
13	金山村	省控	杭州市萧山区	市界	萧绍平原河网	西小江
14	奉口	国控	杭州市余杭区	市界	苕溪	东苕溪
15	塘栖大桥	国控	杭州市余杭区、临平区	控制断面	京杭运河	京杭运河
16	富阳	省控	杭州市富阳区	控制断面	钱塘江	富春江
17	渔山	国控	杭州市富阳区	控制断面	钱塘江	富春江
18	窄溪上港	省控	杭州市富阳区	入河口	钱塘江	渌渚江
19	青江口	省控	杭州市富阳区	控制断面	钱塘江	壶源江

序号	断面名称	控制级别	考核市县	断面属性	水系	水体
20	贺洲渡	国控	杭州市临安区	控制断面	钱塘江	分水江
21	里畈	国控	杭州市临安区	控制断面	苕溪	南苕溪
22	青山殿	国控	杭州市临安区	入河口	钱塘江	昌化溪
23	汪家埠	国控	杭州市临安区	控制断面	苕溪	南苕溪
24	扶西桥	省控	杭州市临安区	控制断面	钱塘江	天目溪
25	五杭运河大桥	国控	杭州市临平区	控制断面	京杭运河	京杭运河
26	猪头角	省控	杭州市钱塘区	控制断面	钱塘江	钱塘江
27	桐君山	国控	杭州市桐庐县	入河口	钱塘江	分水江
28	桐庐	国控	杭州市桐庐县	控制断面	钱塘江	富春江
29	窄溪	省控	杭州市桐庐县	县界	钱塘江	富春江
30	茅头尖	国控	杭州市淳安县	控制断面	钱塘江	新安江
31	千岛湖大坝前	国控	杭州市淳安县	—	湖库	千岛湖
32	航头岛	国控	杭州市淳安县	控制断面	钱塘江	新安江
33	小金山	国控	杭州市淳安县	—	湖库	千岛湖
34	三潭岛	国控	杭州市淳安县	—	湖库	千岛湖
35	街口	省控	—	省界、 入湖口	钱塘江	新安江
36	兰江口	省控	杭州市建德市	入河口	钱塘江	兰江
37	洋溪渡	国控	杭州市建德市	控制断面	钱塘江	新安江
38	三都大桥	省控	杭州市建德市	入河口	钱塘江	富春江
39	汪家桥	国控	杭州市建德市	控制断面	钱塘江	寿昌江

序号	断面名称	控制级别	考核市县	断面属性	水系	水体
40	皎口水库出口	省控	宁波市海曙区	控制断面	甬江	鄞江
41	梁桥	国控	宁波市海曙区	控制断面	甬江	鄞江南塘河段
42	澄浪堰	省控	宁波市海曙区	控制断面	甬江	奉化江
43	清林渡	国控	宁波市江北区	入河口	甬江	姚江
44	慈城	省控	宁波市江北区	控制断面	甬江	慈江
45	山门	省控	宁波市北仑区	控制断面	宁绍平原河网	芦江
46	游山	国控	宁波市镇海区、北仑区	入海口	甬江	甬江
47	张鉴碶	省控	宁波市镇海区、北仑区	控制断面	甬江	甬江
48	马家桥	省控	宁波市镇海区	控制断面	宁绍平原河网	蟹浦大河
49	南湖中心	省控	宁波市鄞州区	—	湖库	东钱湖
50	大嵩	国控	宁波市鄞州区	控制断面	宁绍平原河网	大嵩江
51	翻石渡	省控	宁波市鄞州区	控制断面	甬江	奉化江
52	会展中心	省控	宁波市鄞州区	控制断面	宁绍平原河网	甬新河
53	北湖中心	国控	宁波市鄞州区	—	湖库	东钱湖
54	三江口	省控	宁波市鄞州区	控制断面	甬江	甬江
55	江口	省控	宁波市奉化区	控制断面	甬江	剡江
56	溪口	国控	宁波市奉化区	控制断面	甬江	剡江
57	县江龙潭	省控	宁波市奉化区	控制断面	甬江	县江
58	亭下水库	省控	宁波市奉化区	—	湖库	亭下水库
59	长汀	国控	宁波市奉化区	控制断面	甬江	县江

序号	断面名称	控制级别	考核市县	断面属性	水系	水体
60	浮礁渡	国控	宁波市象山县	入海口	独流入海与海岛河流	大塘港
61	白溪水库坝前	省控	宁波市宁海县	出库口	湖库	白溪水库
62	水车	国控	宁波市宁海县	入海口	独流入海与海岛河流	白溪
63	菁江渡（浦口闸）	国控	宁波市余姚市	控制断面	甬江	姚江
64	浦口闸	省控	宁波市余姚市	控制断面	甬江	姚江
65	四灶浦闸	国控	宁波市慈溪市	入海口	宁绍平原河网	四灶浦
66	浒山东	省控	宁波市慈溪市	控制断面	宁绍平原河网	浒山江
67	东水厂	省控	温州市鹿城区	控制断面	温州平原河网	温瑞塘河
68	外垟	国控	温州市鹿城区	入河口	瓯江	戍浦江
69	小旦	国控	丽水市青田县	市界	瓯江	瓯江
70	杨府山	省控	温州市鹿城区	控制断面	瓯江	瓯江
71	永中	省控	温州市龙湾区	控制断面	温州平原河网	永强塘河
72	龙湾	国控	温州市龙湾区	入海口	瓯江	瓯江
73	白象	省控	温州市瓯海区	控制断面	温州平原河网	温瑞塘河
74	仙门	省控	温州市瓯海区	控制断面	温州平原河网	温瑞塘河
75	长坑水库	省控	温州市洞头区	—	湖库	长坑水库
76	清水埠	国控	温州市永嘉县	入河口	瓯江	楠溪江
77	碧莲	省控	温州市永嘉县	控制断面	瓯江	楠溪江
78	沙头	国控	温州市永嘉县	控制断面	瓯江	楠溪江
79	小姜垟	省控	温州市平阳县	控制断面	温州平原河网	瑞平塘河

序号	断面名称	控制级别	考核市县	断面属性	水系	水体
80	方岩渡	省控	温州市平阳县、龙港市	控制断面	鳌江	鳌江
81	江屿	省控	温州市平阳县	控制断面	鳌江	鳌江
82	埭头	省控	温州市平阳县	控制断面	鳌江	鳌江
83	江口渡	国控	温州市平阳县、龙港市	入海口	鳌江	鳌江
84	三叉口	省控	温州市苍南县	省界	浙闽浙赣水系	甘宋溪
85	珊溪水库坝前	省控	温州市文成县	出库口	湖库	珊溪水库
86	泗溪	国控	温州市文成县	控制断面	飞云江	泗溪
87	珊溪水库中	国控	温州市文成县	—	湖库	珊溪水库
88	氡泉	国控	温州市泰顺县	省界	浙闽浙赣水系	会甲溪
89	柘泰大桥	国控	温州市泰顺县	控制断面	浙闽浙赣水系	东溪
90	百丈口	省控	温州市泰顺县	控制断面	飞云江	飞云江
91	交溪	国控	温州市泰顺县	省界	浙闽浙赣水系	东溪
92	塘下	省控	温州市瑞安市	控制断面	温州平原河网	温瑞塘河
93	第三农业站	国控	温州市瑞安市	入海口	飞云江	飞云江
94	赵山渡	国控	温州市文成县、瑞安市	控制断面	飞云江	飞云江
95	飞云渡口	省控	温州市瑞安市	控制断面	飞云江	飞云江
96	潘山	省控	温州市瑞安市	控制断面	飞云江	飞云江
97	大荆	国控	温州市乐清市	入海口	独流入海与海岛河流	大荆溪
98	蒲岐	国控	温州市乐清市	入海口	温州平原河网	虹桥塘河
99	朱家闸	省控	温州市苍南县、龙港市	控制断面	鳌江	横阳支江

序号	断面名称	控制级别	考核市县	断面属性	水系	水体
100	新港口	国控	湖州市吴兴区	入湖口	苕溪	西苕溪
101	城西大桥	国控	湖州市吴兴区	入河口	苕溪	东苕溪
102	元通桥	国控	湖州市吴兴区	控制断面	杭嘉湖平原河网	北横塘
103	东升	国控	湖州市德清县	控制断面	苕溪	东苕溪
104	铁路桥	国控	湖州市吴兴区	控制断面	苕溪	西苕溪
105	老虎潭水库坝前	省控	湖州市吴兴区	出库口	湖库	老虎潭水库
106	大钱	国控	湖州市吴兴区	入湖口	苕溪	大钱港
107	西山漾	国控	湖州市吴兴区	控制断面	杭嘉湖平原河网	南横塘
108	小梅口	国控	湖州市吴兴区	入湖口	苕溪	小梅港
109	港湖大桥	省控	湖州市吴兴区	控制断面	苕溪	西苕溪
110	振兴大桥	省控	湖州市吴兴区	控制断面	杭嘉湖平原河网	濮溇
111	毗山	省控	湖州市吴兴区	控制断面	苕溪	东苕溪
112	汤溇	国控	湖州市吴兴区	入湖口	杭嘉湖平原河网	汤溇
113	双林	国控	湖州市南浔区	控制断面	杭嘉湖平原河网	双林塘
114	古溇港	省控	湖州市南浔区	省界	杭嘉湖平原河网	南横塘
115	南浔	国控	湖州市南浔区	省界	杭嘉湖平原河网	頔塘
116	城南翻水站	国控	湖州市德清县	控制断面	苕溪	东苕溪
117	沈家墩	国控	湖州市德清县	控制断面	苕溪	老龙溪
118	含山	省控	湖州市德清县	县界	京杭运河	含山塘
119	山水渡	省控	湖州市德清县	控制断面	苕溪	老龙溪

序号	断面名称	控制级别	考核市县	断面属性	水系	水体
120	杨湾大桥（下莘桥）	省控	湖州市长兴县	控制断面	长兴平原河网	长兴港
121	杨家浦	国控	湖州市长兴县	控制断面	杭嘉湖平原河网	杨家浦港
122	新塘	国控	湖州市长兴县	入湖口	长兴平原河网	长兴港
123	合溪	国控	湖州市长兴县	入湖口	长兴平原河网	合溪新港
124	赋石水库	省控	湖州市安吉县	—	湖库	赋石水库
125	荆湾	国控	湖州市安吉县	控制断面	苕溪	西苕溪
126	递铺	省控	湖州市安吉县	控制断面	苕溪	西苕溪
127	塘浦	国控	湖州市安吉县	控制断面	苕溪	西苕溪
128	焦山门桥	省控	嘉兴市南湖区	控制断面	杭嘉湖平原河网	平湖塘
129	荒田浜（万盛桥）	国控	嘉兴市平湖市	控制断面	杭嘉湖平原河网	平湖塘
130	湘家荡	国控	嘉兴市南湖区	控制断面	杭嘉湖平原河网	湘家荡
131	嘉兴南湖中心	省控	嘉兴市南湖区	—	湖库	南湖
132	塘汇	国控	嘉兴市秀洲区	控制断面	杭嘉湖平原河网	三店塘
133	秀园大桥（龙凤大桥）	省控	嘉兴市秀洲区	控制断面	京杭运河	京杭运河
134	石臼漾水厂	省控	嘉兴市秀洲区	控制断面	杭嘉湖平原河网	新塍塘
135	新生新运桥	国控	嘉兴市桐乡市	控制断面	京杭运河	京杭运河
136	王江泾	省控	—	省界	京杭运河	京杭运河
137	池家浜水文站	国控	嘉兴市嘉善县	省界	杭嘉湖平原河网	俞汇塘
138	红旗塘大坝	国控	嘉兴市嘉善县	省界	杭嘉湖平原河网	红旗塘
139	明星路桥	国控	嘉兴市嘉善县	省界	杭嘉湖平原河网	面杖港

序号	断面名称	控制级别	考核市县	断面属性	水系	水体
140	朱枫公路桥	国控	嘉兴市嘉善县	省界	杭嘉湖平原河网	蒲泽塘
141	枫南大桥	国控	嘉兴市嘉善县	省界	杭嘉湖平原河网	枫泾塘
142	民主水文站	国控	嘉兴市嘉善县	省界	杭嘉湖平原河网	芦墟塘
143	东塘桥	省控	嘉兴市海盐县	控制断面	杭嘉湖平原河网	盐平塘
144	长山闸一号桥	国控	嘉兴市海盐县	入海口	杭嘉湖平原河网	长山河
145	尤角村	国控	嘉兴市海盐县	控制断面	杭嘉湖平原河网	海盐塘
146	南台头闸一号桥	国控	嘉兴市海盐县	入海口	杭嘉湖平原河网	海盐塘
147	盐官排涝枢纽	国控	嘉兴市海宁市	入海口	杭嘉湖平原河网	盐官下河
148	上塘河排涝闸	国控	嘉兴市海宁市	入海口	杭嘉湖平原河网	上塘河
149	松木漾桥	省控	嘉兴市海宁市	控制断面	杭嘉湖平原河网	长山河
150	青阳汇	国控	嘉兴市平湖市	省界	杭嘉湖平原河网	上海塘
151	卫八路桥（嘉兴金桥）	国控	嘉兴市平湖市	省界	杭嘉湖平原河网	黄姑塘
152	小新村	国控	嘉兴市平湖市	省界	杭嘉湖平原河网	六里塘
153	漕廊公路桥	国控	嘉兴市平湖市	省界	杭嘉湖平原河网	惠高泾
154	乌镇北	国控	嘉兴市桐乡市	省界	京杭运河	江南运河
155	联合桥	国控	嘉兴市桐乡市	控制断面	杭嘉湖平原河网	长山河
156	西双桥	省控	嘉兴市桐乡市	控制断面	京杭运河	京杭运河
157	大麻渡口	省控	杭州市临平区	市界	京杭运河	京杭运河
158	晚村	省控	湖州市德清县	市界	杭嘉湖平原河网	横塘港
159	新三江闸内	省控	绍兴市越城区、柯桥区	入河口	萧绍平原河网	荷湖江

序号	断面名称	控制级别	考核市县	断面属性	水系	水体
160	偏门公路桥	省控	绍兴市越城区	控制断面	萧绍平原河网	环城南河
161	葛山头	国控	绍兴市越城区	控制断面	萧绍平原河网	平水江
162	漓渚江口	省控	绍兴市越城区、柯桥区	控制断面	萧绍平原河网	鉴湖
163	桑盆殿	省控	绍兴市越城区	控制断面	曹娥江	曹娥江
164	西泽大桥	省控	绍兴市柯桥区	控制断面	萧绍平原河网	鉴湖
165	双江溪大桥	省控	绍兴市柯桥区	控制断面	曹娥江	小舜江（双江溪）
166	湖塘大桥	省控	绍兴市柯桥区	控制断面	萧绍平原河网	鉴湖
167	曹娥江大闸闸前	国控	绍兴市柯桥区	入海口	曹娥江	曹娥江
168	汤浦水库	省控	绍兴市上虞区、柯桥区	—	湖库	汤浦水库
169	章镇上游	省控	绍兴市嵊州市	县界	曹娥江	曹娥江
170	王家泾	国控	绍兴市上虞区、越城区	控制断面	萧绍平原河网	浙东运河
171	汤曹汇合口	国控	绍兴市上虞区	控制断面	曹娥江	曹娥江
172	百官镇下游	省控	绍兴市上虞区	控制断面	曹娥江	曹娥江
173	钦寸水库	省控	绍兴市新昌县	—	湖库	钦寸水库
174	石门水库	国控	金华市磐安县	控制断面	曹娥江	夹溪
175	长诏水库出口	国控	绍兴市新昌县	控制断面	曹娥江	新昌江
176	安华	省控	绍兴市诸暨市	控制断面	钱塘江	浦阳江
177	街亭	国控	绍兴市诸暨市	入河口	钱塘江	开化江
178	浣纱大桥	省控	绍兴市诸暨市	控制断面	钱塘江	浦阳江
179	湄池	国控	绍兴市诸暨市	控制断面	钱塘江	浦阳江

序号	断面名称	控制级别	考核市县	断面属性	水系	水体
180	环城公路桥	国控	绍兴市嵊州市	入河口	曹娥江	长乐江
181	黄泥桥	省控	绍兴市新昌县	县界	曹娥江	新昌江
182	新市	国控	绍兴市嵊州市	控制断面	曹娥江	澄潭江
183	全化大桥	国控	绍兴市嵊州市	入河口	曹娥江	黄泽江
184	屠家埠	国控	绍兴市嵊州市	控制断面	曹娥江	曹娥江
185	婺城大桥	省控	金华市婺城区	控制断面	钱塘江	金华江
186	沙金兰库中	国控	金华市婺城区	控制断面	钱塘江	白沙溪
187	河盘桥	省控	金华市婺城区	控制断面	钱塘江	金华江
188	东关桥	国控	金华市金东区	入河口	钱塘江	东阳江
189	洪坞桥	国控	金华市金东区	入河口	钱塘江	武义江
190	溪下	国控	金华市武义县	市界	瓯江	小安溪
191	范村	省控	金华市武义县	县界	钱塘江	武义江
192	长安坝	省控	金华市武义县	控制断面	钱塘江	熟溪
193	上仙屋	国控	金华市浦江县	市界	钱塘江	浦阳江
194	金坑岭水库一级电站出口	省控	金华市浦江县	控制断面	钱塘江	浦阳江
195	大石堰坝	国控	金华市浦江县	控制断面	钱塘江	壶源江
196	台口	国控	金华市磐安县	控制断面	钱塘江	南江
197	上东岸（左库水库上）	国控	金华市磐安县	市界	瓯江	好溪
198	横山	国控	金华市兰溪市	控制断面	钱塘江	衢江
199	将军岩	国控	金华市兰溪市	控制断面	钱塘江	兰江

序号	断面名称	控制级别	考核市县	断面属性	水系	水体
200	费垅	国控	金华市兰溪市	入河口	钱塘江	金华江
201	塔下洲	国控	金华市义乌市	控制断面	钱塘江	北江
202	候芹渡	省控	金华市义乌市	控制断面	钱塘江	东阳江
203	南江桥	国控	金华市义乌市	入河口	钱塘江	南江
204	三景头	省控	金华市东阳市	控制断面	钱塘江	南江
205	横锦大桥	省控	金华市东阳市	控制断面	钱塘江	东阳江
206	岩下	省控	金华市东阳市	控制断面	钱塘江	南江
207	义东桥	国控	金华市东阳市	控制断面	钱塘江	北江
208	章店	国控	金华市永康市	控制断面	钱塘江	永康江
209	东迹渡	国控	衢州市柯城区	入河口	钱塘江	乌溪江
210	双港口	国控	衢州市柯城区	入河口	钱塘江	江山港
211	老鹰潭	省控	衢州市柯城区	控制断面	钱塘江	常山港
212	龙鼻头	国控	丽水市遂昌县	—	湖库	湖南镇水库
213	浮石渡	国控	衢州市柯城区	控制断面	钱塘江	衢江
214	湖南镇水库大坝	省控	衢州市衢江区	—	湖库	湖南镇水库
215	铜山源水库	国控	衢州市衢江区	—	湖库	铜山源水库
216	黄坛口水库	省控	衢州市衢江区	—	湖库	黄坛口水库
217	富足山	国控	衢州市常山县	控制断面	钱塘江	常山港
218	霞山	国控	衢州市开化县	控制断面	钱塘江	齐溪
219	下界首	国控	衢州市开化县	控制断面	钱塘江	马金溪

序号	断面名称	控制级别	考核市县	断面属性	水系	水体
220	苏庄	国控	衢州市开化县	省界	浙闽浙赣水系	苏庄溪
221	郑家	国控	衢州市龙游县	入河口	钱塘江	灵山港
222	马戍口	国控	丽水市遂昌县	市界	钱塘江	灵山港
223	下童	国控	衢州市龙游县	市界	钱塘江	衢江
224	双塔底	国控	衢州市江山市	控制断面	钱塘江	江山港
225	峡口人桥	国控	衢州市江山市	控制断面	钱塘江	江山港
226	临城	国控	舟山市定海区	入海口	独流入海与海岛河流	临城河
227	德行桥（城关海滨桥）	省控	舟山市定海区	控制断面	独流入海与海岛河流	城关河道
228	虹桥水库	省控	舟山市定海区	—	湖库	虹桥水库
229	芦东水库	省控	舟山市普陀区	—	湖库	芦东水库
230	磨心水库	省控	舟山市岱山县	—	湖库	磨心水库
231	基湖水库	省控	舟山市嵊泗县	—	湖库	基湖水库
232	老鼠屿	国控	台州市椒江区	入海口	椒江	椒江
233	栅浦	省控	台州市椒江区	控制断面	椒江	椒江
234	栅浦闸	省控	台州市椒江区	控制断面	台州平原河网	永宁河
235	岩头闸	省控	台州市椒江区	入河口	台州平原河网	三条河
236	永宁江口	国控	台州市黄岩区	入河口	椒江	永宁江
237	温潭	省控	台州市黄岩区	—	湖库	长潭水库
238	朱砂堆	省控	台州市黄岩区	控制断面	台州平原河网	东官河
239	长潭水库坝口	国控	台州市黄岩区	出库口	湖库	长潭水库

序号	断面名称	控制级别	考核市县	断面属性	水系	水体
240	大众旺	省控	台州市黄岩区	—	湖库	长潭水库
241	下埭头	省控	台州市黄岩区	控制断面	台州平原河网	中干渠
242	峰江（下里桥）	省控	台州市路桥区	控制断面	台州平原河网	南官河
243	金清新闸	国控	台州市路桥区	入海口	台州平原河网	金清港
244	三条埠头	省控	台州市路桥区	控制断面	台州平原河网	青龙浦
245	三小断面	国控	台州市三门县	入海口	独流入海与海岛河流	珠游溪
246	石岩水厂	国控	台州市三门县	入海口	独流入海与海岛河流	亭旁溪
247	里石门水库	国控	台州市天台县	—	湖库	里石门水库
248	响岩	省控	台州市天台县	控制断面	椒江	始丰溪
249	茶溪	国控	台州市仙居县	控制断面	椒江	永安溪
250	柴岭下	省控	台州市仙居县	控制断面	椒江	永安溪
251	下张	国控	台州市仙居县	入河口	椒江	朱溪
252	曹店	省控	台州市仙居县	控制断面	椒江	永安溪
253	滨海	省控	台州市温岭市	控制断面	台州平原河网	金清港
254	太平	省控	台州市温岭市	控制断面	台州平原河网	湖漫河
255	温峤	国控	台州市温岭市	入海口	台州平原河网	江厦大港
256	沙段	国控	台州市临海市	控制断面	椒江	始丰溪
257	柏枝岙	国控	台州市临海市	控制断面	椒江	永安溪
258	渡头范	省控	台州市临海市	控制断面	椒江	灵江
259	金岭桥	国控	台州市临海市	入河口	椒江	义成港

序号	断面名称	控制级别	考核市县	断面属性	水系	水体
260	西岑	省控	台州市临海市	控制断面	椒江	灵江
261	礁头闸	省控	台州市玉环市	入海口	独流入海与海岛河流	城坎河
262	长屿闸	省控	台州市玉环市	入海口	独流入海与海岛河流	庆澜河
263	分水山闸	国控	台州市玉环市	入海口	独流入海与海岛河流	玉环湖
264	桃山大桥	省控	丽水市莲都区	控制断面	瓯江	大溪
265	灵山（水东桥下）	省控	丽水市莲都区	入河口	瓯江	好溪
266	宣平溪口	省控	丽水市莲都区	入河口	瓯江	宣平溪
267	堰后	国控	丽水市松阳县	入河口	瓯江	松阴溪
268	风化	国控	丽水市莲都区	控制断面	瓯江	大溪
269	赤圩	国控	金华市武义县	市界	瓯江	宣平溪
270	均溪	国控	丽水市云和县	控制断面	瓯江	龙泉溪
271	碧湖渡口	省控	丽水市莲都区	控制断面	瓯江	大溪
272	岭根	省控	丽水市景宁畲族自治县	—	湖库	滩坑水库
273	小溪口	国控	丽水市青田县	控制断面	瓯江	小溪
274	石门洞	省控	丽水市青田县	控制断面	瓯江	大溪
275	巨浦	省控	丽水市青田县	控制断面	瓯江	小溪
276	石溪(石门洞)	国控	丽水市青田县	控制断面	瓯江	大溪
277	圩仁	省控	丽水市青田县	控制断面	瓯江	瓯江
278	滩坑水库坝前	省控	丽水市青田县	出库口	湖库	滩坑水库
279	光瑶	省控	丽水市缙云县	市界	钱塘江	武义江

序号	断面名称	控制级别	考核市县	断面属性	水系	水体
280	兰口	省控	丽水市缙云县	控制断面	瓯江	好溪
281	渡船头	省控	丽水市遂昌县	控制断面	瓯江	松阴溪
282	遂昌水厂取水点	省控	丽水市遂昌县	控制断面	瓯江	松阴溪
283	黄田铺	省控	丽水市松阳县	控制断面	瓯江	松阴溪
284	松阳二中	国控	丽水市松阳县	控制断面	瓯江	松阴溪
285	大东坝溪口	省控	丽水市松阳县	控制断面	瓯江	小港
286	浮云溪口	省控	丽水市云和县	控制断面	瓯江	浮云溪
287	紧水滩水库近坝	国控	丽水市云和县	—	湖库	紧水滩水库
288	石塘电站坝下	省控	丽水市云和县	控制断面	瓯江	龙泉溪
289	紧水滩水库中心	省控	丽水市云和县	—	湖库	紧水滩水库
290	松溪岩下	国控	丽水市庆元县	省界	浙闽浙赣水系	松原溪
291	鱼条漈	国控	丽水市庆元县	省界	浙闽浙赣水系	八炉溪
292	沙湾上	国控	丽水市景宁畲族自治县	控制断面	瓯江	小溪
293	章坑	国控	丽水市景宁畲族自治县	市界	飞云江	飞云江
294	外舍	国控	丽水市景宁畲族自治县	控制断面	瓯江	小溪
295	小梅桥上	国控	丽水市龙泉市	控制断面	瓯江	梅溪
296	临江	国控	丽水市龙泉市	控制断面	瓯江	龙泉溪